普通高校摄影专业系列教材

数字图像处理与呈现

数字图像原理

色彩基础知识

数字图像色彩管理

数字图像处理流程

合成影像制作范例

数字影像作品的输出工艺

高品质打印流程

影像作品的收藏和装裱工艺

刘伟 著

浙江摄影出版社
全国百佳图书出版单位

编者的话

21世纪是读图时代，图像从来没有像当今社会这样重要，诚如摄影家莫霍利－纳吉所言，“不懂摄影的人，犹如文盲一样”。目前，国内高校普遍开设了摄影课程，既有专业课，也有选修课，而且受到大学生的普遍欢迎。这说明，摄影已成为当代大学生必须掌握的基本技能之一，影像制作、影像传播和影像交流已成为当代大学生走上社会，融入社会，创业、立业必须具备的基本素质之一。

《普通高校摄影专业系列教材》是为满足高校素质教育要求，精心打造的一套高校摄影精品教材。我们通过整合高校摄影资源，有针对性地规划一批适合高校摄影教学要求的精选课程，形成一个科学、规范、有序的教学体系。

在教材编写中，我们力求走在时代前沿，注重科学性、系统性和前瞻性，内容涉及摄影史论、摄影基础理论、摄影基本技术技巧、摄影实验教学、数字图像处理、摄影技术应用等多层面、多领域，既适合普通高校摄影专业教学，也可作为大学摄影选修课教材使用，各取所需。教材的出版，可以有效促进普通高校基本素质教育的发展，有利于高校摄影资源的优化整合，也有利于高校摄影理论和学术水平的进一步提高。

本系列教材的编辑、出版，得到浙江省摄影家协会摄影教育专业委员会的关心和指导，也得到国内多所高校的积极支持和响应，在选题规划、论证、编写、出版等方面进展顺利。在此，向一直关心和支持本系列教材的各位领导和老师表示衷心感谢。浙江省摄影家协会摄影教育专业委员会主任胡晓阳教授对教材的选题规划做了许多工作，在此表示诚挚的感谢。

因时间仓促，本系列教材在编写过程中难免会留有缺憾，敬请各位老师、同学不吝指正。欢迎国内高校摄影教师积极参与本教材的编写和推广工作，以促进高校摄影教育事业的进一步发展和繁荣。

编　者

2017年1月

目　录

前 言

数字摄影作品中思想创意的实现，必须依托于数字摄影技术，才能得以实现。当前，数字摄影无处不在，这充分体现了它的易用性和便捷性。通过一个简易的操作就能获得想要的照片，这对于业余摄影者来说尚可，但对于专业的数字摄影师来说，却是一个错误的做法。有不少思想深刻、创意新颖的摄影师，拿着糟糕的数字文件前来求助。在我们的共同努力下，经过对图像的后期处理，一些图像的品质得以提升，最终获得了高品质的影像。但不幸的是，也有一些摄影者因为对数字摄影技术或数字图像处理技术不了解、不会应用，而导致创作失败。

摄影数字化技术于 20 世纪 70 年代由柯达公司发明，从 2000 年开始进入了专业摄影领域。随之而来的是数字图像处理技术在各行业中的广泛应用。当前数字摄影已经发展成一个集数字图像采集、处理和呈现于一体的完整系统，这要求使用者对每个环节都具有相关联的技术储备，以确保每个环节的操作都能做到正确无误。

南京艺术学院传媒学院国家级数字媒体实验教学示范中心数字图像实验室创建于 2008 年，在从事数字图像处理和输出研究的这十年里，取得了可喜的成绩。我们知道，想在数字摄影技术快速发展的时代制定通用的标准处理流程，还有很长的一段路要走。在不断研究和实验的过程中，我们从中总结出了一套行之有效的工作流程，并一直沿用至今。这个工作流程基本能适应当前数字图像技术的发展和变化。我们的目标是，在数字图像行业不断进步和完善的情况下，进一步提高数字图像处理技术水平，争取制作出更好的数字影像作品并呈现给观众。

本书围绕如何采集高品质数字图像，编辑、制作高品质数字图像以及输出、呈现高品质图像等课题，详细讲解在整个数字图像处理流程中会对高品质影像输出产生各种影响的技术要领和参数设置，做到将理论和实践相结合，并对整个流程中必须掌握的一些技术要点和概念加以阐述。

以往的同类教材是以应用软件说明书作为实训的教学核心，而不是以数字图像内核为重点进行讲解。其弊端是，重训练过程和软件的使用方法，轻原理性讲解和案例分析；重个别软件个别工具的训练，轻数字图像全流程工作原理与技术讲解。本教材以实践多年的数字图像课程教案和自编升级教材为基础，教学内容具有科学性和前瞻性。其中新增的“数字影像作品的输出工艺”一章内容为当前数字摄影领域最新的工作流程部分。本教材从理论分析入手，详细讲述了数字图像处理的发展历史、硬件设备构成、介质分类及特点，并结合大量案例，详解数字图像处理方法、工作流程及操作规范。

本教材还新增了数字图像输出的相关教学内容，这是近年来数字摄影技术应用的重要流程之一，填补了目前高校摄影教学中的一项空白。本教材案例生动、资料丰富，可以升级为网络课程、虚拟仿真实训平台，同时具有生活化、情景化、动态化和形象化的教学特点。

笔者能够完成本书的编写，要感谢我的导师、南京艺术学院传媒学院摄影系钟建明教授。在笔者学习和研究数字图像技术的过程中，钟老师悉心指导，给予了莫大的支持和帮助。感谢父亲、母亲和小姨为笔者提供了优越的学习和写作条件，也感谢嬴萱在笔者写作过程中所给予的支持和鼓励。

第一章 数字图像原理

第一节　数字图像技术的发展

据科学研究表明，人类通过视觉取得信息的方式占 80%，听觉占 10%，剩下的 10% 中包括味觉、嗅觉和触觉。物体在光线的照明下，通过人的视网膜转换成信号传输给大脑，形成影像，这样物体才被我们看到。但这个被看到的图像从几何学的角度来说，是一个错误的形态（可能是扭曲或变形的），因此，大脑会通过各种方式对图像进行处理。图像的处理源（如图片、电影）被记录后，通过各种方式（显示器显示、印刷品、电影播放）呈现时，会产生数据的变形（色彩变形、形状变形）。修正这些数据变形的可能性是有的，但仅凭视觉的方式加以修正是不够的，有些需要修正的变形数据并不能被眼睛直接看到。随着数字图像处理技术的发展，对于这种变形数据的修正，目前已可以办到。随着数字科技的进一步发展，数字相机制造技术越来越成熟，其采集的图像越来越清晰，在这个基础上，精细的图像处理技术得以发展。

以数字的方式处理图像，在当今是最常用的手段，从尖端的航空航天、医疗领域，到用手机 App 处理拍摄的照片。对图像的处理并非限定于影像文件，我们也可对传统的绘画、版画、雕塑进行图像处理。早在 12000 年前，西班牙阿尔塔米拉洞窟内就有大量旧石器时代晚期创作的壁画（图 1–1），其目的是用于记录和交流。

图 1–1　西班牙阿尔塔米拉洞窟内的野牛壁画

北宋科学家毕昇（约 970—1051）发明活字印刷术，对文字排版进行处理，可以说是图像处理技术的开始。从 1700 年至 1800 年左右，出现了当时最先

图 1–2　法国画家（路易·雅克芒戴·达盖尔，1787—1851），银版照相机发明者

图 1–3　曼·雷（原名伊曼纽尔·拉德尼茨基，1890—1976），由卡尔·冯·维顿于 1934 年 6 月摄于欢乐的蒙帕纳斯展览

图 1–4　安塞尔·伊士顿·亚当斯（Ansel Easton Adams，1902—1984），美国风光摄影师

进的视觉阅读媒体，即绘画与印刷技术相结合的科学图鉴。1839 年，真正意义上的照相机，由法国画家达盖尔发明（图 1–2）。1888 年，美国柯达公司制造出新型的感光胶片。这一时期在图像处理上添加了对胶片成像的处理技术，其手段包括选用不同感光度的胶片和长短不一的曝光时间来处理图像的密度，通过控制显影、定影的时长来处理图像的反差等，以及选择不同的摄影镜头、滤光镜控制图像的锐度和柔光等特效。20 世纪的摄影艺术家曼·雷（图 1–3）和安塞尔·亚当斯（图 1–4）都是使用胶片摄影处理图像的杰出代表。这一阶段的图像处理技术已经解决了基本的成像问题，已经可以通过较为成熟和丰富的技术手段对图像进行主观的控制和创作。当然，这是基于光学、物质和化学的图像处理技术。

这一时期基于光电的图像也有所发展，但传输和显示方式是使用模拟电路实现的。这一阶段对模拟图像的处理，主要是增强图像的清晰度，控制信号的衰减和去除图像的噪点。这些图像处理技术在当前的数字图像领域同样适用，它们在本质上没有太大的变化，只是现在数字技术已经完全取代了模拟电路和胶片。

图 1–5　格伦·贝克（远者）和贝蒂·斯奈德（近者）在位于弹道研究实验室（BRL）的 Eniac 计算机上编程

1946 年，一台名为 Eniac 的

图 1-6　Cpl. Irwin Goldstein 正在设置 Eniac 计算机上一个函数表上的开关

图 1-7　Eniac 计算机的四个面板和一个函数表，展览于宾夕法尼亚大学工程和应用科学学院

图 1-8　本杰明·弗兰西斯·拉普斯基在使用示波器

大型通用二进制数字计算机在美国宾夕法尼亚大学宣告诞生（图 1–5、图 1–6、图 1–7）。Eniac 主要用于数据计算，并参与了实际的社会服务。对于图像处理而言，当时的图像大多是模拟信号。众所周知的是，计算机对模拟信号的处理并不能随心所欲，计算机技术人员需要和图像处理技术人员共同进行有针对性的功能开发，以服务于用户，因此使用功能比较有限。而应用这种基于二进制的方法来处理图像是一场革命，许多算法至今仍在使用。

本杰明·弗兰西斯·拉普斯基（Benjamin Francis Laposky，1914—2000）是一位数学家、艺术家及制图员，他利用示波器作为抽象艺术的创作媒介（图 1–8）。1953 年，他在切诺基的桑福德博物馆（Sanford Museum），通过 50 张同名图片的画廊展览发布了波形图设计。拉普斯基被公认为是电子艺术的先驱。

20 世纪 60 年代，计算机技术得到了飞速发展。在 1964 年和 1965 年，第三代 IBM360（图 1–9）、微型计算机 DEC/PDP–8 相继面世，数字图像处理技术随之有了长足的进步，但采集的图像质量仍有较多瑕疵。在这一时期，计算机对图像的处理主要是对较差的图像缺陷进行优化。

IBM System/360 是 IBM 于 1964 年 4 月 7 日宣布的一系列从商用到科学应用范围的主机计算机系统。系统分别为 IBM System/360 Model 20 CPU（图 1–10）和 IBM

图 1-9　IBM System / 360 Model 30 处理器单元

图 1-10　IBM 2560 MFCM（多功能卡片机）卸下前面板的 IBM System / 360 Model 20 CPU

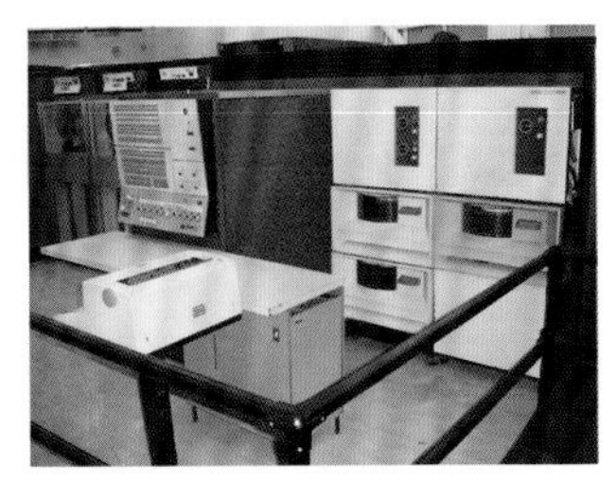

图 1-11　IBM System / 360 Model 30 CPU，左侧是磁带驱动器，右侧为磁盘驱动器

System/360 Model 30 CPU（图 1-11）。

PDP-8 是由 Digital Equipment Corporation 生产的 12bit 小型计算机，也是第一台成功的商用小型计算机（图 1-12、图 1-13）。

1969 年，美国阿波罗 11 号登陆月球后传回的影像，震惊了全世界（图 1-14、图 1-15）。但在当时严酷的自然条件下传送回来的图像并不清晰，且数据量巨大，对于接收到的图像还要做对比度修正、马赛克修正、噪点去除、光学变形校正等处理，以还原

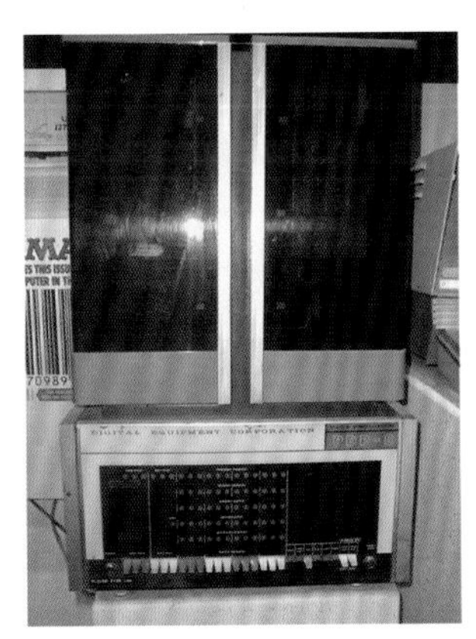

图 1-12　第一代 PDP-8，采用分立晶体管构建，后来被称为 Straight 8

图 1-13　一个开放式 PDP-8 / E，前面板后面有逻辑模块，顶部有一个双 TU56 DFCtape 驱动器

图 1-14　奥尔德林在月球表面

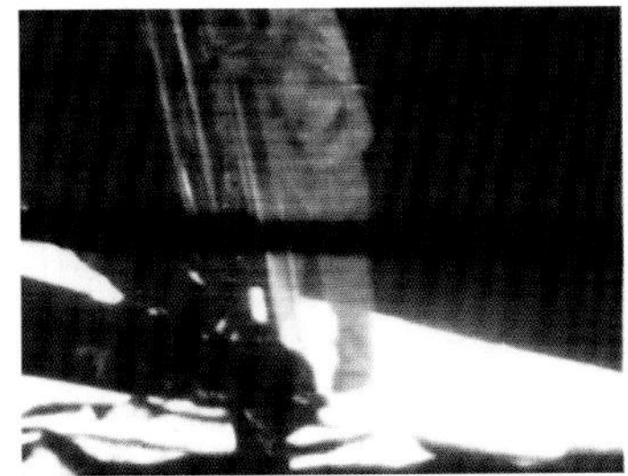

图 1-15　奥尔德林在月球表面拍摄的阿姆斯特朗和脚印

图 1-16 ILLIAC Ⅳ并行计算机

图 1-17 ILLIAC Ⅳ处理单元

图 1-18 操作人员使用数字绘图板技术进行绘图

图 1-19 洛杉矶艺术博物馆举办艺术与技术展

和改善图像品质，这也是当时计算机处理图像的核心任务。这些作业从信号发出、接收到处理需要经过一个复杂的过程，而且只有使用数字技术才是唯一可行的。这也证明了数字图像处理技术的意义和重要性。

在医疗行业，应用数字图像处理技术，可以对电子显微镜中的细胞图像进行尺寸测量、染色体分类和细胞分类等工作。1965 年，科学家首次对胸透的 X 射线照片进行试验性处理，通过强调对比度等方法来改善 X 射线胶片的显影效果，使其更容易寻找病灶并进行局部观测，这些方法都以数字化方式进行记录和重现。因此，现在的 X 光机都配有数字冲洗装置。在未来，这种冲洗装置可能会被数字打印机所取代。

在这一时期，计算机并不能自行决定如何处理图像。在性价比方面，当时使用计算机技术处理和使用人工处理，不论在价格抑或速度方面，人工都优于计算机。因此，在当时，计算机处理技术并没有被认可。

ILLIAC Ⅳ是第一台大规模并行计算机（图 1-16、图 1-17），该系统具有 256 个 64 位浮点单元和 4 个 CPU 中央处理单元，每秒可处理 10 亿次运算。

从技术层面上看，在 20 世纪 60 年代后半期，美国伊利诺斯大学研制出使用多类型计算机设备联合运算（ILLIAC Ⅳ）方法，极大改善了高能源物理学中数据处理的问题。但是这一设备只被运用在高能源物理学和相关的尖端科学研究中，而没有在民用领域中使用。

1963 年，萨瑟兰德（I. E. Sutherland）提出图形学的概念，被称为“图形学之父”。他开发了数字绘图板（图 1–18），从此电脑图形学开始受到关注，但是这一时期是以矢量图片为主。当具有视窗系统的计算机出现后，CAD 计算机辅助设计开始受到人们的关注，并得到快速发展。

1965 年，计算机图像作为艺术品开始展出。1967 年，E. A. T（Experiments in Art and Technology）促成了艺术家和工程师之间的合作。凯普斯（Gyorgy Kepes）在麻省理工学院创立了高级视觉研究中心（C. A. V. S）。1971 年，美国洛杉矶艺术博物馆举办了艺术与技术展览（图 1–19）。

1971 年，英特尔（INTEL）公司发布了 Intel c4004 微型处理器（图 1–20），这是全球第一款微型处理器。C4004 处理器的尺寸为 3mm × 4mm，外层 16 针脚，有 2300 个晶体管。大约每秒可以进行 9 万次运算，成本低于 100 美元。其性能与 Eniac 相当。

图 1–20　英特尔白色陶瓷 c4004 微处理器

1972 年 7 月 23 日，美国国家航空航天局（NASA）成功发射地球探测人工卫星 Landsat 1 号（图 1–21），用于地球资源的勘探。这项技术之所以可以实现，是因为图像处理软件的出现。庞大的数据量和复杂的计算决定了这些项目只能以数字的方式进行处理。这也是电脑和图像处理软件共同处理图像的开始。

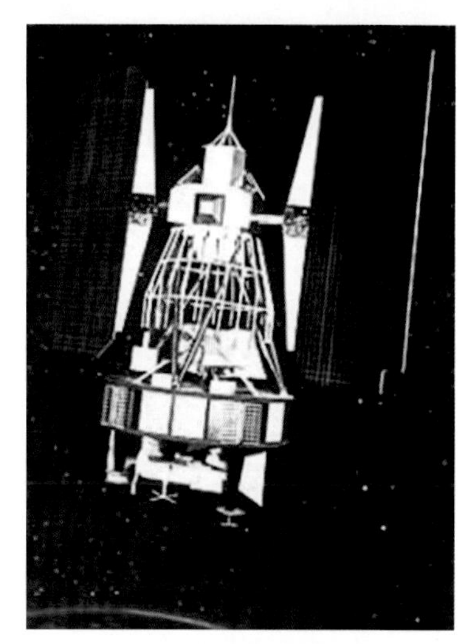

图 1–21　Landsat 1 为当时的气象卫星设计作出了贡献

电脑和电脑图像处理技术，也在医学领域取得了重大进展。用 CT 扫描的图像，是通过电脑计算，从而获得断层图像。这一技术给医学领域带来了革命性的影响。在此后的 20 年里，CT 画面和卫星遥感技术得到长足发展和广泛应用，图像越来越清晰，包含的内容也越来越多。在这种情况下，必然需要更先进的处理手法来应用，比如开发 CT 图像专用的算法及软件。在技术不断提高和画面质量改善后，CT 成像已经很可靠了。电脑图像技术的发展为医疗学科领域提供了 3D 器官图像和模拟手术。

图 1–22　在计算机历史博物馆展出的 SuperPaint 计算机，Data General Nova 800

在硬件方面，20 世纪 70 年代也有了几项重要的

图 1-23　完全组装的 Apple I 电脑，配有自制木质电脑包

图 1-24　带有单色荧光粉监视器（型号 5151）和 IBM PC 键盘的 IBM Personal Computer 5150 型号

图 1-25　苹果公司 Macintosh 系列电脑

成果。如框架式存储器（Frame memory）的出现，使大规模的数据存储有了可能，可完成 256×256 像素的图像处理。另一方面，CCD 的使用使图像数字化采集得到了开发。

1973 年，计算机科学家理查德·肖普（Richard Shoup，1943—2015），主要从事计算机图像和电脑动画的研究。1973 年，肖普在施乐帕洛阿尔托研究中心（Xerox Palo Alto Research Center）发明了一个电脑绘画软件 SuperPaint（图 1-22）。1979 年，肖普与别人共同创建生产数字动画硬件和软件的 Aurora Systems 公司，并且获得了艾美奖和奥斯卡奖。

1976 年，斯蒂夫·G. 沃兹尼亚克（Stephen Gary Wozniak，1950—　）设计了第一款组装电脑 Apple I（图 1-23），共生产了约 200 台，于 1977 年 10 月终止销售。

在这一时期，图像处理的实用性和前瞻性已被人们有所认识和理解。人们在各个领域开始逐渐认识到图像处理技术在基础研究领域的用途及其重要性，因此进一步加大了后期投入。尤其是加深了对基础手法、处理顺序、读取框架及算法等方法论的研究，这些基础研究在这一时期发展得最快。在 20 世纪 70 年代末期，已经开始了从 2D 影像的画面计算 3D 影像数据的研究，并且得到了很多理论成果。但是要想将它实际运用到日常的生产、生活中，这时期的技术还面临较大的难度。

1981 年，IBM 推出了第一台个人电脑（图 1-24）。

1984 年，苹果公司推出了 Macintosh 系列电脑（图 1-25）。

从 20 世纪 80 年代以后，图像技术得到了快速发展，之前的图像处理技术已有一部分被实用化和大众化，影像高质量的发展也是从这一时期开始的。这一时期的电脑系统

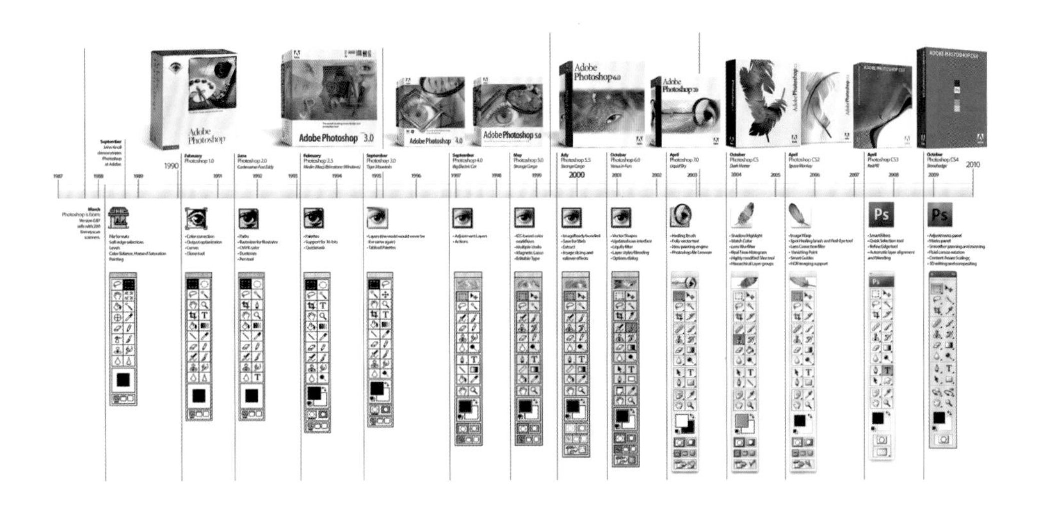

图 1–26　1990 年，Adobe Systems 发布由约翰・诺尔（John Knoll）和托马斯・诺尔（Thomas Knoll）开发的图像编辑软件 Photoshop 1.0

已经逐渐发展成模块化、组合式的模式，其性能也大大优于过去的专用电脑系统。图像处理通用软件在这一时期完成了开发和应用，并建立了基本的工作流程，能让用户充分理解其操作方式。换句话说，就是当用户遇到问题时，即可选择相关的处理方式与方法。但是，图像处理软件在这一时期的使用，仍然需要搭载专门的处理器才能运行。

20 世纪 90 年代，网络瞬间在全球扩大并普及，个人电脑开始成为一个发展趋势，这给用户带来了前所未有的信息处理能力和更广泛的图像获取途径。图像压缩技术的出现和发展，使大量图像可以在网络上高速传递，有网络的用户也可以自行通过网络下载所需要的图片。这一系列技术的出现和应用为普通电脑处理图像提供了必要的条件和环境。90 年代后，高性能、低价格的数码相机和影像扫描技术使数字影像的处理得到了快速普及和推广（图 1–26）。现在所普及的计算机，从声音、文本、影像（静止、动态、浓淡）都可以通过数字的形式或格式获取，从而开始了多媒体时代。现在，数字图像被各种各样的媒体所利用，在普及的同时也有了数字图像的版权概念，图像文件的保护和数字水印技术被深入开发。

思考题

1. 怎样看待影像前期拍摄和后期编辑的关系？

2. 在影像后期编辑中要注意哪些问题？

第二节　数字图像的结构

在这里，数字图像是由艺术家和摄影师制作的，因此，我们先了解一下数字图像的结构。摄影师和艺术家制作和接触的图像类型中有 95% 是二进制图像，也称为光栅图像或基于像素的图像，即位图。简单地说，位图图像是整齐排列在方格上的像素的集合。每个像素可以根据其颜色及其明暗强度的数值来进行可视化描述。像素的数量越多，描述每个像素的字节越多，那么整个二进制的文件量就越大，对图像的描述就越详细。

其余 5% 的数字图像是基于矢量的，矢量图像不是由像素组成，而是由数学公式组成的。这些公式用于描述图像中每个对象的轮廓、线条粗细和填充内容，以及图像在页面上所处的位置。在许多设计领域，诸如 Logo 设计等行业，使用矢量格式进行设计，是一个完美的方法。矢量图像除了公式，并不存在现成的图像，它是通过计算机语言（如 PostScript 语言）生成的图像。

在这里，我们着重了解一下位图概念。要知晓位图的文件特点，需要从四个方面的信息入手，即像素、色位深度、分辨率及色调。对位图这四个方面的了解，不仅可以对图像的编辑制作有很大帮助，也有助于掌握图像的打印输出技术。

像素与子像素

18 世纪的点彩派艺术作品，是艺术家将不同颜色的点进行组合排列来完成创作的。这种用断续的点模拟连续画面的方法，为现在的数字相机和图像软件的研发提供了基本依据，在数字图像中被称为像素，像素的概念贯穿于整个数字成像设备中。像素也是组成位图图像的基本单位。对于位图图像来说，像素实际上是没有形状的，每个信息单元并非一个点或一个方块，而我们看到的点或方块的像素是经过特定方式“渲染”出来的效果。每个像素被赋予了对应的颜色值，而这些颜色值是采用三原色红、绿、蓝（RGB 色域）或青、品红、黄、黑（CMYK 色域）的方式来组合呈现的。这就是组成像素的更小一级单位——子像素。几乎所有的数字设备的色彩呈现方式都遵循了这一概念。

数码相机感光元件

大方块是数字相机感光元件示意图（图 1–27），每个颜色块代表 1 个子像素，4 个子像素构成一个像素，每个子像素会将光线分解，红色子像素只让红色的光线通过，绿色子像素只让绿色光线通过，蓝色子像素只让蓝色光线通过。这些数据信号以带有标记的亮度值最终汇总后进行计算，得出颜色。目前数字相机感光元件的技术基本采用这种方式。如果没有子像素，依靠单一像素想要识别所有的颜色，是非常困难的。

图 1–27 感光元件中子像素的构成

显示器

显示器的成像方式与感光元件类似，但在对显示器屏幕放大数十倍之后可以看到，它与感光元件的子像素略有不同。显示器屏幕也由红、绿、蓝三个子像素构成，每个子像素除了能够打开和关闭，还能以不同的亮度值显示，若将三原色以不同亮度值配比，就可获得上亿种色彩。如果没有子像素存在，色彩显示就难以实现。

印刷品

与显示器和感光元件不同，印刷品属于 CMYK 模式，CMYK 四种颜色也就成了印刷品的子像素。从放大近百倍的示意图上可以看出，其子像素以独有的规则排列，形成各种颜色。CMYK 色彩模式的颜色数量不及 RGB 颜色模式，如果不通过子像素的色彩混合，想获得所有的颜色，几乎是不可能的。

思考题

从成像品质上考虑，在屏幕显示、喷墨打印和印刷品中，哪种成像品质最高?

图像的分辨率

我们经常会接触到分辨率，诸如数字相机分辨率、扫描仪分辨率、相机镜头分辨率、显示器分辨率、打印机分辨率等。在这里，我们需要区分图像分辨率和打印机分辨率。分辨率是一个采样点的集合，单位面积内的像素越多，代表分辨率越高，所能够呈现的图像就越接近真实物体。位图图像的分辨率取决于像素量的多少。如果每英寸图像上有 100 个像素，那么分辨率是每英寸 100 像素或 100ppi。这种计算方法同样适用于显

图 1-28　高分辨率图像与低分辨率图像

示器和数码相机，即每英寸像素（ppi）。图像分辨率决定了图像的质量和清晰度。在同一空间中拥有的像素数越多，像素尺寸越小，图像的质量就越高。像素量越多，文件量也越大，图像编辑和使用速度也就越慢（图 1-28）。

常用色彩模式

RGB

RGB 是数字艺术家主要使用的色彩空间，它是基于红色、绿色和蓝色构成的三原色。它不仅仅基于显示器和电视机屏幕，科学家发现 RGB 三色与我们感知颜色的视神经系统相匹配。大多数情况下，RGB 用于数码相机和扫描仪。所以扫描仪扫描的原始格式都是 RGB 文件格式，如果获得扫描的是 CMYK 文件，那是通过转换获得的。喷墨打印机虽然使用 CMYK 墨水系统，但如果使用 RGB 文件模式打印，将获得更好的效果。因此，喷墨打印机也被统称为 RGB 设备。RGB 是与设备相关的，这意味着最终的颜色取决于接受的设备和被定义的 RGB 色彩空间，有的色域大，有的色域小。现在使用的 Photoshop 软件可以设置多种类型的颜色空间，目前能被使用的一共有四种：Adobe RGB（1998）、ColorMatch RGB、Apple RGB 和 sRGB。目前推荐使用的是 Adobe RGB（1998）。

CMYK

CMYK 是一种与设备相关的色彩空间，一些数字摄影师和艺术家对 CMYK 缺少足够的重视，而 CMYK 却是非常重要的，因为世界上所有的印刷品都是以 CMYK 为基础印制的。实际上，所有的喷墨打印机也都是使用 CMYK 颜色模式的。即使使用 RGB 作为输入文件，也要将 RGB 转换成 CMYK。

由于 CMYK 是商业印刷行业标准，所以只要你想印制海报、宣传册或任何使用胶印方式印刷的项目，就会遇到 CMYK，就要将所有参与制作的图像转换成 CMYK。我们可以使用 Photoshop 的软打样功能，使用校准过的显示器与 ICC 配置文件配合使用（参见本书第 44 页“如何使用显示器做软打样”），这样在显示器上就可以获得较好的模拟效果。CMYK 格式的文件一般都需要另存，作为一种临时文件加以保存。

思考题

1. 如果RGB模式中包含等量的纯红、绿、蓝的混合，那么，眼睛将感受到什么颜色?
2. 如果没有光（RGB值都等于0），眼睛将感受到什么颜色?
3. 如果CMYK模式中包含等量的品红（M）、青色（C）和黄色（Y）的混合，那么，眼睛将感受到什么颜色?
4. 品红（M）、青色（C）和黄色（Y）的混合能否得到黑色？如果能得到黑色，那为什么还要单独设立一个黑色（K）?
5. 两种颜色模式相比较，哪种颜色模式能更好地表现自然界中的色彩?

色位深度

位是数字信息的最小单位，1bit 图像是所有位图中最低级别的，它的组成只有两个数字：一个是“0”，另一个是“1”（图 1–29）。这也意味着图片中的像素只能呈现出黑色或白色，这是位图中最简单的样式。稍复杂一些的是 2bit，这样每个像素可以有 4 种表现，即：00、11、01、10，可以说是黑色、淡黑色、淡淡黑色和白色。以此类推，4bit 有 16 个组合，8bit 有 256 个组合……我们之前讨论的是单色的 bit，而彩色才是被更多人所使用的（图 1–30）。在彩色图像中，我们依然习惯使用单通道的 8bit，即整图 16bit 对位图进行描述（如 Photoshop 的图像模式中），而实际的彩色描述方式是

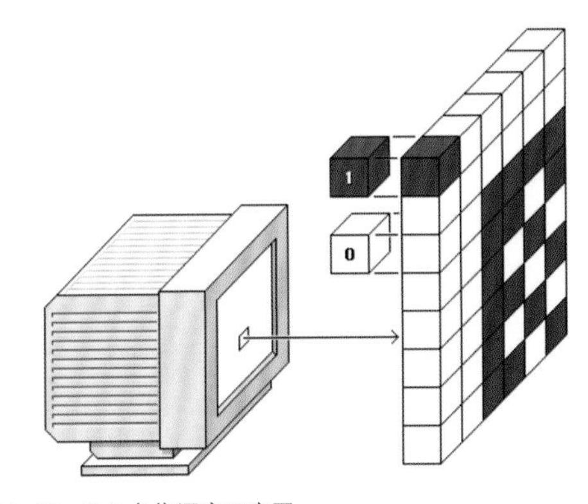

图 1–29　1bit 色位深度示意图

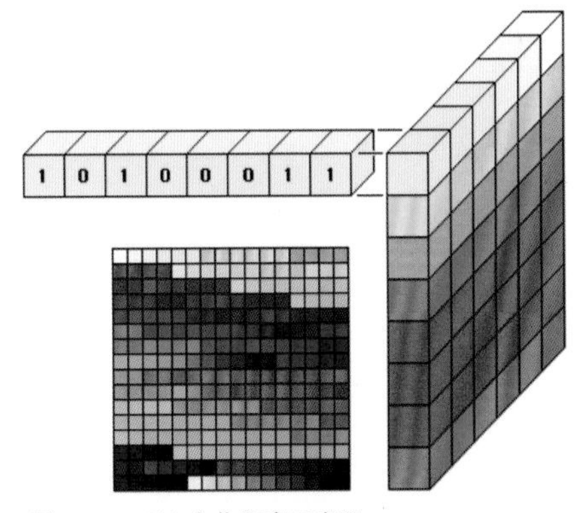

图 1–30　8bit 色位深度示意图

24bit（RGB 每色 8bit），即 R=256 个值、G=256 个值、B=256 个值，所以 24bit 一共有 16777216 个值。当前，图像输入技术允许每个通道达到 16bit，也就是整图 48bit（RGB 每色 16bit），即 R=4096 个值、G=4096 个值、B=4096 个值，一共有 6.87 亿个值。色位深度其实就是每个像素所包含的数据信息，每单个像素所包含的数据量越多，这幅图像的色位深度也就越大，文件量也就越大。

在像素和子像素中，我们已经知道数字图像的结构是用断续的点去模拟连续画面，像素的数量决定了断续画面模拟连续画面的清晰度，而色位深度则是从色彩上表达模拟连续画面的真实性。

在图像编辑和采集过程中，我们应该使用 16bit 色位深度，而不是 8bit 色位深度。有人对此提出疑问，这主要来自对显示器的观察。在显示器上，8bit 和 16bit 并没有任何区别，那是因为大多数显示器的系统处理器没有达到处理 16bit 的能力。现在的计算机系统和软件系统使用的是二进制方式，当使用修图软件修图的时候，调整的数据会将小数点之后的数据四舍五入，这被称为“圆整误差”。这种计算方式会让图像数据造成损失，调整幅度越大、次数越多，损失就会越严重。如果我们使用 8bit 色位深度修图，损失后的数据可能会低于 8bit，从而低于模拟连续画面所需的最低色位深度要求，图像可能会产生色调分离、颜色失真等问题，这会大大限制摄影师的图像创作手段。使用 16bit 就不会遇到这类问题，即便经过大幅度的调整，但是足够的色位深度保证了图像的最终质量，编辑过的图像可能是 15bit、12bit 或 10bit，但都高于 8bit，达到了基本要求。

另一方面，图像创作者可能会对数字图像文件做较为强烈的调整，而 16bit 文件的每个像素具有很高的数据量，可以最大程度地支撑调整工具的使用，比如说饱和度的调整。如果使用 8bit 文件，在不失真的情况下，用户只能做 30 个单位的调整，但是使用 16bit 文件，用户可以做高达 60 至 70 个单位甚至更高（取决于像素量）的调整，自由度将大大提高，图像质量也会得到大大提升。

要获得 16bit 色位深度的文件，目前只能通过 RAW 格式转换获得，并没有其他途径。如果你将一个 8bit 的 TIFF 或 JPEG 文件通过差值的方式转换成 TIFF-16bit 文件，将是毫无意义的。文件量虽然呈现出增长的样式，但数据并不具备 16bit 的特性。

第三节　如何选择文档格式

RAW　如果数字相机中能够选用RAW格式，那么所有的拍摄工作都应该选择这一格式。由于RAW文件格式包含了大量的信息数据，这给图像的后期制作提供了极大的可能性。即使遇上曝光失误造成图像过亮或过暗等各种技术问题，如果使用RAW格式，就具有补救的可能性。甚至拍摄前不需要做任何预设值（色温、饱和度、锐度），所有的RAW格式文件都可以通过RAW处理软件（Lightroom、DXO OpticsPro、CaptureOne等）进行设置，而且这些设置都是无损图像质量的。当然，RAW文件格式的尺寸要大一些，并且需要通过相应软件才能获得图片文件。

TIFF　主要用于存储高品质照片或艺术图片，TIFF文件对每个像素都有专门的字节加以解释，虽然文件量较大，但其足够的数据量保证了所存图像的质量。TIFF文件有三方面优势：

1. 这种文件格式能够包含所有的编辑数据（如图层、通道、透明度及可逆的调整数据），所以有利于后期制作图像，并同时保持了文件可以继续做无损修改的可能性。比如，用户在Photoshop软件中使用蒙版、通道、图层等工具编辑图像，但并没有打算立即完成图像的最终编辑，想下次或分几次编辑图像。在此期间，用户需要将编辑过的文件保存起来，以便下一次能够继续编辑。在这种情况下，用户就应该选择TIFF文件格式。

2.TIFF文件也可用于高质量的图像打印，由于其数据量不必压缩，且具有16bit的特性，而这些指标都为现在较新的打印软件所识别，并可在打印时提高打印质量。

3. 具有良好的兼容性。TIFF文件具备PSD、PSB文件格式的所有特性。但许多打印软件并不能识别PSD、PSB文件格式，而TIFF格式是所有打印软件都能够识别的格式，所以具有很好的兼容性。

提示　当TIFF文件用于打印时，最好将文件中所包含的图层及其他内容进行合并，以防止打印出错。但是打印用的TIFF文件因为图层合并会造成编辑信息丢失，这意味着这个TIFF文件不再具备编辑属性。因此，一定要用“另存为”保存被合并图层的TIFF文件，以便以后对图像做进一步调整。

表 1-1　TIFF 文件格式的保存对话框

图像压缩	
无	推荐使用。不对图像做任何形式的压缩，可保留文件中的所有信息，文件量较大
LZW	可以使用。这是非损失压缩方式，这种方式不会减少图像的数据，能够产生大约 2 ：1 的压缩比，可将文稿的数据量减少一半左右。但打开文件时速度会减慢，因为需要解压，并可能由于兼容性问题无法打开文档
ZIP	不建议使用。这是有损失的压缩方式，文件尺寸大大减小。不建议使用这个模式，这会降低我们使用 TIFF 文件的实际意义
JPEG	不建议使用。选择这个选项相当于将文件保存为 JPEG 格式，完全失去了使用 TIFF 文件的意义

PSD　这是 Adobe 公司开发的专门格式，其性质与 TIFF 基本相同，但是兼容性相对较差，许多打印软件和排版软件无法识别和使用此格式。为了避免不必要的麻烦，直接使用 TIFF 格式就可以了。

PSB　当文件大到一定程度，超过了 TIFF 格式和 PSD 格式的最大容量限制时，就需要将文件保存为 PSB 格式。PSB 格式支持宽度或高度最大为 300000 像素的文档，其他特性与 TIFF 格式和 PSD 格式都是相同的。

JPEG　一个天生经过压缩的图像文件格式，它文件量小，便于传播，同时具有较好的兼容性，在任何设备上都可以读取观看。数字相机可以将 JPEG 设置成唯一记录格式进行拍摄，但不建议这么做，因为文件量太小了，根本无法承受图像软件对其编辑时所需的数据量，一经编辑，就会出现图像质量下降。如果拍摄图像有技术问题需要后期处理，那就更不可能了。当然，JPEG 并非一无是处，用于网络发布是完全可行的。作为一般的打印也可以使用（使用 TIFF 文件压缩获得的 JPEG 文件）。

PDF　这是在印刷行业中使用的一个主流的文件格式。与之前介绍的文件不同的是，这个文件具有页面的概念，并且在一个文件中可以包含多种类型的文件（矢量文件、字体、位图）。另一个优势是其合理的压缩算法，在保证影像质量的前提下可以尽可能地压缩文件大小。它非常适合作为拼版打印用的文件格式，一般通过 Adobe Indesign 导出获得。

提示　用户应根据不同的应用场景对图像文件进行合理的设置，内容包括文件格式、色位深度、分辨率大小和色彩模式。

（1）用于商务印刷的广告照片。（2）网络发布照片。（3）艺术家的艺术照片。（4）供快速浏览的具有目录性质的照片。用户可分别用数字相机的 RAW 和 JPEG 文件格式，使用相同拍摄数据拍摄同一场景。之后通过使用 Lightroom 或 Photoshop 软件对图像做相同的调整，进行放大，对比最终的图像效果。

第二章 色彩基础知识

第一节　颜　色

人类的眼睛能够感受到不同波长的光线，从而能感知颜色的变化，这个变化大约在 380 —760nm 的电磁波谱之间发生。测量光波长度两个峰值之间的距离长度，短于 380nm 的波长被称为紫外线，超过 760nm 的波长被称为红外线，它们都是肉眼看不见的。除此之外，还有其他类型的电磁辐射，如 X 射线、微波、雷达和无线电等，这些电磁辐射都是不可见的。因为人类的眼睛只能识别 380 —760nm 的光谱，因此这被称为可见光谱（图 2–1）。

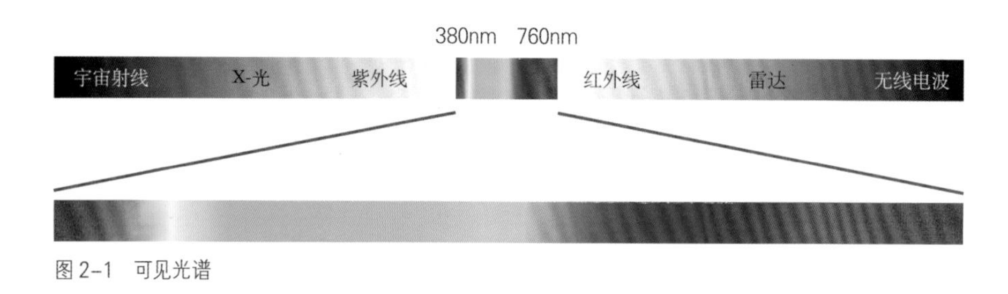

图 2–1　可见光谱

色彩的基础是由三种颜色构成的。这意味着在加色原色或减色原色的色彩系统中，通过三种原色就可以创建全部或大部分其他颜色。通过减色，光线被一些物体吸收了波长，当我们看到没有被吸收而继续被反射的波长时，就感受到了颜色。换句话说，纸张上的图像颜色是墨水和纸张吸收或减去特定波长后的剩余部分。如果绿色和红色的波长被吸收，那么我们看到的就是蓝色，这个波长大约在 400 —500nm 范围之间。如果青色和洋红色被吸收，我们就能够看到黄色。如果通过堆积更多的墨水来减少波长，就会得到黑色。

减色原色是 C（青）、M（品红）、Y（黄），使用于印刷和打印。加色原色是 R（红）、G（绿）、B（蓝），适用于计算机的显示器或舞台灯光系统。如果不断添加颜色，最终会变成白色。

我们之所以能够看到色彩，是因为我们的视觉系统感受了波长，光线照射到物体表面，一部分光谱能量被吸收，另一部分光谱能量被物体反射，反射的被改变的光由全新的波长组成，人眼将波长感知为色彩。这也是感知色彩的三个必要条件——光、物体和人眼。

光属于电磁波谱中的可见部分。1666 年，牛顿在这一年使用三棱镜发现了光的色散，白色光被分解成彩色的光带，范围在 400 —700nm，包含我们通常所说的红、橙、黄、绿、青、蓝、紫。

红色 加色三原色或光原色的一种，也是一种心理原色。它是色彩库中最强有力的一种颜色。红色位于可见光谱中的波长末端，波长大约在 630 —750nm。红色具有高度可视性，能够从任何背景中凸显出来。著名野兽派画家亨利·马蒂斯（Henri Matisse）注意到，当红色在画面中只占一小块区域时，通常会取得极好的效果。红色可以是任意一组色彩中的一种，这组色彩可以在明度和饱和度上有所不同。

橙色 橙色与幸福、喜悦和阳光的感觉联系在一起。橙色是可见光谱中的一个色相，位于红色和黄色之间，波长大约为 590 —630nm。作为红色和黄色的混合体，它继承了两种颜色的特性，但是强度减弱。橙色可以是红色与黄色之间的一组颜色中的任意一种，具有中等亮度和适中的饱和度。

黄色 减色三原色中的一种，同样也是一种心理原色。它会产生一种温暖的效果，并且能够促进舒适、幸福、快乐的感觉。当然，它能被用来描绘太阳，但它本身就能够吸引我们的注意，特别是在与暗色对比的时候。黄色在可见光谱中位于橙色与绿色之间，波长大约为 570 —590nm。为了能得到最大限度的可视化效果，黄色应为纯色相。当作为暗色调或明色调出现的时候，黄色要比其他颜色损失更多的能量。

绿色 加色三原色或光原色中的一种，也是心理原色的一种。一般来说，绿色被看作是一种“安全色”，象征着前进以及任何天然的东西。绿色在可见光谱中位于黄色与蓝色之间，波长大约为 490 —570nm。绿色可以在明度和饱和度方面发生变化，色相是那种翠绿色，或者是比正在生长的草的颜色要少一些黄色的颜色。照片中的绿色有缓解眼部疲劳的作用，并且能够提升和谐、安宁的感觉。但要注意的是，绿色必须用其他颜色作陪衬，以免审美疲劳。

蓝色 一种加色三原色或光源色，也是心理原色中的一种。蓝色在可见光谱中位于绿色和紫色之间，波长大约在 420 —490nm。蓝色可以在亮度和饱和度方面发生变化，其色相是晴朗天空的颜色。

青色 可见光谱中位于蓝色和紫色之间，波长大约为 420 —450nm。它是一种深蓝色，或者准确地说，是略带灰色的蓝紫色。

紫色 中短波色相，位于可见光谱的末端，波长大约为 380 —420nm。紫（紫罗兰）色是略带红色的蓝色，可以在明度和饱和度方面产生变化。

第二节　光　源

光源也有自己的颜色，每个波长都可以绘制成光源的光谱曲线。不同类型的光源会对其照射下的物体产生影响。同色异谱是最常见的一个问题，但同色异谱也并非完全由墨水造成。若两个不同的颜色在一个光源下看起来相同，在另一个光源下看起来不同，是因为光源对人眼感知颜色有很重要的影响。因此，光线、物体和人构成了感知颜色的三要素。

色彩恒常性

在人类的色彩感知系统中，有一个显著的特性被称为色彩恒常性，它确保人对于物体颜色的感知度保持不变，而不用考虑照射在物体上的光源的颜色。比如一天上午，你正为外出旅游而准备食物，你挑选的一串香蕉在钨丝灯的照明下呈现出一种令人舒服的黄色。几个小时以后，当你坐在正午的阳光下的时候，这串香蕉仍然显现出相同的颜色。照亮水果的光源虽处于两个不同的地点，然而你对香蕉的感知却没有改变，这就是色彩的恒常性。

对于摄影师而言，色彩恒常性有着深远的意义。我们的视觉系统会对光源的色彩做出潜意识的调整，而传统相机中的胶片和数字相机的传感器却做不到。这意味着摄影师不得不尝试去考虑大脑没有告诉我们的部分，同时预见相机将如何记录不同照明环境中的色彩。如果结果并非如你所愿，则需要使用白平衡设置来加以补偿。

在打印输出时，条件等色是指在不同光源下色彩物体的匹配问题。一些照片在一种光源下呈现为一种颜色，而在另一种光源下则呈现出完全不同的颜色。在黑白照片中，这是一个特殊问题，显现出烫金效果。这个效果也被称为“同色异谱”。在制作高等级的影像展览时，往往需要考虑条件等色问题。在打印色彩管理中要增加采集光源的环节，并嵌入色彩管理流程，以减轻条件等色对影像作品所产生的影响。

第三节 颜色测量工具

借助标准光源和人类视觉模型，我们可以使用以下三种测量方式来量化我们所见颜色的光谱信息。

密度仪

我们可以通过将光引导至物体表面，并测量通过滤光片返回的光量来计算密度。这种方式不直接读取颜色，但可以计算色块的相对密度，只是在某些情况下，数码摄影师并不常用。

色度计

我们可以通过密度计等过滤测量光线，但过滤器和内部的电路结构与人的视觉比较接近。“比色法”实际上是将颜色变量的三个因素中的两个（即光源和观察者）标准化，然后结合物体一起使用，以获得数据。色度计经常用于对颜色的检测和分析。

分光光度计

也称为光谱仪，通过对全光谱的测量可以更准确地获得更详细的数据。无论是手持还是台式，都可以测量反射数据，并在某些情况下对显示器和透明胶片进行透射式测量。

思考题

1. 了解分光光度计的种类及工作原理。
2. 阅读分光光度计使用说明书，掌握仪器的基本操作及保养方法（见X-rite网站）。
3. 密度仪与分光光度计有何不同的用途?

第四节 颜色空间和颜色属性

颜色是非常主观的，为了能让全世界的人以同样的方式来讨论颜色，需要使用一种通用的方式将其量化。1931 年，国际照明委员会（CIE）在英国召开会议，研究产生了称为“颜色空间”的强大工具。颜色空间又称为“颜色模型”，它对于颜色的处理和沟通起到了至关重要的作用。颜色空间是用一种抽象的，形状像橄榄球的三维模型进行描述。其顶端是白色，底端是黑色，通过贯穿中心上下的两端来描述灰色过渡。可见光谱的各种色调环绕形成球体，中心的颜色是灰色的，球体越大，越远离中心，颜色就越饱和。

定义颜色的一种方式是使用色相、饱和度和明度这三个颜色属性。

色相（Hue） 用于定义颜色性质的物理值，是色调的主要描述值，色相名称来自波长所占据大部分的光谱区域。

饱和度（Saturation） 用于定义颜色的纯度，描述颜色的纯净或鲜艳程度。由于显示世界的颜色结合了多个波长，波长中若外来颜色越少，颜色就越饱和。

明度（Lightness） 用于定义颜色的明暗度，意味着颜色是浅色抑或深色。

数字图像色彩管理 第三章

第一节　　数字图像色彩管理技术

色彩管理系统的制定给用户带来了极大的便利，并在数字图像的许多环节中发挥着重要作用。有人认为色彩管理系统只是那些对色彩要求高的用户所需要的，但事实上，色彩管理并不只是让颜色变得更加精确那么简单，它其实是一个工作流程和一种工作方法。它需要经过专门学习并加以掌握，而且学习过程并不简单容易。但是一旦掌握了相关知识和技术，就会得心应手，使工作效率得到大幅度提高，从而有更多的时间和精力专注于创作。因此，若能熟练掌握色彩管理技术，就不会遇到显示器颜色不准确，通过显示器调整的照片在打印输出时无法准确还原，不同打印介质打印同一张照片会出现不同颜色、不同影调，以及文件杂乱等尴尬问题。

我们先通过一组简单的图表来了解一下色彩管理。色彩管理技术的使用给图像处理工作带来了便捷，提高了效率，精简了流程，也增加了图像处理各设备之间色彩转换的精确度。

人类的视觉精确度以及对色彩的敏感度极高，并在多种环境中都希望获得一致的色彩。数码摄影师希望呈现与自己想象一致的色彩和色调，印刷技术员希望印刷产品的色彩和色调能得到客户的认可，等等。图像中的色彩、色调会在不同的设备之间相互传递，但是传递过程往往难以遂人所愿。问题出在不同的设备之间都有不同的颜色表现，若想应用不同的设备而获得一致的色彩，则需要不同的颜色值。比如一个常见的问题是，同一个图像文件在不同的显示器上呈现的是不同的色彩，如果想在不同的显示器上获得相同的色彩，就需要两个不同的文件。但实际情况远比让两个显示器显示一个文件相同的色彩要复杂得多。图像的传递不仅发生在 RGB 设备的显示器与显示器之间，更多的情况会发生在 RGB 设备与 CMYK 设备（如从显示器到打印机，或从显示器到印刷机）、CMYK 设备与 CMYK 设备（如从打印机到印刷机）之间。出现这类情况，问题则变得更为复杂，便需要通过数据转换工具进行计算和转换。

但并非通过一个简单的数据转换就能获得良好的结果，在很多时候，如何转换成为获得优质图像的一个重要操作方法。数据转换器并不能自动执行操作。因此，我们需要知道诸如转换条件等信息，即如何看待源和目标（图 3–1）。

图 3–1　色彩管理的基础示意图

图 3–2 表示的是色彩管理的初级形式，也是传统的色彩管理模式。这样解决问题的思路虽然正确，但十分烦琐，其间需要 9 个数据转换工具，容易造成混乱，并且会占用大量的数据存储空间。产生这个问题的原因是没有制定统一的标准，让“源目标”和“转换目标”互为参考。真正的色彩管理则是制定一个统一标准，向所有的设备提供参照。

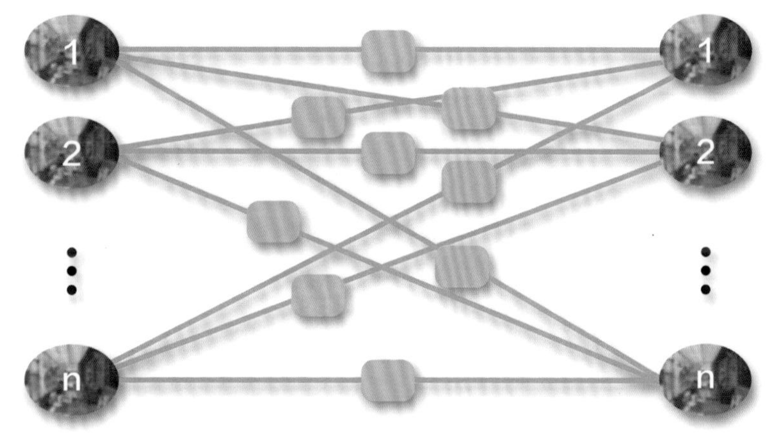

图 3–2　传统色彩管理模式示意图

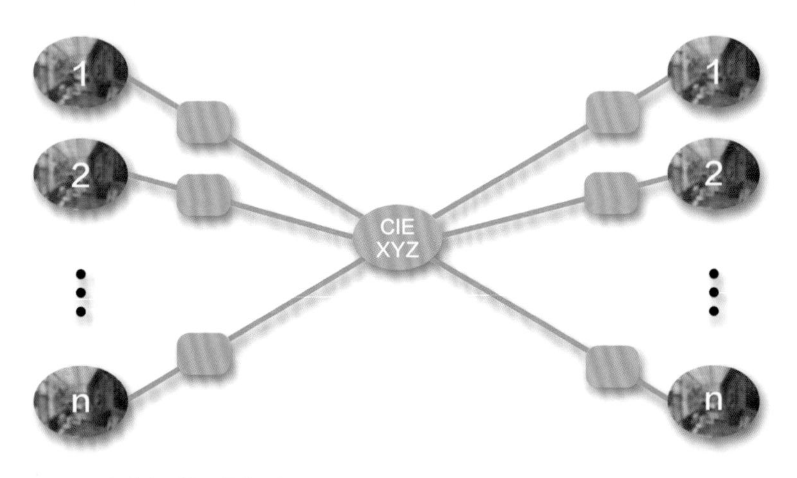

图 3–3　标准色彩管理模式示意图

图 3-3 显示的是目前常用且流行的工作流程，也是达成一个成熟而有效的色彩管理的基本思路。当制定一个参照标准后，色彩管理的过程就变得有效且快捷，大大简化了整个操作流程。这时，每个设备都拥有属于自己独立的色彩配置文件 ICC。

目前，这也是我们通用的色彩管理的转换方式，也就是色彩管理模式。在转换的配置文件中，需要转换的颜色有很多，但只有很少一部分的颜色是重合而不需要转换的。因此，我们在转换图像的色彩空间中会看到，并非图像的所有颜色都会被改变，而是有的颜色改变了，有的颜色并没有改变，并且被使用的 ICC 配置文件是可以跨平台使用的。

第二节　选择可以信任的显示器

首先，我们如何选择可以信任的显示器呢？要对需要校准的显示器的性能应有所了解。显示器一般分为家用娱乐显示器和绘图显示器，并非所有的显示器都能通过校准获得准确的显示效果，显示设备本身的质量也非常重要。显示器除了大家熟知的面板，一般选用 IPS 类型的面板。另一个需要了解的是显示设备的处理器电路，它至少需要 10bit 的同步显示，因为通常使用较多的 8bit 显示器每个 R、G、B 通道提供了 256 个灰度级别，色阶变化从 0—255。而 10bit 显示器每个 R、G、B 通道提供了 1024 个灰度级别，色阶变化从 0—1023。这样一来，10bit 的色彩显示数量就比 8bit 高出 4 倍，这也决定了 8bit 显示器无法像 10bit 显示器那样能呈现出准确且平滑的色彩过渡。

在显示器接口方面，最好使用 DisplayPort 或 HDMI 接口，至少也要使用 DVI 接口。传统的 VGA 接口是不可以使用的，因为接口决定了带宽，也决定了显示器能够显示色彩及灰度特性的数量。带有遮光罩的显示器也是可以推荐的。以上这些条件往往成了显示器能否被校准的关键因素。

显示器的选择及校准方法

显示器在校准之前需要预热，时间大约半小时，专业级绘图显示器也需要预热三至五分钟时间，这样才能保证显示器在亮度、色彩饱和度等方面显示稳定。每次校准后，一般使用一周后需要再次校准。如果重要任务，最好立即对显示器再进行一次校准。

最简单的校准方法

显示器的校准需要校准设备和显示器硬件配合。如果这些条件都不具备，或没有用于校准的硬件设备，那么最简单的方法是在 Photoshop 中创建一张白色画布，再取一张白纸在正常光照下与显示器上的白色画布进行比较，将显示器的亮度与白纸调整相近就可以了。

设备校准方法

专业的显示器校准方法需要借助校准设备，推荐使用 X-rite 品牌的系列设备，如 X-Rite i1 Display Pro、ColorMunki Photo、i1 Pro2 系列。与之配合的校准软件有 i1 Profiler

（图 3-4）。如果你使用的是 EIZO 的显示器，则可以使用 EIZO 开发的 ColorNavigator 软件进行软打样。

i1 Profiler

图 3-4　爱色丽 i1 Profiler 启动界面

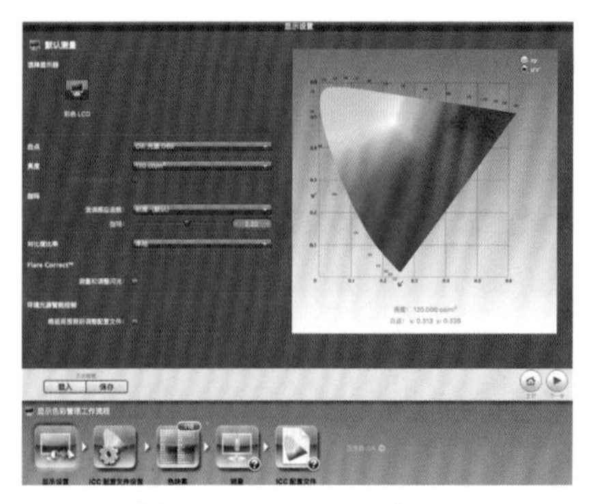
图 3-5　爱色丽 i1 Profiler—显示设置界面

表 3-1　根据使用目的对亮度、白度和伽马值进行设置

目标	亮度	白度	伽马值
图像后期制作	100cd/m²	5500K	2.2
喷墨打印	80cd/m²	5000K	2.2
网络展示	80cd/m²	6500K	2.2

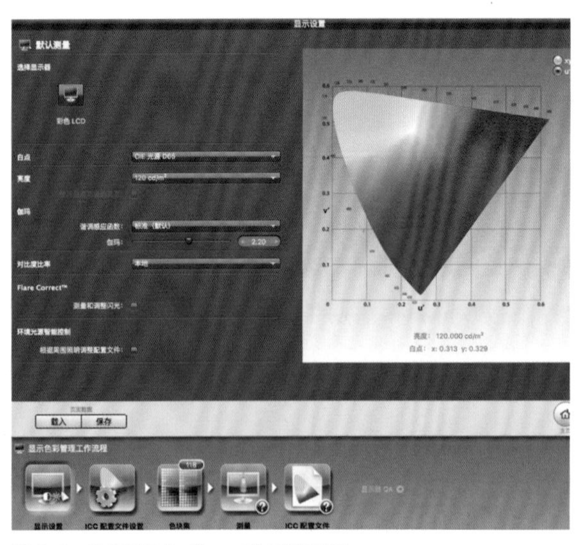

图 3-6　爱色丽 i1 Profiler—显示设置界面

点击 Flare Correct 测量和调整闪光，以补偿在面板受到光线照射时修正显示器的对比度，降低对显示器效果的影响。点击环境照明智能控制，能够更准确地让显示器校准和计算环境光线对其影响，并进行补偿，使测量结果更准确（图 3-5）。

点击下一步，在此页面中使用默认的设置（图 3-6）。

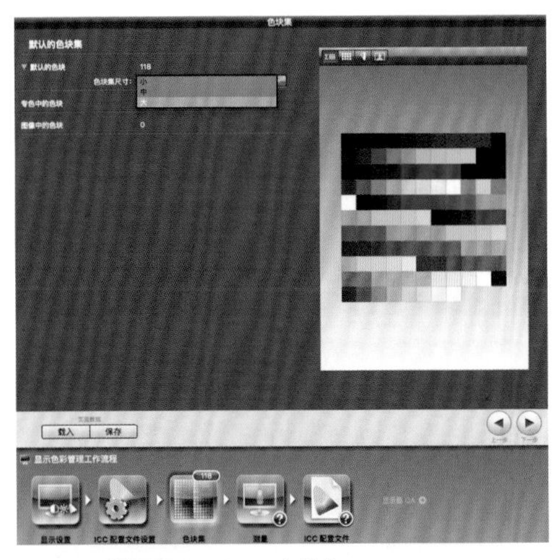

图 3-7 爱色丽 i1 Profiler—色块集

在此页面中可以对色块的数量进行选择，色块越多，获得的校准结果越精确，但需要使用更多的时间。对于普通显示器，最好先从小色块测量做起（图 3-7）。

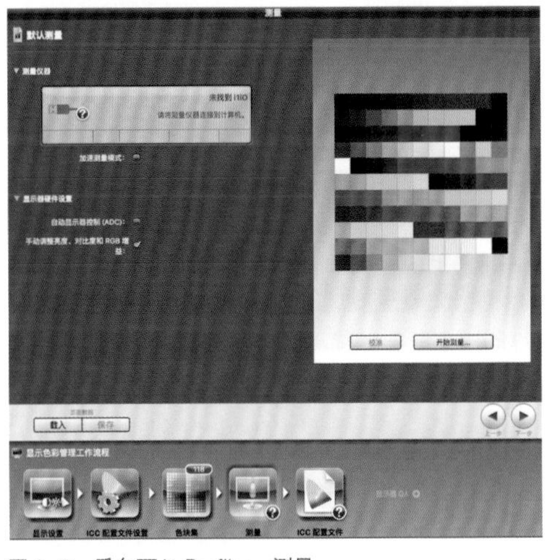

图 3-8 爱色丽 i1 Profiler—测量

尽可能不要选择加速测量模式，因为这会影响测量的质量。选择自动显示器控制（ADC）选项，可以在校准过程中先调用显示器硬件控制（如亮度、对比度等），进行校准，之后再用软件进行补偿校准，这样可以获得更好的校准结果（图 3-8）。

ColorNavigator

这是一个专门用于 EIZO ColorEdge 系列显示器的配套校准软件，它能为 ColorEdge 制做精确的校准文件。在使用前，还需将显示器与电脑通过 USB 连接在一起，确保软件能够识别显示器的类型。

EIZO 开发的软件使校准非常简便，也兼容多种测量设备，一般基础的校准只需几分钟便可完成。

启动软件

ColorNavigator 软件的操作界面非常直观，我们可以根据使用目的进行选择，有摄影、打印和网页设计等三类，并且每一类都可以添加不同定义的校准。与往系统内添加 ICC 配置文件不同，使用这个界面会感到更加简明，使一台显示器可以在不同的工作环境中进行快速切换。即使对显示器进行个性化校准，也能生成一个独立的校准，不会对之前的校准产生任何破坏。虽然好处多多，但这些功能都建立在你有一台 EIZO 绘图级显示器的基础上。当你因为这个软件而决定添置 EIZO 显示器时，还要向经销商咨询你所选的型号能否配合 ColorNavigator 软件使用，并非所有系列的显示器都可以使用该软件（图 3-9、图 3-10）。

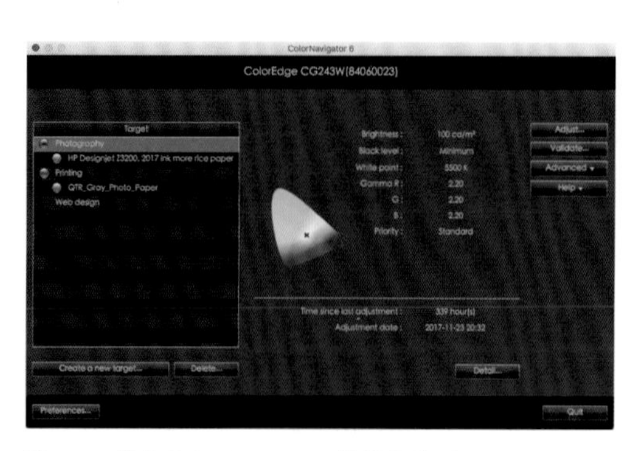

图 3-9　艺卓 ColorNavigator 6 软件启动界面

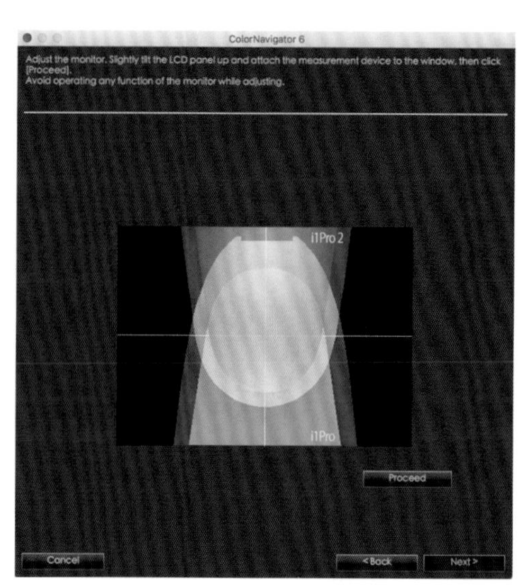

图 3-10　艺卓 ColorNavigator 6—测量仪器定位

选择校准设备

虽然 ColorNavigator 支持许多类型的校准设备，但笔者还是要推荐使用 X-RITE 的 i1 系列（图 3-11）。设备经过自检测后点击“Next”，将设备挂置在显示器上，并确保设备与显示器贴合无缝隙且不会有任何移动。在校准过程中不要移动设备，也不要随便滑动鼠标。如果出现意外，一定要重新进行校准。

如果用户在 Target 中选择的是 Printing，就会多一个测量纸张白度的步骤，这是为了使显示器能更好地贴合打印色彩。因为每种纸张的白度是不同的，有些纸张为偏暖色的黄，有些则是偏冷色的蓝，这

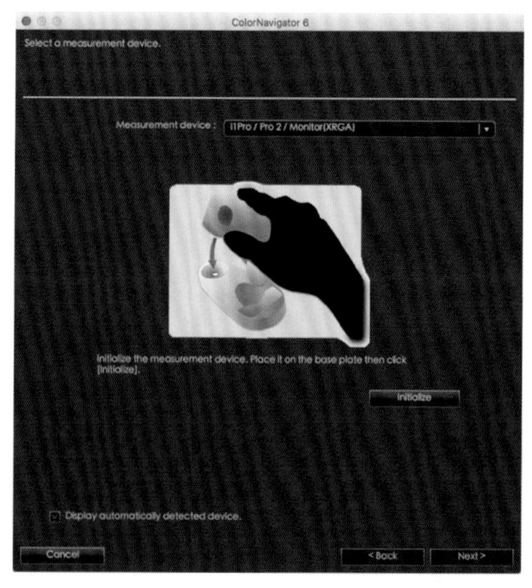

图 3-11　艺卓 ColorNavigator 6—测量仪器选择界面

会影响打印色彩。ColorNavigator 考虑到了这一点，在校准前添加纸张的白度作为校准的基准。与 Photoshop 中使用打印机配置文件模拟的软打样不同，ColorNavigator 提供了更多精细的调整工具（见本书第 40 页“高级调整及个性化设置”内容），以便精确调整显示器的软打样。

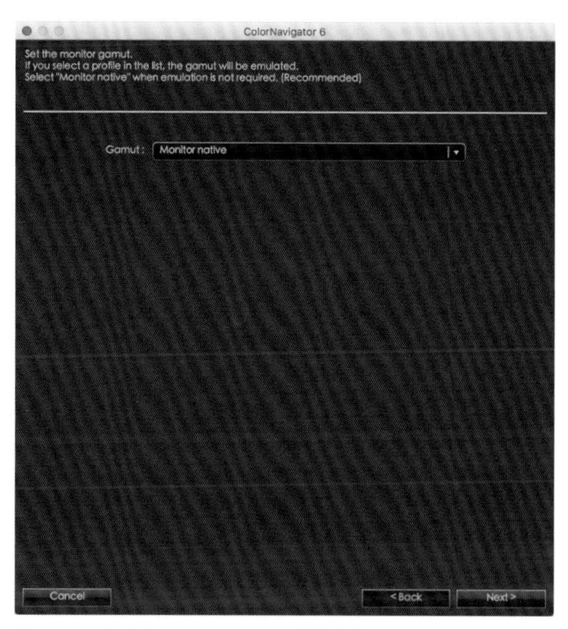

图 3-12　艺卓 ColorNavigator 6—创建校准

选择用测量方式创建一个新的目标文件，选择“Monitor native”，并点击下一步（图 3-12）。

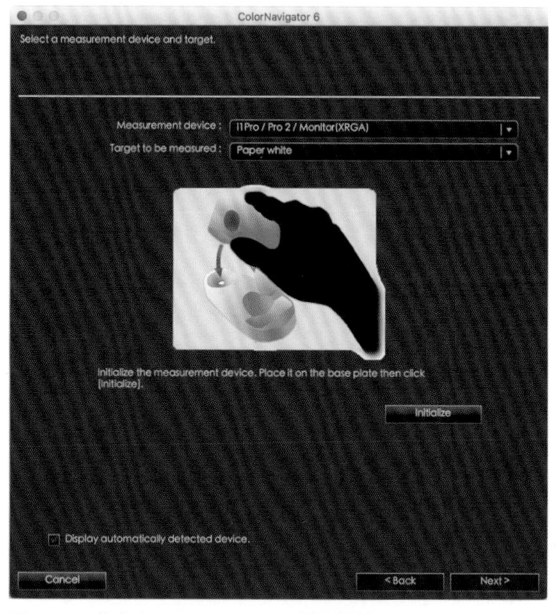

图 3-13　艺卓 ColorNavigator 6—选择测量仪器

选择测量设备，并在 Target to be measured 中选择“Paper white”（图 3-13）。

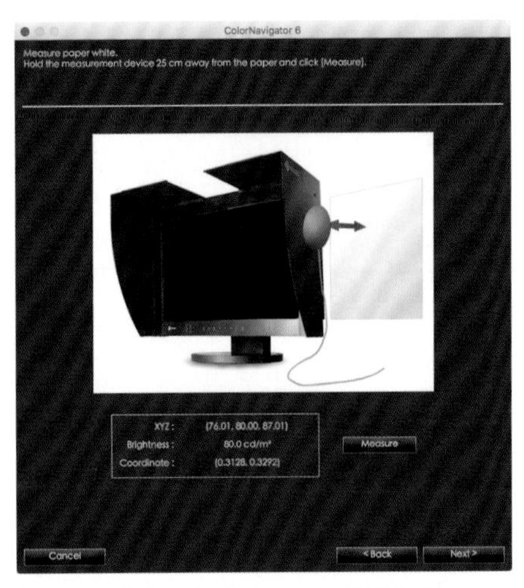

图 3-14　艺卓 ColorNavigator 6—测量纸白

测量纸张的白色，将测量设备与纸张保持25cm距离，然后点击测量按钮（图3-14）。

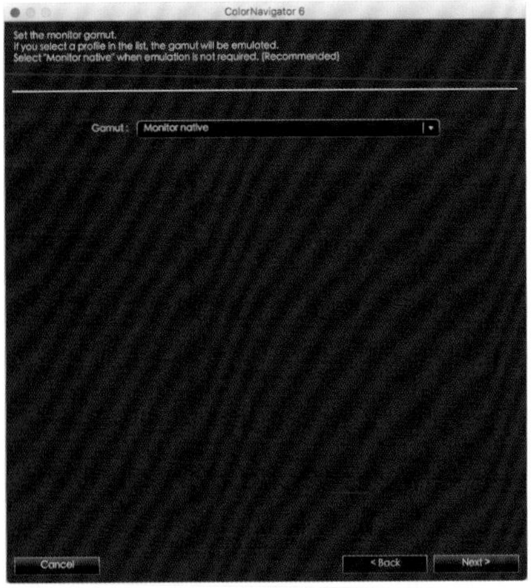

图 3-15　艺卓 ColorNavigator 6—创建测量

设置显示器色域，选择“Monitor native”创建一个新的显示器测量（图3-15）。

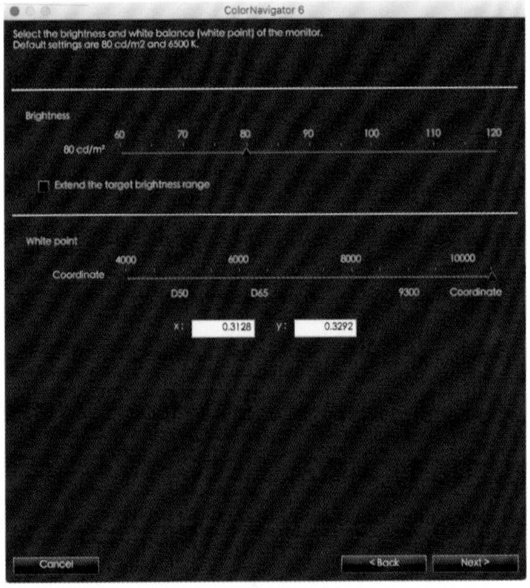

图 3-16　艺卓 ColorNavigator 6—亮度与白点设置

这里显示的是纸张白度的测量数据，一般不需要修改（图3-16）。

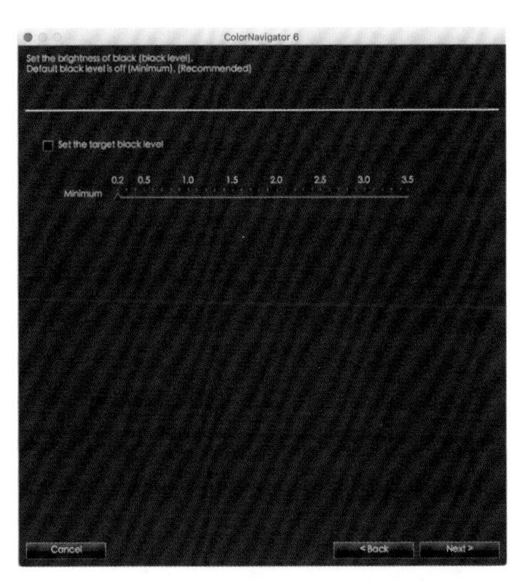

图 3–17　艺卓 ColorNavigator 6—设置黑度等级

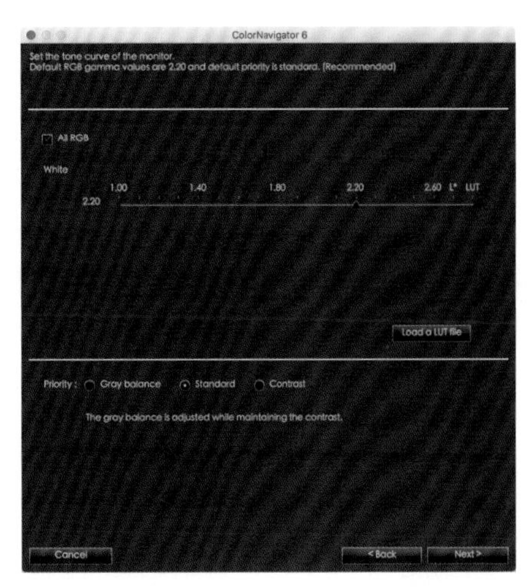

图 3–18　艺卓 ColorNavigator 6—伽玛设置

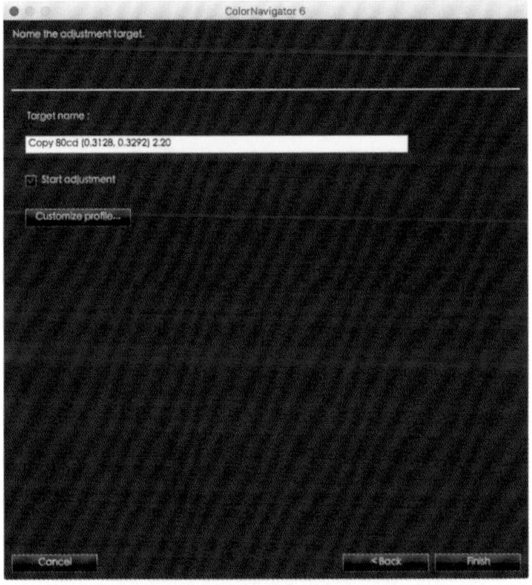

图 3–19　艺卓 ColorNavigator 6—文件命名

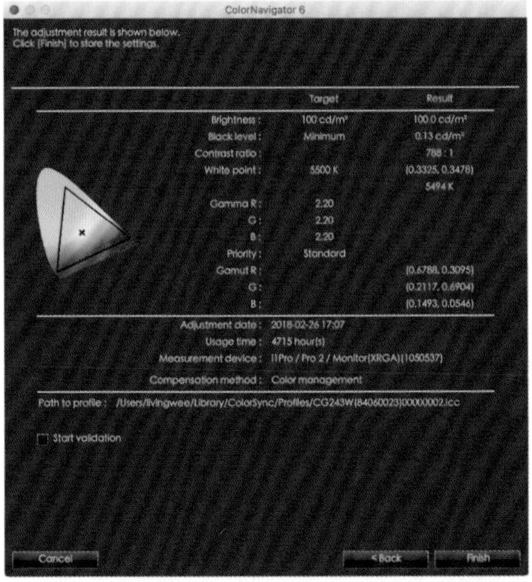

图 3–20　艺卓 ColorNavigator 6—校准完成及数据报告

此两项使用默认设置（图 3–17、图 3–18）。

设置流程名称后开始显示器的校准工作（图 3–19）。

完成校准

点击“Finish”，完成校准（图 3–20）。

高级调整及个性化设置

所有的高级调整及个性化设置都必须建立在之前的基础校准之上，方可进行个性化校准。

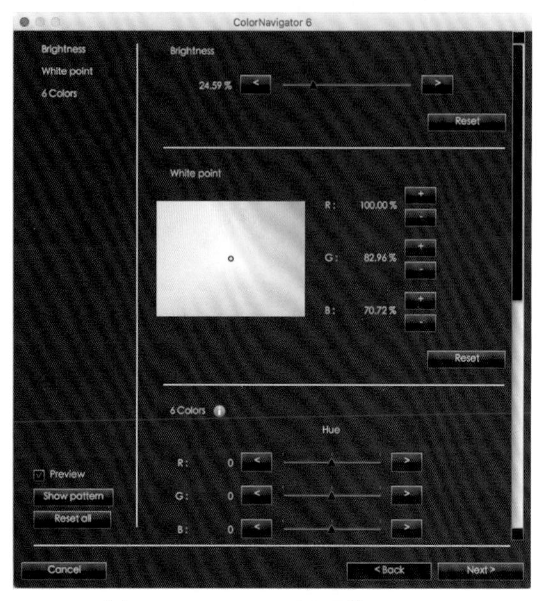

图 3-21　艺卓 ColorNavigator 6—高级调整界面

高级调整主要为打印机和纸张在输出过程中产生细微的色彩偏差提供解决方案。调整界面一共包含透射及反射的三原色（红、绿、蓝、青色、品红、黄色）、饱和度、白平衡、亮度、伽玛值等（图 3-21）。调整方法是通过将打印的照片放置在标准光源或指定光源下，并在显示器上显示这张照片，对应着进行调整。

图 3-22　艺卓 ColorNavigator 6—校准时间设置

在使用过程中，显示器的色彩精度会随着时间推移而受到影响，可以通过左图中的界面设置一个时间提醒，当达到使用时间后，需要再次进行一次基准的重新校准（图 3-22）。

思考题

1. 任何显示器使用色彩管理技术校准是否可以获得准确且专业的显示效果？
2. 经过校准的显示器是否可以一直使用，不用再进行校准？

作业题

1. 使用分光光度计校准显示器，并对校准前后的显示效果进行比较。
2. 至少掌握一种显示器色彩管理的校准流程。

如何正确设置 Photoshop 的颜色环境

在使用 Photoshop 软件前一定要先确认软件的工作环境，这是使用任何软件之前必须做的工作，否则，你接下来的工作可能都是白费工夫的。截至本书出版的时间段，正确的设置如下所示：

1. 打开 Photoshop 软件；
2. Photoshop（Mac 版）> 选择“编辑”>“颜色设置”；
3. Photoshop（PC 版）> 选择“编辑”>“颜色设置”。

知识点

sRGB IEC6 1966–2.1 与 Adobe RGB（1998）

图 3–23　Adobe RGB 可视化模型

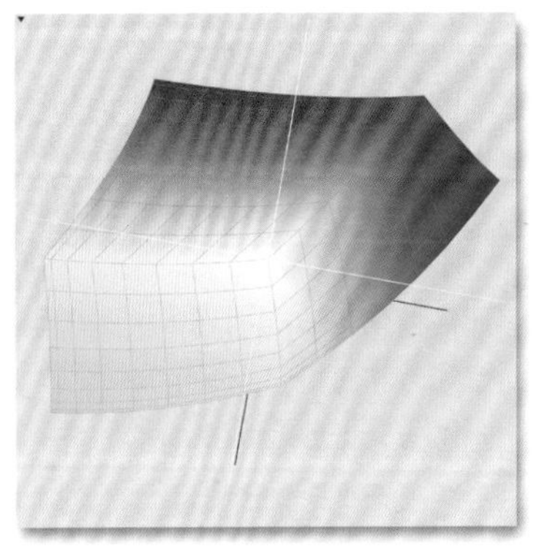

图 3–24　sRGB 可视化模型

这两个 RGB 模式的 ICC 配置文件都是国际色彩联盟制定的一种文件格式，作为色彩管理系统的一部分，用于给设备和文件配置颜色坐标。从图 3–23、图 3–24 中可以看到，Adobe RGB（1998）的显色范围比 sRGB IEC6 1966–2.1 的显色范围要大很多。sRGB IEC6 1966–2.1 是 1997 年微软联合惠普、三菱、爱普生共同开发的色彩标准，其中的 s 为 Standard 的字母缩写，即“标准”的意思。这是为了统一较早以前的数字设备，使它们都能准确地表现色彩而设计的。而现在新的显示器和打印机在色彩呈现上远远超过 sRGB IEC6 1966–2.1，如果再使用这个较少色彩的 ICC，就是对硬件设备色彩资源的浪费。Adobe RGB（1998）自 Adobe Photoshop 5.0.2 开始引入使用，其设计目的是为了满足 RGB 色彩空间的打印和印刷，是目前最合适使用的 ICC。它在色彩表现、颜色层次等方面都优于 sRGB IEC6 1966–2.1，只是初始的色彩饱和度会低一些，但可以通过后期进行调整。

Coated FOGRA39（ISO 12647-2：2004）与 Japan Color 2001 Coated

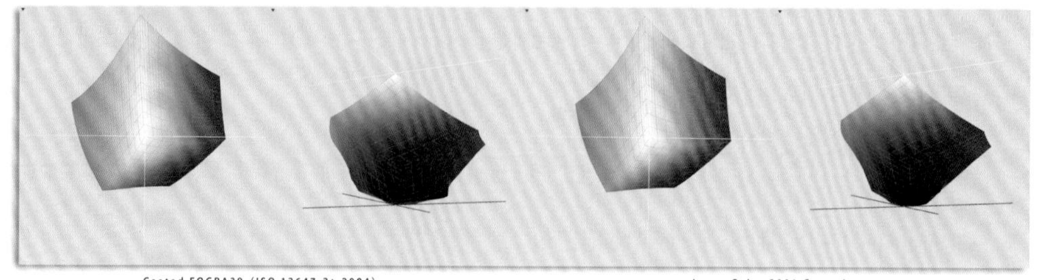

图 3-25　Coated FOGRA39（ISO 12647-2：2004）和 Japan Color 2001 Coated 可视化色彩模型顶视及侧视图

这里的选项需要咨询承印厂的相关人员，因为它和印刷厂的印刷工艺有关，错误的选择可能在印刷时会造成无法修复的颜色错误。印刷的色彩管理在实际运用中是有较大难度的，因为印刷的色彩管理工艺对印刷机的调校、油墨的种类、纸张的使用都有相关的要求。但实际情况是，并非所有的厂家都能遵循这些要求。所以，即使选择了 ICC 配置文件，颜色仍然可能不够准确，需要在印刷过程中通过墨键来进行校准（图 3-25）。

Gray Gamma 1.8 与 Gray Gamma 2.2

Gray Gamma 1.8：不常用的灰度模式。

Gray Gamma 2.2：较为常用的灰度模式。

专色

因使用特殊，故这里不作介绍。

颜色管理方案

在 Photoshop 中打开数字图像文件时会出现一个对话框，对话框上有三个选择，用户要根据具体情况做不同的选择。只有正确选择，才能获得正确的颜色。在解释匹配文件前，我们将 Photoshop 的“颜色设置”中 RGB 选为 Adobe RGB（1998），将“色彩管理方案”RGB 选为“转换为工作中的 RGB”，将配置文件不匹配的“打开时询问”和“粘贴时询问”都做勾选，将缺少配置文件“打开时询问”做勾选。为了更好地了解所有选项的意义并能够灵活运用，用户可以打开软件，并将上述内容设置好再进行操作。

使用嵌入的配置文件（替代工作空间）

如果文件内嵌了 sRGB IEC6 1966-2.1，而 Photoshop 的“颜色设置”RGB 却为 Adobe RGB（1998）时，选择这个选项，文件的内嵌 ICC 不会改变。那么，不论 Photoshop 的颜色设置中选择了哪一个 ICC，都与这个文件无关。如果打开的图像文件与 Photoshop 的颜色设置一致，将不会出现这个选项。

将文档的颜色转换到工作空间

如果文件内嵌了 sRGB IEC6 1966-2.1，而 Photoshop 的“颜色设置”RGB 为 Adobe RGB（1998），那就要根据情况确定是否选择该选项，因为一旦选择这个选项，将会使图像颜色发生改变。因此，如果是一张已经调整过的最终作品，则不建议选择。但若是一张准备调整的照片，那是可以选择这个选项的，因为一个图像文件能在一个较大的色彩空间中进行调整，那么最终会获得一个较好的结果。如果打开的图像文件与 Photoshop 的颜色设置一致，则不会出现这个选项。

扔掉嵌入的配置文件（不做色彩管理）

这个选项一般不会选择。因为扔掉一个数字图像文件的 ICC，会让数字图像文件的颜色失去方向。在这种模式下进行调整，很难获得准确的颜色，也就等于放弃了色彩管理对图像的参与。

保持原样（不做色彩管理）

如果数字图像文件没有嵌入任何 ICC 配置文件，就会出现这个选项。选择这个选项将保持这个数字图像文件不嵌入任何 ICC 配置文件。这个选项不推荐使用，原因与“扔掉嵌入的配置文件（不做色彩管理）”同理。

指定 RGB 模式：Adobe RGB（1998）

如果数字图像文件没有嵌入任何 ICC 配置文件，便会出现这个选项。这个选项会让数字图像文件嵌入 Adobe RGB（1998）。该选项不会造成颜色改变。

指定配置文件

如果数字图像文件没有嵌入任何 ICC 配置文件，便会出现这个选项。这个选项会让数字图像文件嵌入你在下拉菜单中选择的 ICC 配置文件。该选项不会造成颜色改变。

Adobe RGB（1998） 它拥有最大的 RGB 色彩空间的色域，是数字艺术家最佳的选择。它几乎涵盖了常见 CMYK 设备的色域范围，包括喷墨打印机及其他照片输出设备，使用过程中很少出现色域超出的现象。但相比较来说，Lab 色彩空间显得更加轻巧、通用。

ColorMatch RGB 最初的设计用于 Radius PressView 显示器，这个色彩空间也非常适合摄影师使用，色域要比 Adobe RGB（1998）小，但要大于其他色彩空间。ColorMatch RGB 被行业接受得较早，所以大多数人都知道它的使用方法。如果有大批量文件需要进行印刷处理，它是最好的选择，它在许多方面要优于 Adobe RGB（1998）。

Apple RGB 其色域只比 sRGB 稍大一些，不推荐使用。

sRGB 尽管这是 Photoshop 和其他硬软件制造商默认使用的颜色工作空间，但它并非最佳选择。使用网络图像的人员是它的主要用户，他们希望制作的数字文件能在大多数打印设备上获得准确的颜色。它的色域非常小，色域中很多高度饱和的颜色，特别是绿色、蓝色和一些黄色都被去除了。

思考题

1. 正确区分指定配置文件和将文档的颜色转换到工作空间之间的差异及使用环境。

作业题

1. 对Photoshop进行正确的颜色设置。
2. 检查以往拍摄数码照片的色彩空间，对不是Adobe RGB（1998）的色彩空间的图片进行配置文件修改。

如何使用显示器做软打样

此方式首先需要校准显示器。校准显示器的目的是为了统一颜色参照校准（图3-26），因为作品不只是在显示器上观看，更多的是用于打印和印刷。因此，仅依靠显示器，颜色就不准了。Photoshop 软件中提供了可以模拟最终效果的软打样工具。

软打样的工作原理是给显示器上的图像加载目标配置文件 ICC，通过 ICC 计算模拟出与 ICC 相关联目标的色彩、明度等一系列

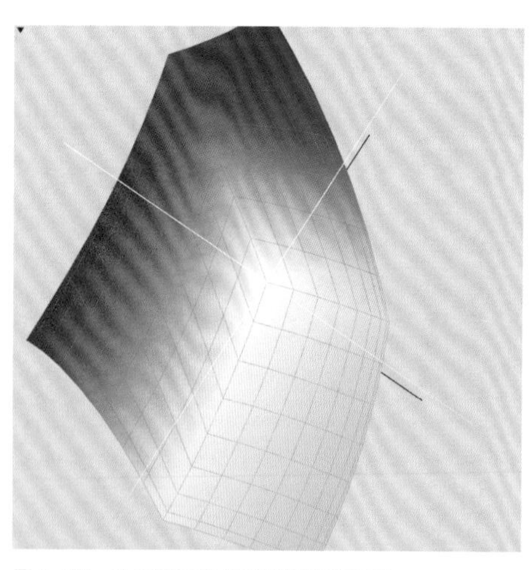

图 3-26　通用显示器 ICC 可视化项视图

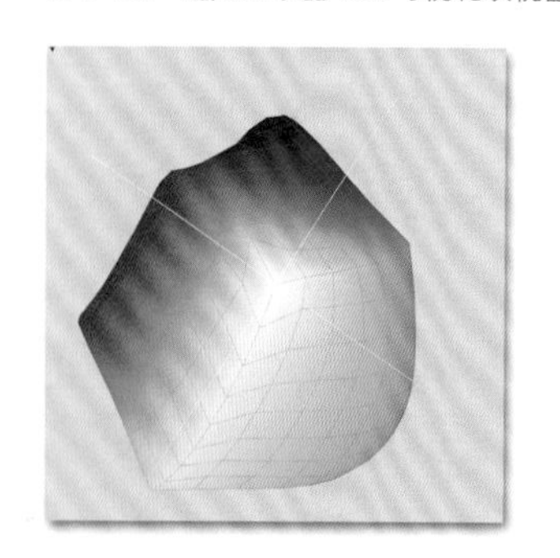

PhotoBarytaPaper

图 3-27　照片硫化钡相纸 ICC 可视化项视图

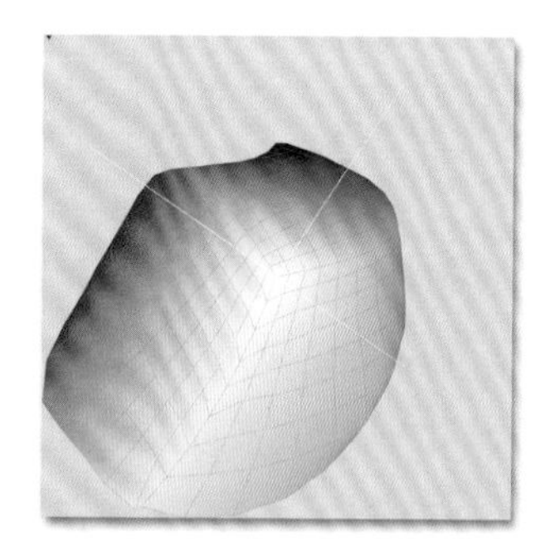

EpsonUltraSmoothFineArtPaper

图 3-28　爱普生超光滑艺术纸 ICC 可视化项视图

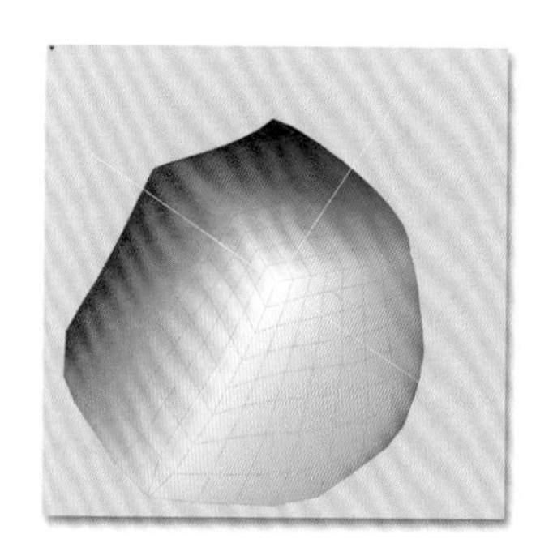

PhotoPaperGloss

图 3-29　光泽照片纸 ICC 可视化项视图

信息。因此，软打样的使用需要一个前提条件，也就是选择你需要模拟的哪种环境。比如，作品最终要用喷墨打印的方式呈现，喷墨打印有许多种纸张，每种纸张都会有不同的 ICC，而每种纸张的色域宽度、纸张白度等信息是完全不同的（图 3–27、图 3–28、图 3–29）。

从上图中，我们可以看出，显示器的色域范围要大于所有的喷墨打印纸，三种不同喷墨打印纸的色域范围也是不同的。这也说明了显示器上显示的颜色在打印输出时未必能做到准确，而使用不同的纸张，颜色也会略有不同。解决这个问题的办法就是使用软打样。

软打样工具的使用方法

1. 启动软打样操作界面（图 3–30）。

2. 这里选择模拟的设备，有 CMYK 和 RGB 两种图像模式（图 3–31）。

在 RGB 模式中，除了需要选择设备外，还要对应纸张介质，此类 ICC 配置文件是安装相对应的打印机驱动后自动加载的。一般没有打印机的用户都是去打印店打印作品，所以不会安装打印机的驱动程序，也就无法进行软打样工作。因此，在请第三方做打印输出前先了解一下要使用的打印机型号，以及要使用的介质种类及名称，并在自己的电脑上安装打印机驱动程序，便可以进行对应的软打样工作。

当然，打印机驱动中所配套的纸张一般是此品牌打印机的原装打印介质，如果你

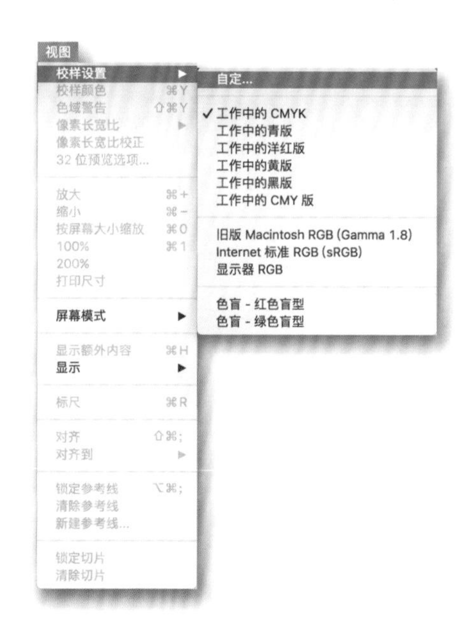

图 3–30　Photoshop 软件—自定义校样设置选项

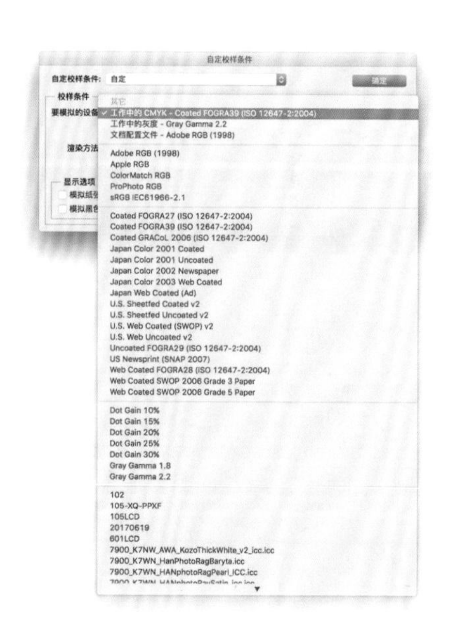

图 3–31　Photoshop 软件—自定义软打样内容

要使用的打印介质不在原装介质的列表中，则要询问打印店，由其提供该店使用的 ICC 配置文件，并安装在自己的电脑中，或者去品牌纸张的官方网站中下载。一般大品牌的纸张都会为各类打印机提供 ICC 配置文件，这是一个标准的 ICC。喷墨打印机在使用过程中，喷墨质量会产生一定的差异，对作品颜色的影响大小，则视打印机的状态而定。

ICC 配置文件安装位置

Macintosh ：Macintosh HD > 资源库 > ColorSync >Profiles

Windows ：C:\Windows\System32\spool\drivers\color

3. 快捷的检查方式。

当完成自定校样条件后，可以点击色域警告，如果画面中出现灰色覆盖，而灰色部分是超色域部分，是打印无法正确显示的颜色。如果区域相对较小且不在重要的表现位置上，那么可以不予理睬。但如果区域过大，就需要进行调整，通常是要对饱和度进行调整（图 3-32）。

图 3-32 Photoshop 软件—色域警告选项

作业题

1. 下载打印机驱动程序（如果有自己的打印机，可以按其型号对应下载；如果没有打印机，可以下载爱普生大幅面系列的打印机驱动程序，目前建议下载Epson Stylus pro 7910驱动进行练习）。
2. 在已经校准的显示器上进行软打样操作，观看其差异，并从列表中选择一款适合照片打印的纸张。

第四章 数字图像处理流程

第一节　数字图像的采集

用数字相机采集图像

现在，几乎每个人都会用数字相机或智能手机拍照，记录生活中的点点滴滴。此外，专业摄影师和摄影发烧友还喜欢用单反数字相机、微型单反数字相机去创作，以上这些都是常见的数字图像采集工具。

数字相机即拍即现的特点，让很多人忽视了数字相机在拍摄时还需要遵循一些重要的技术指标。图像采集是数字图像处理和呈现的第一个步骤，只有奠定了数字图像采集的坚实基础，才有可能获得最佳的数字图像呈现效果。如果我们拍摄的图像品质优秀，不需要过多地使用后期技术（修补处理技术），那将是一个非常好的开端。

光照强度　这里所指的并不是摄影中的用光艺术，而是指单纯的照度，可以理解为光照的强弱和物体表面被照明的程度。如果有足够的光照强度，图像文件就会呈现出更多的细节，以及强烈的质感和准确的色彩。当然，不同的数字相机对光照强度的要求也不尽相同。手机上的数字相机对光照强度要求最低，其次是卡片式数字相机，微单和单反数字相机对光照强度有较高的要求，高端数字后背和扫描式数字后背对光照强度的要求更高。发现这其中的规律了吗？是的，感光元件的尺寸越大，对光照强度要求越高。当然，在高光照强度下，它们能获得的图像品质也是最高的。

光圈值　针对大多数镜头来说，F8—F11是镜头成像质量最好的光圈值范围。一般情况下，镜头光圈值不要超过F16。也可以查阅镜头MTF曲线图，它是一个描述镜头性能的图表。

快门速度　尽可能使用更快的快门速度，长时间曝光意味着感光元件长时间通电，随之而来的温度升高会给图像带来噪点，进而影响画面的清晰度。

ISO　如果想获得高照度的条件，那么可以把ISO值设置到最低。

文件格式　RAW原始图像格式包含更多的数据信息，在整体影调和色调的调整上，RAW文件配合相应的冲洗软件，绝对是一个很好的选择。

环境温度　不要让相机处于过热的环境中，过热的相机在拍摄时会比同等条件下处于较低温度时产生更多的噪点。

以上部分谈及的技术指标并没有考虑艺术创作成分，但如果能按照以上的要求进行操作，图像质量一定是最好的。但艺术创作可能需要牺牲一部分图像品质作为代价。

作业题

使用从前习惯的拍摄方式与严格依据上述采集标准进行图像拍摄的方式进行图像拍摄。

用扫描仪采集图像

扫描仪是通过反射平面的方式对图像进行逐点采集，并将采集的信息转换为数字文件。该文件可以在计算机中进行处理，也可以进行打印。扫描仪的工作原理是，用光源将纸张或胶片通过反光镜或镜头系统反射或透射到感光元件，进行成像。扫描仪的感光元件分为 CCD（电荷耦合件）、CMOS（互补金属氧化物半导体）及 CIS（接触式图像传感器）。它们由一定数量的感光单元（像素）成单行或三行排列，因此被称为线性或三线性阵列传感器。

用高级数字化设备采集图像

数字后背

数字后背通常与中画幅相机和大画幅相机连接使用，这种相机系统主要由专业的商业和广告摄影师使用。目前，其图像质量已经超过中画幅胶片和大画幅胶片的图像质量。目前，数字后背在中画幅相机最为常见，且已经形成一个成熟的整体系统，相比较早年使用的机械中画幅相机，其在机身性能上已有很大的提高。在电子和易用性上也已经大大增强，完全和 135 数字相机系统一样成熟。

扫描后背

也称为非接触式扫描后背，主要与大画幅相机连接使用。与数字后背和 135 数字相机的工作方式不同，扫描后背不能直接对图像进行整体拍摄，而是通过移动条形的感光元件，在一个较大的焦平面范围之内由步进电机驱动感光元件移动，并在完成移动后采集到完整的图像。扫描后背具有极高的精度，分辨率可以高达 55 线 / 毫米，RGB 三通道的像素量均为 100%，采集的图像品质绝佳。主要用于艺术品复制，以及文博和档案系统的数字化采集工作。但由于其扫描拍摄的特点，采集一幅画面所需时间较长，而且只能拍摄固定物体，不能用闪光灯，只能用连续光源进行拍摄。

第二节　数字图像处理流程概述

我们将数字图像从无到有划分为五个阶段，即图像采集—图像处理—图像合成—图像输出—图像保存。如果每个环节我们都做到 90% 满意，那么经过五个阶段，我们的得分是多少？是不可思议的 59%。虽说 90% 是一个不错的成绩，但数字图像的处理不止一个步骤，而是由许多步骤结合在一起完成的。其实，真实情况可能远远不止这五个步骤，显然，步骤越多，越容易得低分。所以，对于图像处理中的每一个环节，都必须引起我们足够的重视。

在这里，我们对图像处理的动机作一个划分，只有明确了目的，才能安排好图像处理的流程和技术。我们将图像的处理划分为三个类别。

数字图像文件的修正

这其实是一个使用数码设备进行图像采集的必要步骤，不论你使用的是低端的数字卡片相机，还是高端的数字后背或是数字扫描后背，直接使用未经调整的原始图像肯定是不妥的。直观地说，所有用数字设备拍摄的数字文件都存在一定程度的白平衡偏差、影调压缩、锐度不足、光学畸变和光学暗角，色彩的还原也存在一定程度的非线性误差。只有经过修正的图像，才是较为准确的图像。这一步骤不会修改数字图像的结构，更多地是做到正确还原。

数字图像文件的修补

对数字图像文件的修补一般会出现两种情况。一种是翻新，如老照片的数字化、老旧档案的数字化及翻新等，用数字的方式将照片、资料中损坏的部分加以修补，将损失的颜色用数字的方式加以还原。另一种情况是因不严谨操作所造成的问题照片，如曝光过度、曝光不足、构图失误等。遇到这类照片，最好的方法是重新拍摄，因为数字图像处理技术再强大，对图像的调整还是有限的，特别是对于质量不佳的照片，处理起来既费时，又难以获得很好的图像质量。如果这类照片具有时效性或确实无法重新拍摄，则只能通过后期修补，但不要对最终结果抱有太大的希望。

数字图像文件的美化

从一个高质量的数字图像文件入手，在图像处理技术的帮助下使图像锦上添花，这便是图像美化的作用和意义。对于高质量的图像文件，使用各种图像处理手段都具有足够的调整幅度，在较大的调整幅度下仍可以保证图像的高品质，这才是对摄影艺术最具意义的图像处理方式。

在开始进入数字图像处理流程之前，我们应该准备一个良好的工作开端。首先，我们应该在一个正确的位置上观看显示器，正确的观看可以让图像细节和色彩更具准确性。显示器的中心法线应为观察者的观看方向。观看距离应该等于图像对角线的长度。使用显示器对环境光源有一定的要求，不能太亮或太暗，应该控制在 16—64lx 之间，最佳亮度为 32lx。为此，你可能需要借助色温表来进行测量，将色温表置于显示器和观看者之间的任何平面上进行测量即可。关于照明的色温，应该与显示器白点的色度相同或尽可能接近。

第三节　数字图像文件处理的基本工艺流程

选择正确的颜色配置文件

当我们打开一个数字图像文件时，会出现一个对话框让我们选择。有意思的是，在选项中虽然只有几个字，却有很多的含义。在这里，我们以处理摄影和艺术数字图像为前提，以 RGB 喷墨打印为目标进行讲解。对于图像处理人员来说，拿到还未处理的图像，应给予图像一个较大的色彩空间，以便于后期的处理工作。而对于打印人员来说，要保证不会因色彩空间选择不当而输出错误的颜色。经总结列出表 4–1，这是遇到不匹配色彩时所作的选择方案，供用户参考。

表 4–1　处理图像色彩空间的方法

	无配置文件	有配置文件	
		sRGB IEC6 1966–2.1	Adobe RGB（1998）
数字图像制作	指定 RGB 模式： Adobe RGB（1998）	扔掉嵌入的配置文件 （不做色彩管理）	无转换提示
数字图像输出	指定 RGB 模式： Adobe RGB（1998）	使用嵌入的配置文件 （替代工作空间）	无转换提示

需要注意的是，“扔掉嵌入的配置文件（不做色彩管理）”只是第一步，在完成这一选项后，数字图像文件会被打开，但是图像没有嵌入任何 ICC 配置文件，而如果在这个基础上开展工作，是不正确的，最终可能无法获得想要的色彩。第二步：Photoshop（Mac 版）>“编辑”>“指定配置文件”>“工作中的 RGB: Adobe RGB（1998）”。

静心观察，全面沟通，制定可执行的方案

处理数字图像文件是一件繁杂的事情，最好不要让自己在这一过程中处于被动，如果手忙脚乱，则很难制作出好的数字图像文件。因此，先不急着处理到手的数字图像文件。如果是自己的作品，则先搞清楚目的，再进行图像处理。如果是帮别人处理数字图

像文件，那么在处理前一定要与对方沟通，并仔细检查对方提供的数字图像文件，明确能否通过处理达到对方希望获得的效果。接下来需要对处理的方案进行讨论，并制定一个可执行的方案，因为数字图像处理技术并不是无所不能的。我们可通过表 4–2 对数字图像文件作一个基本判断。

表 4–2　数字图像文件的使用性能

	RAW 文件	TIFF–8bit/16bit	JPEG
数字图像文件的修正	√	○	×
数字图像文件的修补	√	√	○
数字图像文件的美化	√	√	×
注：√ : 可以　○：有限制（处理效果由图像文件质量决定）　×：不可以			

如何获得想要的色彩

这里需要显示器软打样配合使用（见本书第 44 页“如何使用显示器做软打样”内容）。若想获得理想的色彩，则要考虑图像的最终呈现方式，并以此完成数字图像处理工作。图像最终呈现方式有显示器观看和纸介质输出。如果最终呈现方式是显示器，那么只需在图像的制作环节使用一台标定过的显示器进行图像处理，在作品展示时也用一台经过标定的显示设备，那么基本就能获得满意的色彩。如果呈现方式是喷墨打印，那就需要先确认打印设备的型号和纸张的型号。如果打算自己输出作品，那就需要制作纸张的 ICC 配置文件，并使用 Photoshop 做软打样（见本书第 44 页“如何使用显示器做软打样”内容）。如果色彩差距过大，可以采取更换纸张的方法。不同类型的喷墨打印纸张的色域范围不尽相同，可以考虑更换打印纸类型。如果一定要使用指定的打印纸张类型，那就只能在软打样、色域警告模式下对色彩作相应的调整。但这种方法操作起来有一定的困难。所以，对于数字图像制作和调色来说，越早知道最终的图像呈现方式越好。特别是对于喷墨打印输出工作，可以加载软打样对图像进行调色制作，也可以通过观看 ICC 可视化文件对色域范围进行判断。

数字图像评价工具

直方图　这是一个有趣的工具，我们在许多地方都能看见它的身影，诸如图像编辑软件（Photoshop）、图像采集软件（RAW 联机拍摄软件），从最便宜的数字相机到最高端的数字相机，从手机到手机修图软件，可以说有数字图像显示的地方，几乎都能看到直方图的存在。我们从前期的图像采集到后期的图像编辑都能看到直方图。从这个角度，可以看出它的重要性。直方图是用可视化方式去表示数字图像中每个亮度级别的像素数量，并可以看出这些像素的分布方式。在一个直方图中，我们可以看到画面中各部分细节的分布，包含阴影（直方图左侧部分）、中间调（直方图中间部分）、高光（直方图右侧部分）。我们在用直方图评价图像的同时，还能以此对图像处理寻求帮助。

L*a*b 它既是一种色彩模式，也是色彩数据化的一种表达方式。我们可以使用L*a*b 模式评价图像，其主要作用是确认鼠标点击的小区域的明暗值和颜色值是否正确。在 Photoshop 中，点击“窗口”下拉菜单勾选“信息”或按快捷键 F8，会出现一个列表。当然，在默认设置上只有 RGB 信息和 CMYK 信息，没有 L*a*b 信息，点击信息工具中的下拉菜单，选择“面板选项”，并将第二颜色信息的“CMYK 颜色”更换为“Lab 颜色”，点击“确定”即可。

L*a*b 的阅读方法

L 代表的是亮度值，这是 L*a*b 模式最具优势的地方，亮度值和颜色值是完全独立分开的，并使用 0—100 数值，对于习惯百分制的我们，很容易根据数值来评价亮度。

a 负数代表绿色，正数代表品红色，如果是 0，则表示这两种颜色都没有（图 4–1）。

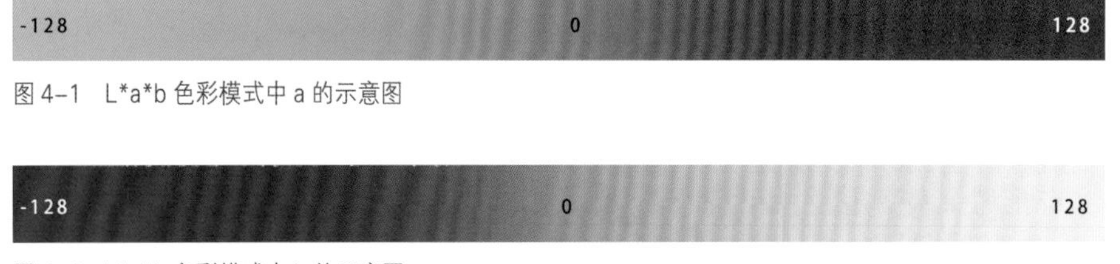

图 4–1 L*a*b 色彩模式中 a 的示意图

图 4–2 L*a*b 色彩模式中 b 的示意图

b 负数代表蓝色，正数代表黄色，如果是 0，则代表这两种颜色都没有（图 4–2）。

L*a*b 模式主要用于检查文件中的局部颜色，特别是对中性色的偏色检查。如果中性色存在偏色时，a 和 b 的数值将不为 0。对照上面的示意图，依据 a 和 b 的数值变化做中性色的校准，也是非常方便的。

作业题

1. 在Photoshop中打开L*a*b的颜色信息设置。
2. 通过L*a*b颜色信息观察图像。
3. 分析图像生成的直方图文件，并对文件品质、影调长短和曝光值进行评价。

不要使用 Photoshop 调色

数字相机采集的文件格式是 RGB 模式，所以尽可能不要使用 Photoshop 进行调色或制作色调照片。RGB 格式的图像文件在 Photoshop 中处理颜色会遇到一个致命的问题，即饱和度会随着明暗的调整而产生变化，而且无法避免，这是 RGB 文件的特点。此外，Photoshop 在颜色处理的计算方式上，使图像的影调、色调等很难有大幅度调整，因为大幅度调整无法保证图像的精度以及真实的颜色过渡。虽然 Photoshop 是图像处理的专业软件，但专业的图像作品不可能自始至终用一个软件来完成。而色彩的调整推荐使用 Lightroom 软件，或者从 Photoshop 中打开 CameraRAW 插件。Lightroom 软件最初的设计是 RAW 文件的冲洗软件，在更新了多个版本以后开始支持 TIFF、JPEG 和较大单个文件的导入。这样一来，Lightroom 就具备了调色功能，而且在调色方面既细致，又不会损伤图像质量。

Lightroom 虽然是 RAW 冲洗软件，但它具有优秀的颜色调整工具，包括色相调整、色彩明度调整和饱和度调整，而且这些调整都被预先分为 8 个单独的颜色通道（图 4–3）。

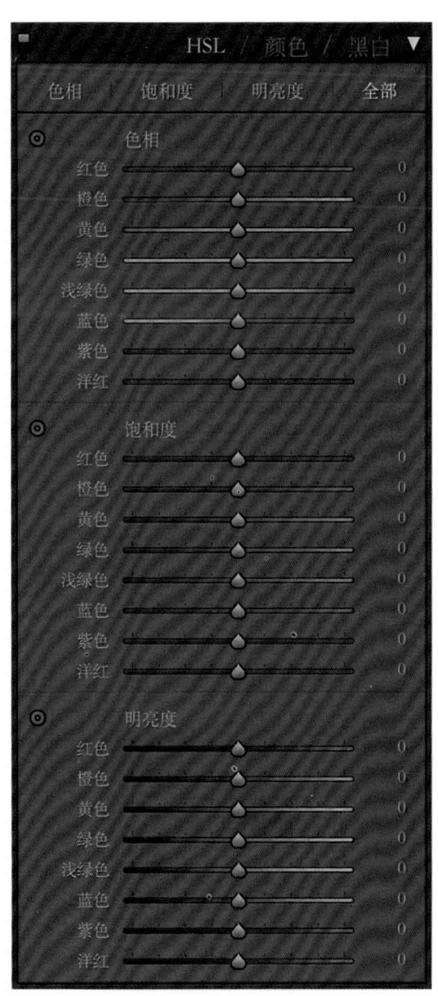

图 4–3 CameraRAW 软件—HSL 界面

通道的用途

通道工具一般位于 Photoshop 操作页面的右下角，与图层处于同一个对话框中。如果在现有操作界面中没有找到，那还可以通过软件上方的菜单启动通道（视窗 > 通道）。

通道的应用范围很广泛，我们先认识一下基于 RGB 文件模式的通道（图 4–4），它看起来像三种效果的黑白照片。其实每个通道表示的是它所代表通道的亮度值，如：在红色通道中，白色区域表示图像中该区域有红色参与其中，颜色越亮，说明红色参与的数量越多。如果是黑色，说明红色在此区域没有任何参与。其他通道也是相同的道理。所以，RGB 彩色图像可以获得 3 种不同的颜色通道，通道的主要作用是配合蒙版工具共同使用，由通道形成的蒙版工具可以达到点对

RGB 格式图片文件

R（红色）通道

G（绿色）通道

B（蓝色）通道

图 4-4　RGB 文件通道分解示意图

点的精确，这是使用钢笔等其他工具无法达到的精准度。在下面介绍蒙版工具时，将讲解通道的具体使用方法。

蒙版的使用

在 Photoshop 中，蒙版工具是一个非破坏性、有选择性的图像编辑工具。允许用户在不影响非指定区域的情况下，通过对蒙版的运用，对选择的指定区域的图像进行调整和修改。这类似于在传统银盐放大机下扩印照片时，用手遮挡光线，以减少相纸的曝光时间。但是蒙版工具具有更好的调整精度和更准确的调整范围，有些操作可以让蒙版进行像素级的调整。除此之外，使用蒙版还能撤销或进行重新调整。被蒙版选定的这部分内容将映射到图像的未来调整中，但是没有被映射的非指定区域不会因为跳帧工具的使用而对图像进行调整和修改。蒙版具有留存性质，并且会与图层产生特定的联系。

使用蒙版工具首先要对图层的概念和使用非常了解，因为蒙版的灵活使用必须基于图层。我们可以在窗口中看到图层处理的是上下叠加的效果关系，而蒙版处理的则是左右平行的效果关系。所以增加了蒙版，图片就会变得复杂起来。如果你已经熟悉了图层的使用，接下来通过以下讲解，你对蒙版的使用也很容易掌握。

工作原理　蒙版工具一般不单独使用，通常需要添加到图层和调整工具一起使用，通过改变蒙版的深浅变化来隐藏所在图层部分的内容，并显示下面图层的内容。编辑蒙版使用的是单色（265 级灰度），不使用彩色。

√ 白色蒙版允许相关的调整影响图像的白色区域

√ 黑色蒙版防止相关的调整影响图像的黑色区域

√ 灰色蒙版让效果部分呈现在图像的这些区域

启动方法

1. 基于图层编辑蒙版。

2. 基于工具编辑蒙版。

蒙版的高级编辑方法

如果使用 Photoshop 来处理一幅照片，那么使用哪些工具，每个人都会有自己的方法，如色阶可以调整明暗，曲线可以校正颜色，高斯模糊可以制造模糊的效果等。在这里，我们把处理对象从照片变成蒙版，那么这部分内容的学习将变得简单、轻松了，因为我们可以把蒙版当成一幅图片进行处理（表 4–3）。

表 4–3　Photoshop 蒙版的使用方法

选择工具	工具名称	启用位置	工具区域精度			
			固定	精确	灰度	自由
几何选择工具	矩形 / 方形选择工具	M 键	○	/	/	/
	椭圆 / 圆形选择工具	M 键 +Shift 键	○	/	/	/
手绘选择工具	套索工具	L 键	/	○	/	/
	多边形套索工具	L 键 +Shift 键	/	○	/	/
	磁性套索工具	L 键 +Shift 键	/	○	/	/
自动选择工具	快速选择工具	W 键	/	○	/	/
	魔术棒选择工具	W 键 +Shift 键	/	○	/	/
加载通道选择工具	/	窗口 > 通道	/	○	○	○
选择颜色范围	颜色范围	选择 > 颜色范围	/	○	○	/
自由手动	画笔工具	B 键	/	○	○	○
	油漆桶	G 键 +Shift 键	/	/	/	○
	渐变工具	G 键	○	/	○	○
注：○：有此功能　/：无此功能						

蒙版工具的基本类型

在 Adobe Photoshop 中，蒙版工具允许用户在不影响非指定区域（蒙版中为黑色区域）的情况下，对指定区域（蒙版中为白色区域）的图像进行调整和修改。这种方式类似于在对传统银盐胶片扩印照片时所做的遮挡，但蒙版具有更高的调整精度和更准确的调整范围。除此之外，对已经完成的调整内容还可以重新调整或撤销。选区确定了，图像在这一选区的调整内容将对后续的操作产生影响。蒙版是一个可以留存的选区，并且与图层产生特定的关联。

几何选择工具

矩形选框工具、椭圆形选框工具，通过拖曳就可以形成矩形或椭圆形的选框，如果在拖曳过程中点击 Shift 按钮，就可以按比例形成正方形或圆形的选框（图 4–5）。

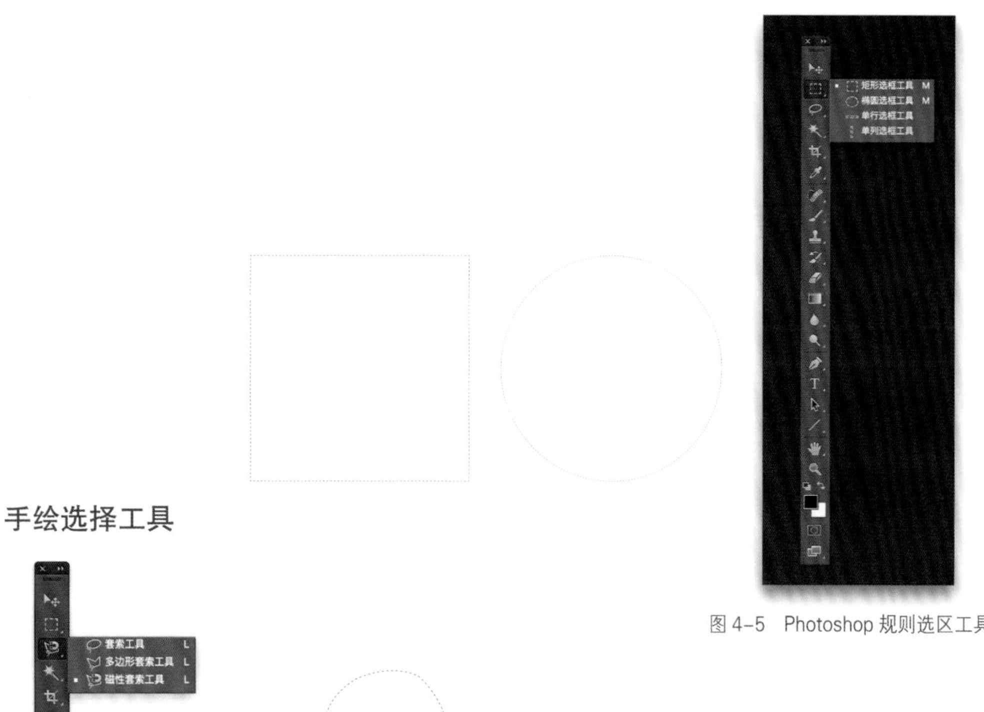

图 4–5　Photoshop 规则选区工具

手绘选择工具

图 4–6　Photoshop 套索选框工具

套索选框工具、多边形套索选框工具和磁性套索选框工具都是基于手绘，可以形成不规则选区的工具（图 4–6、表 4–4）。

表 4–4　套索工具使用方法

工具	使用方法
套索选框工具	1. 点击拖曳，可形成任何形状 2. 鼠标可释放路径的闭合
多边形套索选框工具	1. 单击开始，每次点击都会创建一条直线连接 2. 双击 / 单击起始点位置可以闭合路径
磁性套索选框工具	1. 单击开始，跟踪边缘自动创建转折点 2. 双击 / 单击起始点位置可以闭合路径

自动选择工具

快速选择工具、魔术棒选择工具是一种基于符合图像特点的自动选择工具，也是依靠反差和相似区域作为选择对象的工具（图 4–7、表 4–5）。

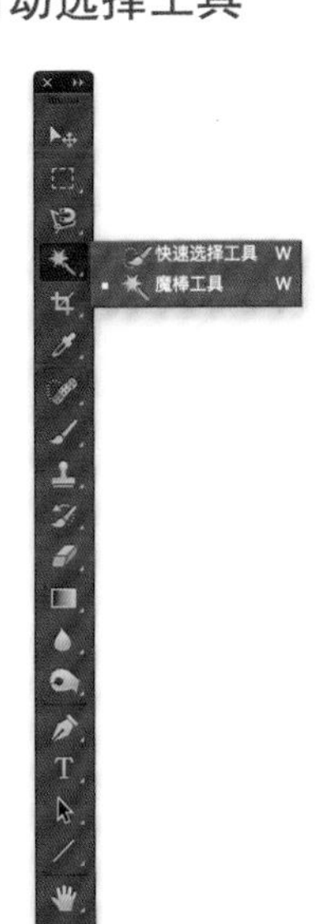

图 4–7　Photoshop 软件—自动选择工具及效果

表 4–5　自动选择工具使用方法

工具	使用方法
快速选择工具	1. 可以设置“笔刷”的大小 2. 自动选择类似的图像区域
魔术棒选择工具	1. 通过设置容差值决定选择范围 2. 点击自动选择类似的图像区域

我们若使用几何选择工具或手绘选择工具，只能全部生成黑色或全部生成白色，因此无法体现出蒙版工具的强大。这是因为，蒙版除了能够生成黑色和白色之外，还可以

使用 256 级的灰度。以下工具可以创建带有灰度值的蒙版。

通道选区工具

这是 Photoshop 的强大工具，加载通道选区可以创建一个 8bit、256 级灰度的蒙版。点击任意一个通道（Command+ 鼠标左键），就可以将蒙版转换成一个动态包围的选区（图 4–8）。这在之后会经常使用。

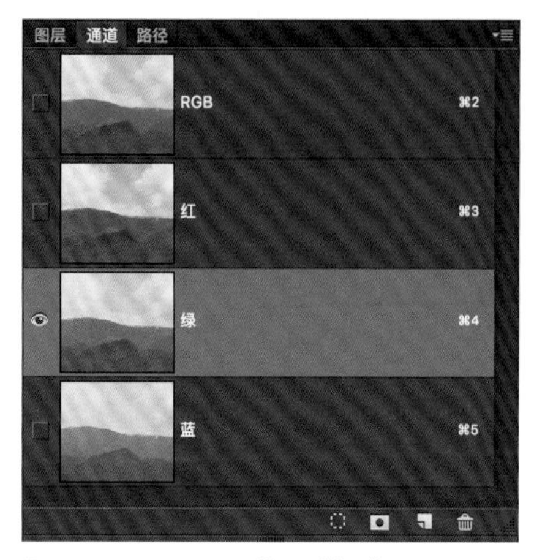

图 4–8　Photoshop 通道工具栏及效果

选择色彩范围

位于 Photoshop 软件选择下拉菜单的色彩范围选项中（图 4–9），通过使用吸管（选择吸管工具、添加到取样和从取样中减去）工具在画面选择需要的区域范围，并可以通过添加和减去，对所选择区域进行编辑。

图 4–9　Photoshop 软件—色彩范围工具

快速蒙版工具

按钮位于工具选框的底部，按一下按钮，进入或退出快速遮罩模式。点击进入快速遮罩模式后，可以使用画笔等工具在图像区域自由绘图，再次点击后退出快速遮罩模式，并自动形成动态包围选区。点击快速蒙版形成工具，被动态遮罩包围的部分为遮罩白色部分，未被动态遮罩包围的部分为遮罩黑色部分（图 4–10）。以下是所有可以在快速蒙版上使用的画笔工具（表 4–6）。

图 4–10　Photoshop 软件快速蒙版工具工作示意图

表 4–6　快速蒙版的工具特点

工具名称	性能
画笔工具	画笔大小、硬度、透明度
油漆桶	容差、连续
渐变工具	不透明度
形状绘制工具	矩形等

修改选区

选择蒙版图层，并单击鼠标右键，弹出一个下拉菜单，菜单中包含了以下三项内容（图 4–11）。

添加：选择蒙版到选区；

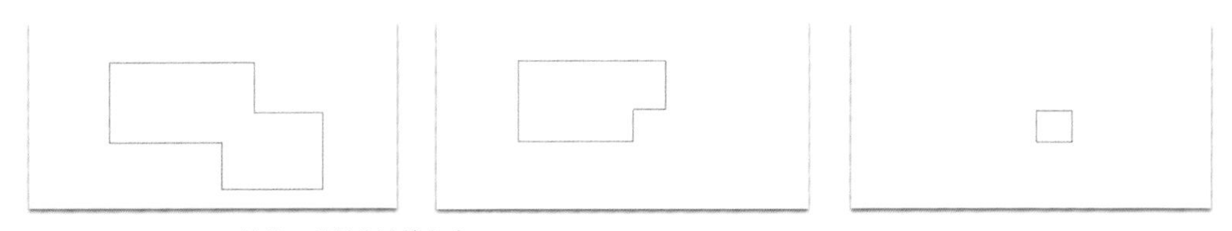

图 4–11　Photoshop 软件—蒙版的计算方式

减去：从选区中减去蒙版；

相交：蒙版与选区的交叉。

精确调整蒙版的边缘

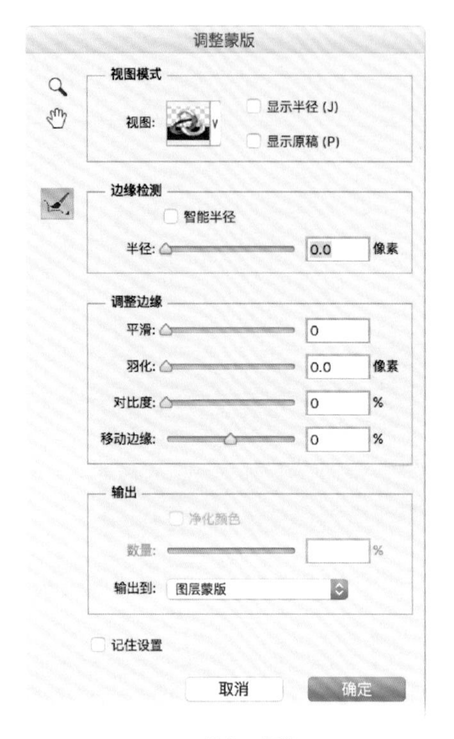

图 4–12　Photoshop 软件—调整界面

用鼠标点击图层中的蒙版，将选框留在蒙版上，在软件的下拉菜单中，点击选择调整蒙版，启动调整工具（图 4–12）。

调整蒙版工具对话框提供了许多选框，用于改善蒙版的边缘：羽化可以调整蒙版黑白边缘线的硬度（清晰度）；移动边缘可以通过扩展（+）或收缩（–）整体对边缘蒙版进行更细致的调整。

蒙版工具的基本操作方法

结合以上创建蒙版和编辑蒙版的工具，下面将通过一个实例来演示蒙版工具的使用。该例截取了一幅照片的一部分进行演示（图 4–13）。

图 4–13　蒙版调整原始图

单独调整云层，让云朵变得更亮、更有层次

我们从通道窗口中寻找合适的通道，可以看出，蓝色通道是最合适的选择。云层的变化最少，且天空和地面部分具有 3 个通道中最大程度的反差。按住 Command+ 鼠标左键，点击蓝色通道，使其形成选取。将菜单调整到图层窗口，进行工具添加，这里选择曲线工具进行调整（图 4-14）。

按住键盘 option 按钮，并用鼠标点击蒙版图层，将蒙版画面显示在图层窗口中。打开调整工具 > 色阶工具，使用其白色吸管（吸取天空部分，图 4-15）和黑色吸管（吸取地面部分，图 4-16）分别在画面中吸取相应位置，使画面分成黑白两色。

经过色阶调整的蒙版还有一些小的瑕疵，画面顶部依然有一些黑色的残留，这时只需使用白色的画笔工具（确认画笔硬度为 100），将顶部黑色部分抹去即可。仔细检查黑色蒙版部分，黑色里面也有一些小的白点，同样，使用黑色画笔将它涂抹就可以了。完成以上操作，就可以进行调整工作了（图 4-17）。

图 4-14　Photoshop 软件—创建带有蒙版的图层工具

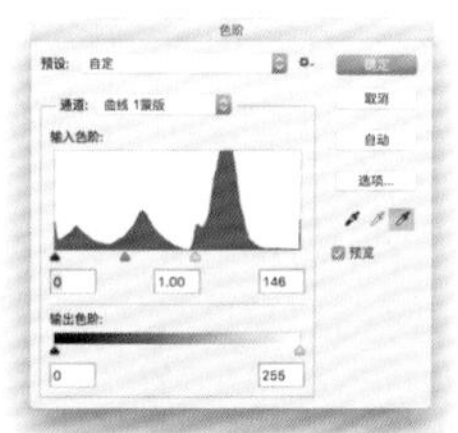

图 4-15　使用色阶高光工具调整蒙版

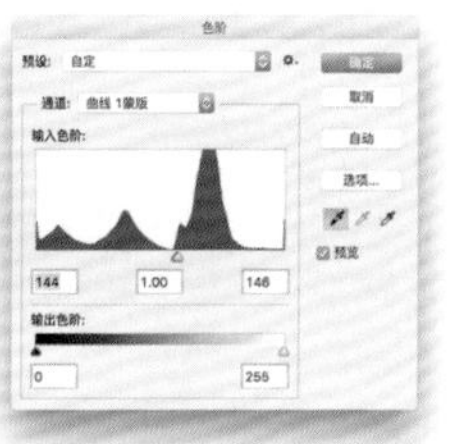

图 4-16　使用色阶阴影工具调整蒙版

图 4-17　调整完成的蒙版样式

调整近处景物，使其更具有层次

针对近处景物的调整，需要新建一个带有曲线调整工具的蒙版图层，蒙版内容依然需要从通道中选择。这次挑选红色通道。

在这一通道选择中，天空的样式不在考虑范围之内，只需看天空以下部分。为了丰富层次变化，需要选择反差最大的通道，因此，选择红色通道是最恰当的（图 4-18）。点击红色通道使其形成选区，回到图层窗口，用鼠标右键点击"天空的调整"图层的蒙版，在下拉菜单中选择从选区中减去蒙版，然后进行工具添加，添加曲线工具，就获得了一个新的蒙版样式（图 4-19）。

从这个蒙版中可以看出，之前制作的蒙版在这里起到了作用，从选区中减去蒙版的操作避免了重复工作，而且通过计算的方式使不需要调整的天空部分成了黑色。与天空

R

G

B

图 4-18　Photoshop 软件—通道分解显示的 R、G、B 分布图

图 4-19　Photoshop 软件—蒙版工具的使用

调整不同，这里需要执行曲线调整的地面前景区域并不是纯白色，这是因为截取的这部分画面是一处远景，远景部分大多会受到大气中灰尘和漫反射光线的影响，从而降低了成像的反差和细节。使用这种样式的蒙版可以自然地增加画面的反差，而且这种反差是局部的、非线性的反差，不会对整体亮度造成影响，同时还能够保留足够的细节（图 4-20）。

图 4-20　使用 Photoshop 的蒙版工具对图像进行局部调整

思考题

1. 蒙版的创建和处理方法应该与处理图片的思维方式相同吗?

2. 黑色、白色和不同明度灰色的蒙版对画面会产生哪些不同的作用?

作业题

1. 打开图像，根据图像特点，使用手绘、通道和颜色范围的方法制作蒙版。

2. 使用蒙版工具对图像做精确的局部调整。

尺寸的设置方法

运用正确的尺寸设置方法，可以起到合理利用像素，保证输出图像清晰度的作用。对于数字图像来说，像素是非常珍贵的，尺寸的设置实际上也是对像素排列的设置。设置尺寸主要使用 Photoshop 软件中的“图像大小”工具（图 4–21），这是一个具有 3300 万像素的图像文件。

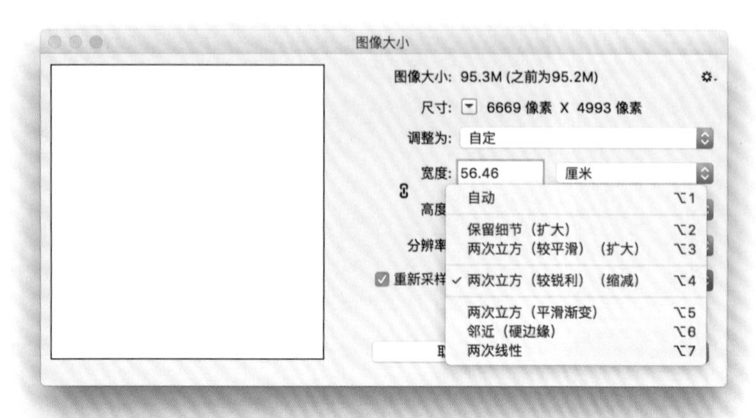

图 4–21　Photoshop 软件—图像大小选框

不修改文件量

为了获得最大的打印尺寸，先确认“重新采样”没有被勾选，这意味着像素将在长宽尺寸和分辨率之间转换，因为总像素量是固定的，当设置较大尺寸时，分辨率就会降低。如果为了提高打印质量，使用较高分辨率（见本书第 123 页“打印机分辨率及喷墨设备”内容），那么图像尺寸就会减小。这种设置不会改变图片原生的像素总量，是本书推荐的图像大小设置方法。使用这种设置方法的前提是，像素总量能够满足尺寸或分辨率的需要。

修改文件量

如果打印的文件需要差值，或因为打印尺寸过小，分辨率过高，就需要勾选“重新采样”。但需要注意的是，重新采样不论是放大图像还是缩小图像，都需要进行“另存为”操作，不能覆盖原图像。差值放大是通过计算的方式增加像素量，实际上无法替代原始像素的品质，却能尽可能抑制马赛克的出现。但在完成设置尺寸和分辨率后，需要打开“重新采样”的下拉菜单，依据是放大或缩小选择“两次立方（较平滑）”或“两次立方（较锐利）”（图 4–22）。

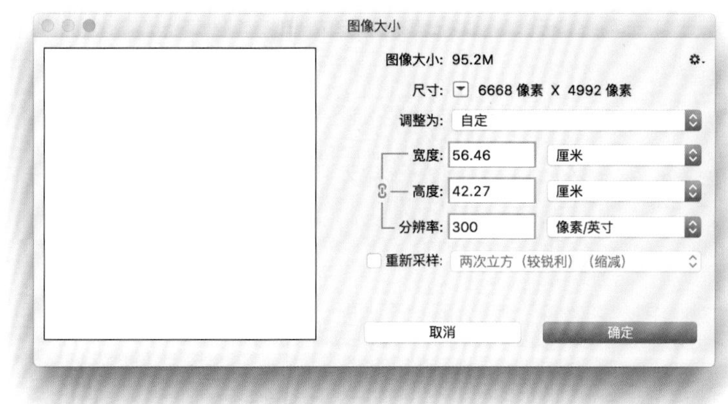

图 4-22　Photoshop 软件—图像大小界面

思考题

像素总量与图像尺寸和分辨率之间是一种什么关系?

作业题

1. 打开图片文件，按照最大尺寸、最佳清晰度两个要求对图像的大小进行设置。

2. 拍摄照片，在未剪裁的情况下准确获得数码相机能够拍摄的最大照片和最清晰照片的尺寸。

图像的锐化

图像的锐化分为两部分。一部分是在图像调整过程中进行锐化，用于增强 RAW 文件较为中性的锐度，这种锐化伴随在图像的调整过程中完成。另一部分是打印锐化，由于在显示器显示和打印输出上会有差异，显示器上合适的锐度，在打印输出后，锐度会略显不足。下面介绍两种专门针对打印的锐化方法，但它们只在需要打印锐化时使用，或单独使用一个图层并标记。

高反差保留

1. 在图层中复制一个图层作为操作图层（图 4-23）。

图 4-23　Photoshop 软件—图层操作界面

图 4-24　Photoshop 软件—滤镜菜单

2. 在滤镜下拉菜单中选择“其他”>“高反差保留”(图 4-24)。

注意半径的设置，这将决定后期锐化的强度。任何形式的后期锐化都是计算的结果，也就是说，锐化是有限度的。若数值设置过高，图像锐化后会造成强烈的白边效果，使图像失真。在日常使用过程中，一般将数值控制在 3 像素以内，只要能达到需要的图像效果，数值设置得越小越好。

3. 使用色相 / 饱和度工具去色。

我们看到，在这个画面中，除了灰度变化外还有彩色部分，彩色部分会干扰锐化的计算结果。

4. 调整图层属性为“叠加”(图 4-25)。

需要注意的是，在完成设置，查看调整效果时，需要将照片的放大比例调整为 50% 进行观察。采用其他放大比例，效果都不准确。

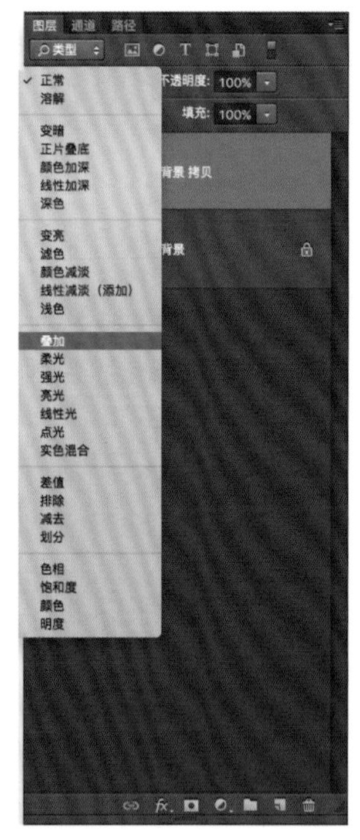

图 4-25　Photoshop 软件—图层工具

Lab 锐化

照片锐化接触最多的是 RGB 模式文件，我们从 RGB 通道中观察发现，3 个通道既表达色彩的通道，也表达了结构。而锐化的最佳方法是对图像的结构做单独锐化。Lab 模式的特性是将结构与色彩分开，以满足单独锐化结构的需要。

1. 将文件模式转换为 Lab 模式（图 4-26）。

2. 在通道页面中选择 L 通道，这时通道显示的是图片的全部结构线条（图 4-27）。

3. 在滤镜下拉菜单中选择“锐化”>“USM 锐化”。关于锐化方式，可以使用大部分习惯使用的锐化工具对 L 明度通道进行锐化。

4. 完成锐化后，需要将文件图像模式转换为 RGB 模式。

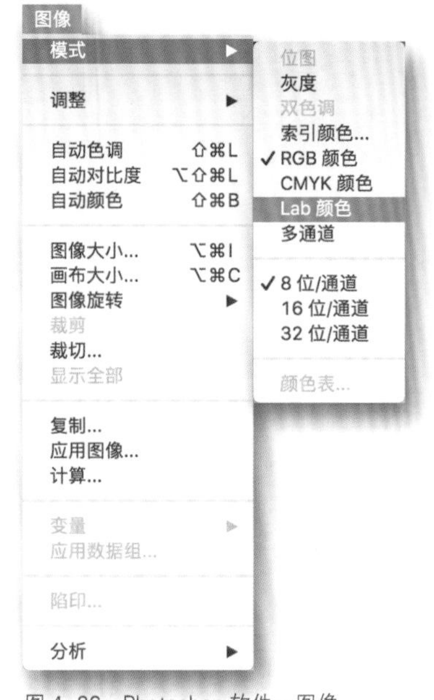

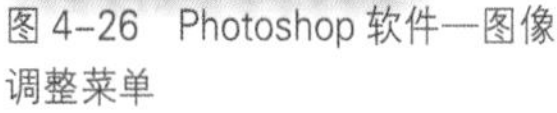

图 4-26　Photoshop 软件—图像调整菜单

图 4-27　Photoshop 软件的通道界面

黑白数字影像的工艺流程

了解了相机感光元件的成像原理，我们就知道使用数字相机拍摄图像制作黑白照片是一件有难度的事情。从感光元件本身只能记录光线亮度的角度来说，拍摄黑白照片似乎非常容易。大多数数字相机的感光元件前面都添加了滤镜，而且用于信号转换的相机处理器的任务是将信号按彩色影像的方式进行处理，只有少数相机可以直接拍摄黑白图像，如徕卡 Mono Chrom、飞思 IQ260 Achromatic。但是这类相机有个缺点，就是只能拍摄黑白照片，不能拍摄彩色照片。由于这一局限性，会给多数摄影师带来困扰，而且价格昂贵。因此，将彩色图像转换成黑白影像，便成为制作数字黑白照片的一个重要环节。

能够将图像处理成黑白照片的方法有很多种，但不一定是正确的方法。既然是将彩色图像转换成黑白影像，我们就要从转换机制上了解其原理。我们用数字相机将图像拍摄成 RAW 或 JPEG 文件，这是一个由彩色信息组成的图像文件。彩色图像文件的色彩由两部分组成：一个是颜色信息，另一个是亮度信息。这两部分合在一起形成了彩色图像。

图 4-28　将彩色数字文件转换成单色数字文件示意图

如果采取不正确的处理方法，就很可能会发生这种情况，这是一个经过“设计”的色块，我们可以直观地看到它们有不同的颜色。如果是一幅照片，则其中一共有 11 个层次。

但我们容易忽视的是，这个色块被“设计”成每个颜色都具有相同的亮度值 L=75，如果去掉所有色块的颜色信息，那么又会发生什么呢？

我们会发现，这 11 个层次消失了，所有色块在去掉颜色信息后变成了一条灰色，这意味着如果图像中出现了这些颜色，或者图像中有颜色不同而亮度相同的内容，很容易因图像转换错误而造成图像层次的损失（图 4-28）。

以上是用 Photoshop 中的去色（图像 > 模式 > 去色）来演示颜色信息和亮度信息。这就说明，如果要制作一幅黑白照片，千万不能使用简单的去色功能，因为这种操作是错误的，会使图像层次

图 4-29　原彩色图像

遭受损失。

处理黑白照片的方法有很多种，在 Photoshop 软件中就有很多操作方法可供选择。图 4–30 是用 Photoshop 中的不同工具处理同一幅图像（图 4–29）所获得的黑白影像，看看它们之间有何区别。

这几种黑白转换方法哪种是正确的？这很难说，因为处理过程至少存在两种转换目的，而个性化转换具有很强的主观性，所以很难设定一个标准。另一种是标准转换，这种转换方法就有标准了，而且基于这种方式的转换是有依据的。这种转换方式是以颜色为基础的黑白转换，而不是以亮度为基础的黑白转换。因此，这种转换方式要科学得多（图 4–30）。

当然，大部分黑白照片的处理一定是基于个性化的，但在个性化处理之前，我们可以先使用标准的黑白照片转换方法。这样处理有三个优势：

1. 标准的转换方法因为基于颜色转换，可以保证图像在丢掉颜色信息后不会因明度相同而损失层次。这一点非常重要，因为只有达到或接近 256 级的灰度值，才能获得层次最丰富的画面效果。而个性化调整在操作过程中，往往因为画面的基础影调发生改变，而忽视了保留影像丰富层次的需要。如果有一张标准转化的黑白照片作为调整时的参考，将给个性化调整带来很大的帮助。

2. 对于标准的明暗关系来说，不同色相的明度特征是不同的（见本书第 150 页“正确阅读可视化 ICC 配置文件”内容），采用标准转换方法可以让我们看到正确明度关系下黑白照片的样式。同样，标准的明暗关系也能给个性化的黑白照片调整提供参考。

3. 对于黑白照片中细节的展现，除了锐化，还有对颜色转换成明度的处理方法。正确的处理方式同样也会增加图像的清晰度。

灰度转换

自然饱和度

色相 / 饱和度

直接加载黑白

图 4–30

标准黑白片的制作方法及原理

1. 先使用 Photoshop 软件，新创建一个 RGB 模式的画布，并创建一个 RGB 色彩关系的色轮。

2. 解锁背景图层，添加新图层，使用拾色器中的 RGB 数据框填写 R=255，并填充在圆形选框中，创建出一个红色的圆形（图 4-31）。

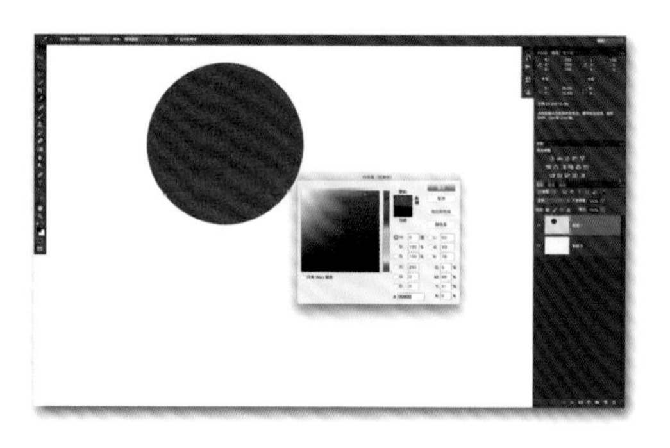

图 4-31　Photoshop 软件制作 RGB 示意图 -1

3. 解锁背景图层，添加新图层，使用拾色器中的 RGB 数据框填写 G=255，并填充在圆形选框中，创建出一个绿色的圆形（图 4-32）。

图 4-32　Photoshop 软件制作 RGB 示意图 -2

4. 解锁背景图层，添加新图层，使用拾色器中的 RGB 数据框填写 B=255，并填充在圆形选框中，创建出一个蓝色的圆形（图 4-33）。

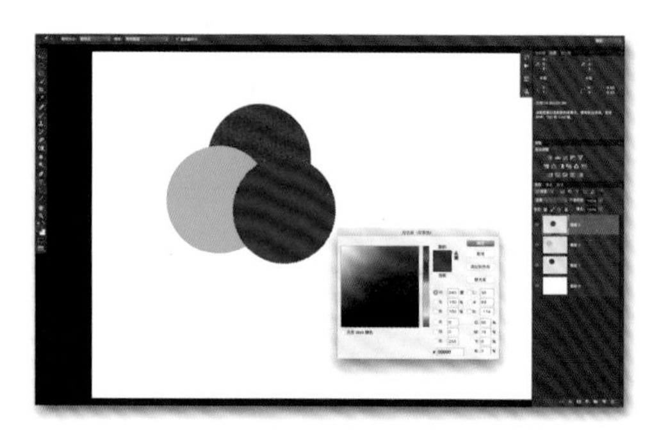

图 4-33　Photoshop 软件制作 RGB 示意图 -3

5. 关闭背景层的可视，并将 B 和 G 图层的图层属性修改为滤色，这样就制作出一个 RGB 的色轮（图 4-34）。

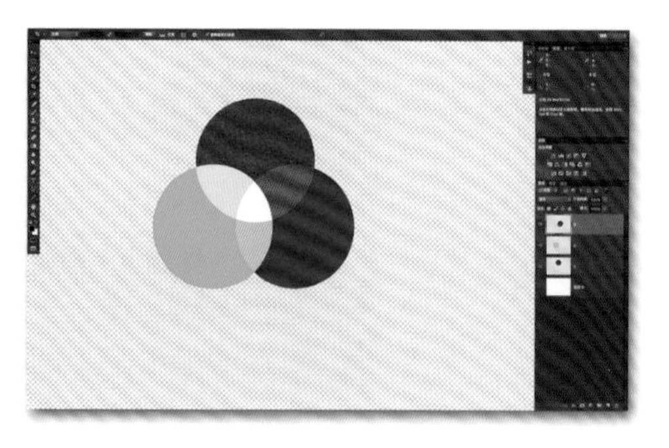

图 4-34　Photoshop 软件制作 RGB 示意图 -4

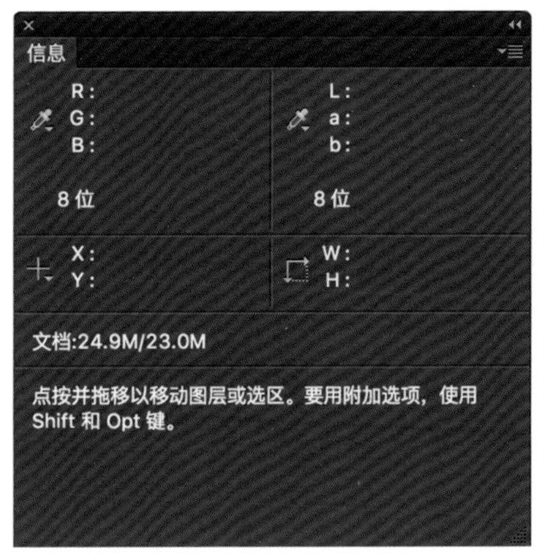

图 4–35 Photoshop 软件—信息界面

6. 制作这个色轮的目的是用于色彩关系的取样，因为这个色轮中有我们需要的 RGB 和 CMY 两种类型的原色。同时使用信息选框中第二信息 L*a*b 模式，分别测量 RGB 和 CMY 六种颜色的 L 值（图 4–35）。

表 4–7 六种颜色的 L 值

颜色名称	黄色 –Y	青色 –C	绿色 –G	品红 –M	红色 –R	蓝色 –B
L 值	98	86	83	68	63	30

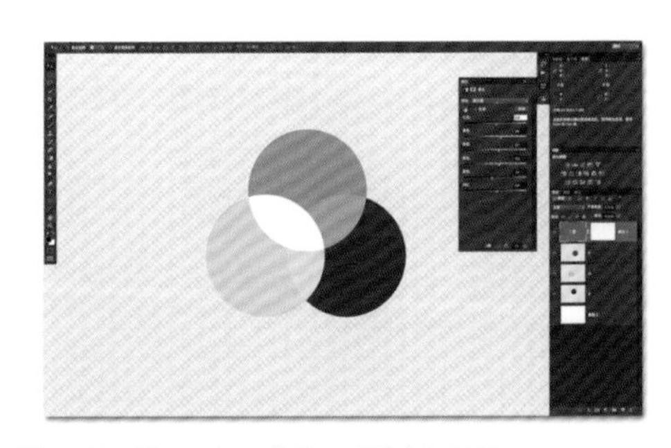

图 4–36 Photoshop 软件— “黑白” 工具

7. 添加黑白工具，用它在图像上单击并拖移可修改的滑块，在操作的同时，观看信息表中 L 值的变化，将颜色调整为与表 4–7 中 L 值相同的数值，将得到一个黑白关系的画面（图 4–36）。

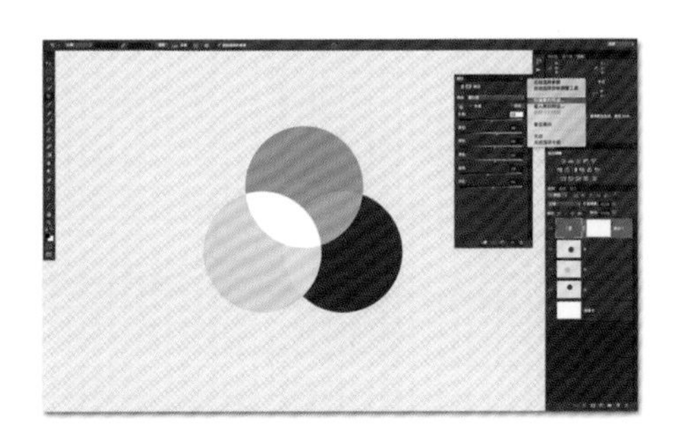

图 4–37 Photoshop 软件—保存 “黑白” 工具预设

8. 因为是标准操作，所以这种调整是可以直接保存的，也适用于所有照片的调整，需要使用时直接加载就可以了（图 4–37）。

图 4-38　黑白调整示范图

对于黑白照片的处理，建议使用 RGB 模式的彩色文件进行调整，通过 Photoshop 软件中的黑白工具或使用 Lightroom 软件中的 HSL 模式对黑白照片进行调整，因为这样可以使用不同的颜色通道进行明暗的调整操作，不需要制作蒙版和选取，便可达到区域调整的目的，调整范围也相对精确（图 4-38）。如果使用灰度模式进行调整，整个调整过程就会受到极大的限制。

这是使用正确的颜色关系将彩色图像转换为黑白照片的效果。通常，这一调整不会是最终的结果，但这是整个调整过程中非常重要且必不可少的一个环节。

作业题

1. 制作色轮，并加载黑白工具进行调整。
2. 将20幅彩色图像转换成黑白照片，在标准化调整的同时要保证工作流程是可逆的。

第五章 合成影像制作范例

第一节　计划与统筹

《梦工厂》是一幅数字合成的影像作品，幅面为4.1m×10m，数字文件尺寸为50GB，素材容量超过250GB。其中组织了大量素材，最终呈现的效果完全是由后期数字处理合成的。为了烘托效果，其中使用了一些特效。在后期编辑中，对许多原始素材都做了结构性处理，素材运用只是其中一部分。在作品制作过程中，笔者总结了一些关于合成影像的制作方法及注意事项。

将创作内容与作品呈现方式相结合

该作品的尺寸被定为4.1m×9m，这是根据展览场地确定的。由于作品幅面大，如果使用广告画喷绘的方式来做，画面中的细节和精度就难以展现，也让人觉得这不是一幅摄影的后期作品。照片级的高精度打印设备只有44inch（最大尺寸的高精度照片打印机是64inch，但是我们没有），我们选择卷装喷墨油画布作为介质，因为卷装材料在长度上没有任何问题，只需要考虑拼接问题。我们找了一家专业制作油画框的商店，并与其研究了方案的可行性，最终将需要拼接的单张画幅按照90cm居中打印，四周各留出10cm。为了保证大画幅上墙和长时间展示的平整度和整体稳固性，在油画内框加裱了一块薄木板。一旦确定了制作尺寸的可行性，就可以在预定的尺寸内进行画面制作。

准备素材及对素材的品质要求

数字合成影像对于尺寸比较敏感，原因是：一方面，合成影像需要控制各个不同来源素材的比例大小；另一方面，尺幅小的合成影像作品不需要组织大量素材，素材精度可以相对低一些，这样可以节约资源和时间。大幅面的合成影像，需要更多素材，如果素材量太少，会让画面缺少细节。《梦工厂》所需的素材量很多，还采用了备选方案，即画面中需要一个素材时，我们必须采集四五个类似素材，以便在制作过程中遇到有问题或不合适的可以及时替换，而不影响整个影像的制作进度，同时也保证了影像品质。

这次大部分素材采自户外场景，但与常见的户外拍照略有不同，即避开在阳光明媚的日子采集素材，如果采集的素材在阳光照射下具有明显的受光面和背光面，就收起相机打道回府。大部分合成影像都需要对素材的色调和影调重新进行调整，还要从整体角度保持光源方向一致，如果素材上有明显的光照和投影，创作手段就会受到限制。因此，一定要在明亮的多云天气拍照，如果遇到晴朗的天气，也要保证被摄素材不会受到阳光直射，否则素材就没有办法使用。

硬件设备使用了 PhaseOne IQ180 数字后背和包括施耐德 80mm 镜头的 PhaseOne 数码相机。使用标准镜头主要考虑到素材采集内容相对复杂，大到建筑结构，小到墙面上的电线等，而使用 80mm 标准镜头相对能够兼顾景深、图像质量和透视视角等要求。

制作一幅草图和一个备份

这个项目制作团队一共有七人，每人都做了相应的分工。为了统一认识，减小个人差异给影像创作带来不必要的麻烦，团队在创作初期制作了一张草图。草图比较精细，起到了备份图的作用，只要稍作修饰，就可以当作备份作品。草图的制作也让参与者了解了素材采集的具体要求和图层关系，让执行过程有据可依，使画面制作精益求精。

第二节　构成基底图像

所谓基底图像，是指背景画面或是处于整个图层最底层的素材图片，这一素材以大环境居多。这幅作品中整个画面的大部分环境都是通过后期合成创建的，因为在我们所知的实际环境中没有找到符合这一题材的基底图像，如果有幸能在实际环境中拍摄到一幅完整的基底图像，也是可以的。

拼接素材

素材的采集使用了拼接方式，一方面作品幅面大，具有足够分辨率和尺寸的素材是需要拼接的（图 5-1）。但拼接素材并不只是图像尺寸大这一个好处，更重要的是，足量的像素可以在单位面积内更好地去解析被摄体的细节和质感，也方便色调的制作和分

图 5-1　作品局部

离。大文件量的素材还可以有效控制特效制作和色调重设对图像质量所造成的影响。

拼接图像也有可能不成功，这里的许多素材都是从户外采集的，在采集的同时进行拼接也不现实，采集素材的场景也不方便重复采集。更稳妥的办法是，将素材的采集分为 2 到 3 组进行，先按照较少数量拼接的方式采集一组素材，如将采集 3—5 张作为一组，较少的张数可以大大提高拼接的成功率。再以 6—10 张为一组，甚至拍一组更多张数的素材。这样既可保证素材采集的效率，也可避免因素材太多，无法完成自动拼接的可能性。回到电脑前，先进行多张素材的拼接，如果成功，就直接使用，如果不成功，则可以递减，拼接 6—10 组。再不成功，还可以有 3—5 张一组作为备份使用。当然，素材采集的数量也取决于使用相机的像素量，如果使用高像素的数字后背采集，如 8000 万像素的 Phaseone IQ180 数字相机，则只需要采集 5—6 张，就能满足图像制作的需要。但如果使用 2000 万像素的 135 数码单反相机采集素材，就需要拍摄更多张，风险也会随之增加。

自动拼接流程

关于自动拼接，这里不做太多的介绍。自动拼接技术在今天已经较为普及，有很多软件可用，每个人都有各自的工作方式和使用经验。因此，只需根据个人的使用习惯和软件的工作特点，就可以很好地完成自动拼接工作。这里使用的自动拼接软件是 Autopano Giga 软件。

软件下载地址：http://www.kolor.com/virtual-tours/。

平移拼接

平移拼接的使用对采集的素材有特定的要求，如果使用平移拍摄的素材，意味着拼接工作需要手动完成。平移拼接在这幅作品中就有使用，因为要采集的室内场景长度过长，如果按照自动拼接流程的方式采集素材，必然会造成两头小、中间大的结果，这种弧形的渐变效果校正起来十分困难。并且，这个废弃的室内场地也比较狭窄，拍摄的素材无法满足自动拼接的需要。好在需要拼接的素材中有大量的墙面可以作为接点。作品拍摄及制作流程如下。

素材采集

拍摄场地是一个废弃多年且要拆迁的工厂，场景显得杂乱。厂房为长方形，需要采集长边带有窗户的墙面。采集过程中需要带一卷长绳，用于平移时在地面上定位，防止由于拍摄距离不同造成被摄体大小不一，给后期合成带来不必要的麻烦。拍摄过程中使用恒定的光圈与快门速度，特别是光圈设置在整个拍摄过程中都不作改变，否则会影响

素材的采集用图 -1.jpg

素材的采集用图 -2.jpg

素材的采集用图 -3.jpg

素材的采集用图 -4.jpg

素材的采集用图 -5.jpg

素材的采集用图 -6.jpg

素材的采集用图 -7.jpg

素材的采集用图 -8.jpg

图 5-2　拼接场景素材文件 -1

图 5-3　拼接场景素材文件 -2

景深和构图。

使用 RAW 格式拍摄，并导出 16bit 的 TIFF 文件（图 5-2）。因为素材只有在调色过程中才能最终确定画面的影调样式，在目前无法确认影调时，冲洗过程中要保留暗、亮部分的细节，以便在后期制作中可以保留更多的细节（图 5-3）。

对于这一环境的素材采集，需要多拍摄一些墙面部分的重合，因为手动拼接时，墙面部分只有纹理，没有结构线，使用蒙版工具可以很容易地将墙面拼接在一起。

拼接方法

打开“素材的采集用图 -1”，并解除图层锁定，使用画布大小工具扩展画布面积（图 5-4）。

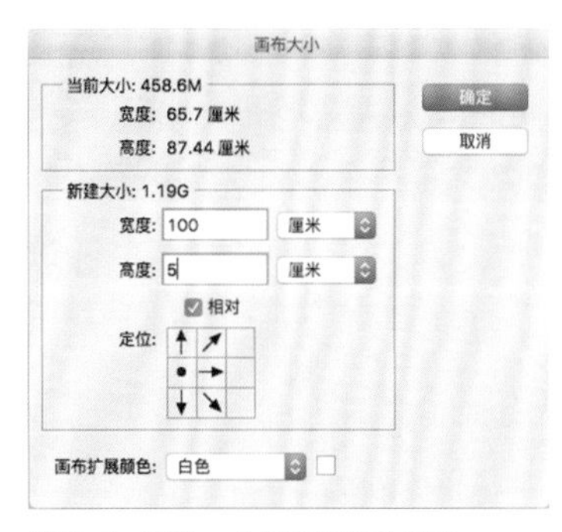

图 5-4 创建一个用于拼图的画布

将文件“素材的采集用图 -2”拖曳到空白画布中，降低图层透明度，将两张图片按照重叠位置大致摆放，恢复 100% 透明度。现在可以看到两张照片之间有明显的交界线条。给“素材的采集用图 -2”添加一个蒙版工具，并使用较为柔软且低流量（低于 50%）、低透明度（低于 50%）的笔刷设置画这条明显的交界线，很容易就将其融合在一起。这也是一定要将衔接点设置在没有结构线条的墙面上的原因（图 5-5）。

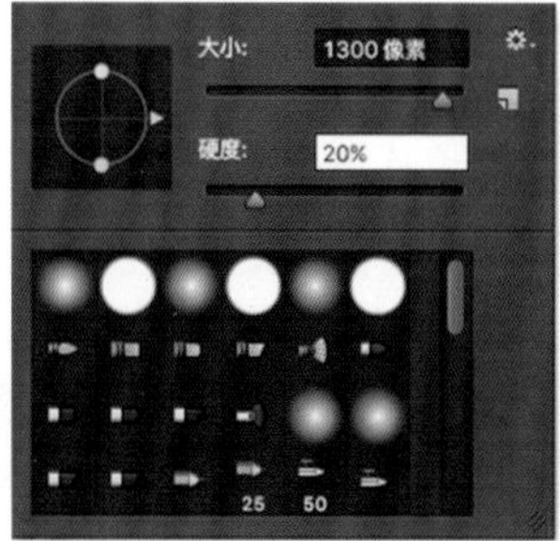

图 5-5 拼接图像

这是拼接前后的效果对比图及蒙版样式（图 5-6）。

图 5-6 拼接图像并使用蒙版衔接

使用相同方法完成图像拼接，最终完成效果如图 5-7 所示。

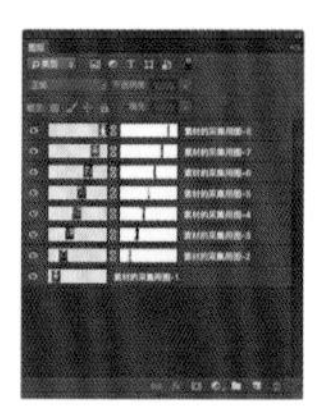
图 5-7　图像拼接完成效果图

作业题

1. 拍摄6幅和12幅两组素材进行拼接练习。
2. 拍摄6幅和12幅两组素材进行平移拼接练习，素材之间必须使用蒙版工具进行衔接，后期可修改。
3. 素材的拍摄和选择要有计划和统筹，以便能够满足后期制作的可能。

美化与修饰

使用标尺拉出辅助线可以看到，每扇窗户因为手动拼接会显得大小不一、歪歪扭扭。实际上，这里的窗户都是大小一致的。所以要对窗户的大小进行统一修饰。每次对素材完成制作都要仔细检查，以便及时发现问题并进行修改。这时的美化和修饰工作是相对容易操作的，因为图片的文件量还不大。如果到制作后期再对图像进行修饰和美化，因为有大量的图层存在于页面中，文件量会很大，操作起来会感到非常难。

图 5-8　再扩大拼接图像的画布

先用选框工具将需要调整的区域进行框选，并使用 Command+C 复制，再以 Command+V 进行复制。

这里演示的是整体画面中从左到右的第二扇窗户。这扇窗户有一些倾斜，不在辅助线框内，在使用矩形选框工具（按键 M）选择需要复制的区域时，要尽可能选择比窗户更大的范围作为冗余，这样便于调整后与墙面融合（图 5-8）。

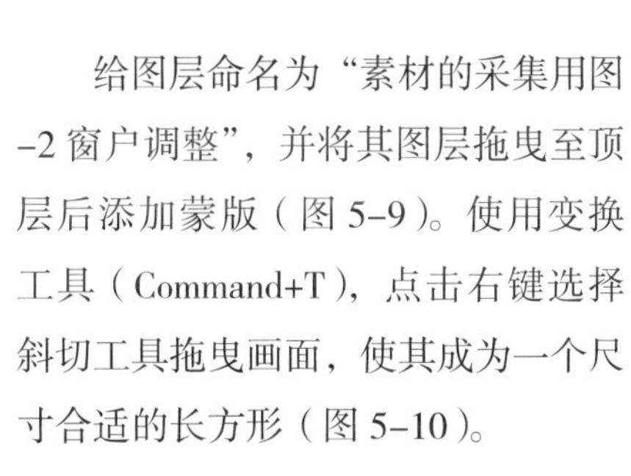

图 5-9　局部调整及图层样式

图 5-10　使用变换工具调整

给图层命名为“素材的采集用图 -2 窗户调整”，并将其图层拖曳至顶层后添加蒙版（图 5-9）。使用变换工具（Command+T），点击右键选择斜切工具拖曳画面，使其成为一个尺寸合适的长方形（图 5-10）。

图 5-11　窗户素材调整前

图 5-12　窗户素材调整后

为“素材的采集用图 -2 窗户调整”图层添加蒙版，并使用与衔接墙面相同的画笔属性，进行边缘融合。这也是在上一步操作中要留冗余范围的原因，只要用较小的画笔工具稍做绘制，就可以做到融合效果。当然，有时会遇到冗余面积较小的情况，图中示

图 5-13 素材完成效果图

意的就是冗余面积较小情况下出现的问题，将使调整图层无法覆盖底图。对于冗余面积较小的处理方法是，先关闭“素材的采集用图 -2 窗户调整”，再使用 Photoshop 的修补工具或图章工具涂抹掉漏出来的边框即可（图 5-11、图 5-12）。

接下来是完成室内场景的合成制作。完成的这部分被称为“大素材”，是通过合成制作完成的较完整的一部分素材，一般一幅合成影像都由若干这样的大素材组成。这部分素材包含大量图层，文件量也很大。在之后的合成工作中，需要将很多这样的场景拼合在一起，如果每个大素材不经过整合处理，文件量就会太大而无法进行制作。因此，这里需要一个合并后的图层。图层一旦合并，对画面结构的修改就会感到困难。所以，每个大素材在合并前一定要对画面中的每个细节都仔细检查，所有发现的问题都要在这一步解决，制作周期越往后，修改的难度就越大。对于文件的保存，需要同时保留带有图层的可编辑文件和合并图层，以此作为合成用大素材的两个文件（图 5-13）。

提示 图层的数量会随着图像的编辑逐渐增加，制作者在图像合成过程中不可操之过急，在关注图像质量的同时还要关注图层的摆放和命名，以及对图层的精简使用，这对于制作大型合成影像非常重要。不给图层进行合理的命名，不理顺图层之间的逻辑关系，将会给后续的制作工作带来大麻烦，甚至在画面上看到需要调整的问题，却无法找到图层的位置进行修改。对于合理命名和具有逻辑关系的图像，就可以使用 Photoshop 的移动工具（按键 V），直接在需要修改的部分用鼠标右键点击，在下拉菜单中，通过点击图层名称直接跳转到需要修改的图层上。

作业题

1. 尽可能使用拼接完成较大的场景素材，检查拼接素材中色彩、暗部及亮部的细节，并进行美化调整。
2. 将调整完成的图像分别以单图层（PSD）和编辑图层（PSB）加以保存。

地面素材的采集与制作流程

地面素材采用了自动拼接的方式，拼接素材的采集也是一种常规的采集方式（图5–14）。制作时需要选择有纹理的地面，纹理的质感越强越好，这样在后期制作时可以很好地丰富画面效果（见本书第92页“质感的绘制方法”内容）。

CF001989.tif

CF001990.tif

CF001991.tif

CF001992.tif

CF001993.tif

图5–14　地面素材文件

这里一共采集了5张素材，并使用拼接软件进行拼接。拼接后的图像会有带弧度的畸变，可使用Photoshop的自由变换（Command+T）工具，使地面线条保持横平竖直。这一部分只完成了1/2的地面长度，另一部分使用水平翻转的方式进行补充，具体操作在之后进行，作为地面的大素材部分就完成了。只要检查各图之间的衔接点没有问题，地面素材可以无须保留图层（图5–15）。

图5–15　拼接完成的地面素材效果图

作业题

1. 对较有肌理的地面选区进行拍摄和拼接。
2. 将调整完成的图像分别以单图层（PSD）和编辑图层（PSB）加以保存。

工厂外墙的采集与制作流程

CF001979.tif

CF001983.tif

CF001986.tif

CF001980.tif

CF001987.tif

CF001988.tif

图 5-16　工厂外墙素材文件

工厂的外墙素材以手持拍摄的方法进行采集（图 5-16），这是因为画面中的外墙结构可以使用对称方式，所以同样采用了 1/2 的采集方式。这种采集方式可以减少采集素材时因过长的跨度对拼接后的透视所产生的变形影响。1/2 的采集方法可以缓解透视过大的压力，在拼接上也增加了成功的概率。

作业题

1. 拍摄素材数量不少于6幅，总像素量不低于1.5亿像素（越高越好）。
2. 将调整完成的图像分别以单图层（PSD）和编辑图层（PSB）加以保存。

天空的采集与制作流程

对天空素材的采集可以降低一些要求，因为天空的位置距离观看者相对较远，且是一种渐变过渡的画面效果。因此，只要保证素材的文件量不会造成打印时出现色调分离，就可以了。因为考虑到影像合成模拟的是夜晚的画面效果，所以选择在傍晚进行拍摄，且云层纹理不是特别明显，这样既符合夜晚的视觉效果，画面又不会显得太单调

图 5-17　天空素材

（图 5–17）。

画面具有一定的光影变化，可以更好地为作品增加空间感。

作业题

拍摄一组6幅天空素材，完成1亿像素的拼接合成。拍摄时需要注意选择拍摄时间，正确曝光天空中云层的层次、高光、阴影，但不要使用HDR技术。

背景植物的采集与制作流程

植物素材的采集设定为剪影效果，这样做的目的，除了可以更好地与主体中丰富的细节形成对比，同时保证画面不会显得过于拥挤，否则会给人一种紧张的感觉。之所以选择秋冬季植物作背景，是因为担心茂密的树叶会让画面显得过于拥挤，使画面缺乏“透气”感。而且在夜晚若想很好地表现茂密树叶的细节，会在视觉上造成喧宾夺主（图 5–18）。

图 5–18　植物素材效果图

作业题

拍摄树木素材，注意协调天空（亮，可以通过简单后期处理调整为全白色背景）和植物（暗，接近剪影，通过后期处理可以呈现暗部细节）的光比，拼合后像素总量至少要达到6500万像素。

第三节　　素材的褪底方法

该作品的素材褪底一共使用了两种方法，Photoshop 的褪底工具有很多，但那些声称可以一键褪底的工具，实际上都有严格的前提条件，而对于大场景的素材采集，想要按照褪底工具所要求的条件进行拍摄，是非常困难的。

钢笔褪底

在形成选区的情况下，不要直接删除背景，为其添加一个蒙版，才是正确的操作方式。因为蒙版工具可以对边缘进行高级调整，也方便后期融合的调整。在这幅作品中，主要针对那些除了背景植物枝叶以外的需要褪底的内容。钢笔褪底可用于复杂结构和复杂环境的褪底。Photoshop 虽然也提供了多种自动化的褪底工具，但它对于被褪底素材有一些特定的条件，这使得大多数情况下都无法较好地完成褪底工作。使用钢笔工具褪底，需要更多的时间和耐心（图 5–19）。

融合性褪底

主要用于对树枝树叶的褪底，特别像这张素材的枝叶，看上去很细且密集。将这部分枝叶褪底是非常困难的，因为之前考虑到这个问题，所以选择了天光与植物反差尽可能大的时间段拍摄，在处理背景植物素材时也尽可能将背景天空处理成纯白色。纯白色的背景可以通过前期拍摄和后期冲洗相结合的方式来完成。一个纯白色的天空背景在这里显得非常重要。

这是背景植物的一个局部，可以看到非常细密的枝叶，层叠之间还具有景深效果（图 5–20）。我们可以尝试一些自动工具或钢笔工具，但若想将其准确地褪底，那是一件不可能的事。

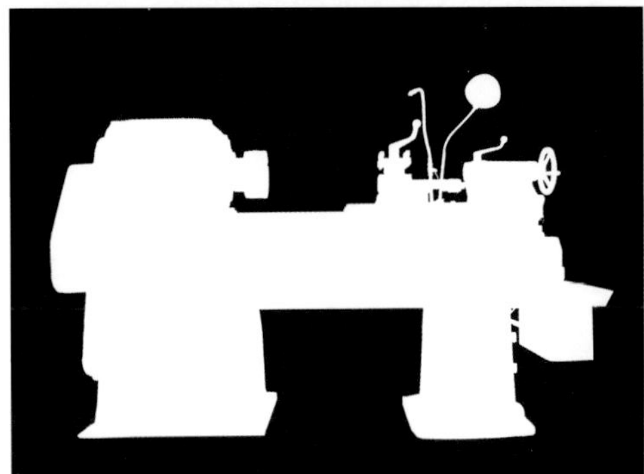

图 5-19　使用钢笔褪底的流程图

图 5-20　植物素材

第四节　融合效果的处理

颜色是非常主观的，为了能让全世界的人以同样的方式来讨论颜色，需要使用一种通用的方式将其量化。1931 年，国际照明委员会（CIE）在英国召开会议，研究产生了称为“颜色空间”的强大工具。颜色空间又称为“颜色模型”，它对于颜色的处理和沟通起到了至关重要的作用。颜色空间是用一种抽象的，形状像橄榄球的三维模型进行描述。其顶端是白色，底端是黑色，通过贯穿中心上下的两端来描述灰色过渡。可见光谱的各种色调环绕形成球体，中心的颜色是灰色的，球体越大，越远离中心，颜色就越饱和。

我们要将背景植物融入这样的天空素材中（未调色天空素材，图 5-21），在

图 5-21　天空素材

图 5-22　用于融合的素材

Photoshop 中，将植物图层放置在天空图层之上（图 5-22），并将植物图层的图层属性修改为正片叠底（图 5-23）。

图 5-24 是融合完成的素材。

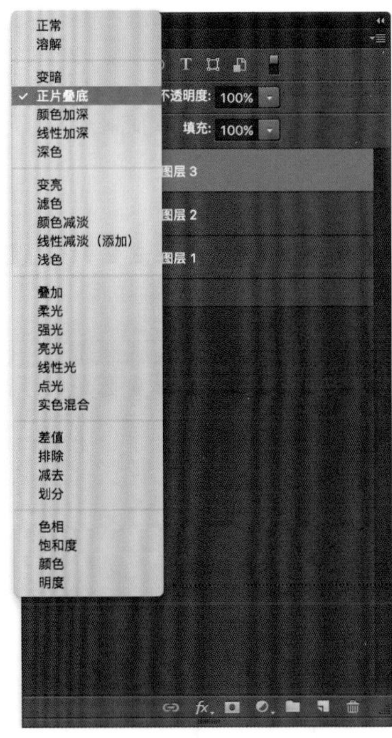

图 5-23　使用图层属性融合素材

图 5-24　融合完成的素材

思考题

1. 为什么背景树木素材的采集可以将像素总量降低到6000万像素？
2. 拍摄便于褪底的树木素材，拍摄时对环境有哪些要求？

作业题

1. 对完成拼接的树木背景素材进行褪底，并与天空背景进行融合。
2. 调整合成图像素材的光比和色彩，从色彩层面达到与画面融合的效果。

第五节　质感的绘制方法

处理不好的合成影像作品看起来像一幅剪纸画，这是因为没有处理好素材与素材之间的融合关系所造成的。融合关系包括素材与素材之间的空间关系、体积比例、色调、光源方向、投影等因素。以下几个环节对融合程度会产生较重要的影响。但要注意的是，这些做法对原始采集的素材图像有较高的要求，保证素材具有足够的像素量（像素量不足可以使用接片）、完整的细节和均匀的影调过渡（图 5-25）。

由于这幅作品文件量庞大、制作过程复杂，许多图层因各种原因和需要在制作过程中被合并了，在完成图中无法体现曾有的制作过程。以下讲解采取逆向的重新演示，所以无法与完成图效果一致，但操作步骤是相同的。

图 5-25　作品的素材像素量达到 10000ppi × 10000ppi

这就是采集素材过程中需要在一个亮度充足的阴天拍摄的原因。使用数字后期绘制的体积光有助于素材之间的相互融合，也增加了更多创作的可能，可以使光线照明获得统一效果。这幅作品中大量的素材是在室外采集的，有些素材体量高大，因此使用灯光塑造体积会遇到困难（图 5–26）。

图 5–26　机器素材

对于作品中体积光的绘制，一方面要考虑单个物体的体积表现，同时要考虑物体位置的前后关系。前方物体的体积光暗部和亮部的对比可以更强烈一些，后方的物体的明暗对比以及高光部分都要适当减弱，否则从画面上看，前后物体将处于同一个平面上，这样会破坏空间关系。

环境光的绘制方法

为了营造夜晚神秘的氛围，这里使用了大量饱和度较高的蓝色。这种环境光效果在现实中并不存在，所以需要通过后期制作来加以营造。在一些大面积改变素材的色相，想获得环境光效果的操作中，往往会将画面处理成错误的偏色。这种偏色如同在我们眼睛和观察的物体之间放置了一块蓝色的雷登纸，让我们无法看到物体本身的固有色，而只有蓝色。对于一幅作品来说，整个画面只有蓝色会使画面失去色相反差，造成十分单调的画面效果。正确的方式是，将蓝色作为主色调作大面积添加，这个比例占画面整个颜色的 70%，剩下的 30% 需要使用非线性的绘制技术，以保留画面中物体的固有色。这样的画面效果才能在视觉上产生平衡感，色彩变化也更加丰富。

图 5–27　机器素材局部

通过高清晰度地采集素材，可以看到物体表面清晰的纹理。特别有意思的是，绿色油漆和油漆脱落后呈现的红色，这两种颜色之间的过渡显得非常自然（图 5–27）。

制作过程需要将环境光线与物体固有色

以一种方式融合在一起，在丰富画面的同时还能保证物体不会偏色。这幅作品因为模拟夜景效果，所以要对画面中的物体添加蓝色。接下来将分两个部分来讲解这一制作过程，首先是环境光的制作方法，之后是环境色与固有色的融合方法。

环境光的制作方法

将素材复制一个图层，并使用黑白工具将复制的这个图层的饱和度去除。需要注意的是，不要使用其他直接去除饱和度的工具（图 5-28）。

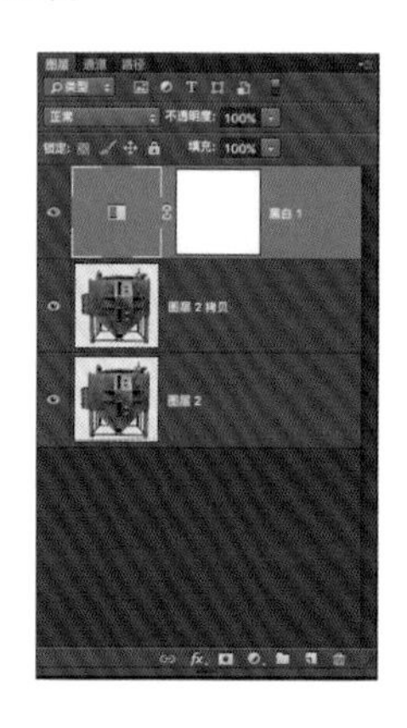

图 5-28　加载带有蒙版的黑白工具

使用黑白工具去除饱和度，可以对图中的每一个颜色的亮度进行单独设置。如果直接使用色相 / 饱和度工具去除饱和度，素材的质感会被减弱。左图为使用黑白工具（图 5-29），右图为使用色相 / 饱和度工具（图 5-30），通过比较可以看到，左图的素材更具有层次变化，这对后期制作纹理效果是非常重要的。

完成黑白处理后，将复制的素材图层与黑白工具合并，完成黑白图层的处理。接下来复制已经处理完成的黑白图层。到了这一步，将有一个彩色图层和两个黑白图层（图 5-31）。

图 5-29　Photoshop 软件使用黑白工具制作黑白素材示意图

图 5-30　Photoshop 软件使用色相 / 饱和度制作黑白素材示意图

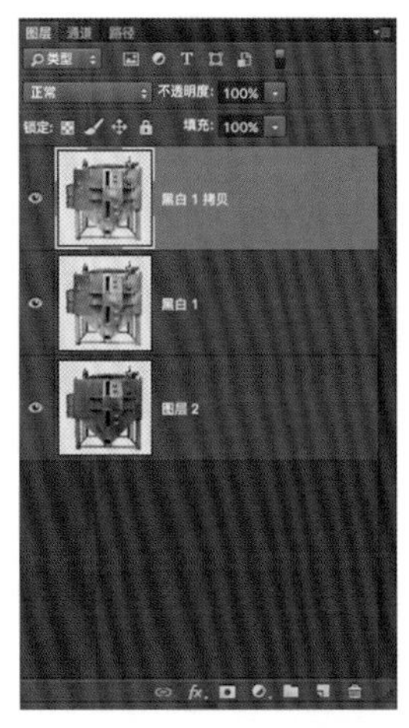

图 5-31　Photoshop 软件—包含黑白图层的素材文件

使用色相 / 饱和度工具选择着色，并移动色相工具，将画面调整为蓝色（图 5-32、图 5-33）。这是色相和饱和度的相关设置。在蓝色的选择上一定要注意，色相工具每移动一个微小的距离，都会产生非常大的颜色变化，因此，最好使用键盘的上下按钮，其调整的精度要高于鼠标调整的精度。在色彩方面，蓝色相的左边是绿色，右边则逐渐偏向红色，如果偏右，画面就会出现蓝偏紫的效果。实验证明，这样的颜色制作是不合适的，所以色相最好偏向左侧的绿色，这样被调整的物体色彩会更接近于夜色的视觉感受，色彩也显得更纯净清新（图 5-34）。完成调整后，将色相 / 饱和度图层与黑白 2 图层合并。制作到此，图层选框中就有了一个彩色图层、一个黑白图层和一个蓝色图层（图 5-35）。

我们单独观看每一个图层，可以发现，没有一个图层是可以直接使用的，即使是刚刚调整的蓝色图层也不能直接使用，因为太单调了。所以，我们需要通过下列方法将这

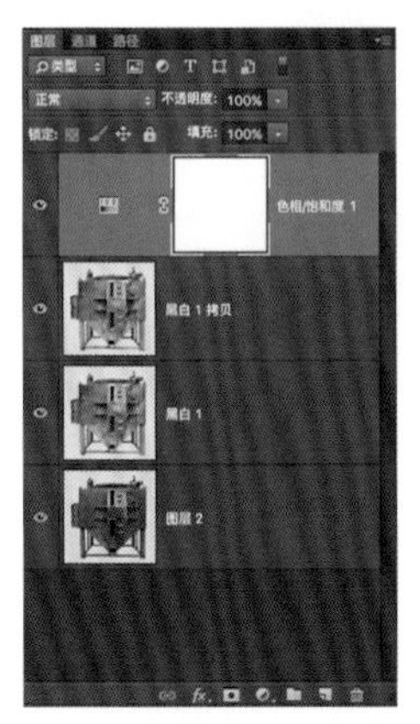

图 5-32　Photoshop 软件—在图层中加载色相 / 饱和度工具进行着色

图 5-33　被着色的素材文件

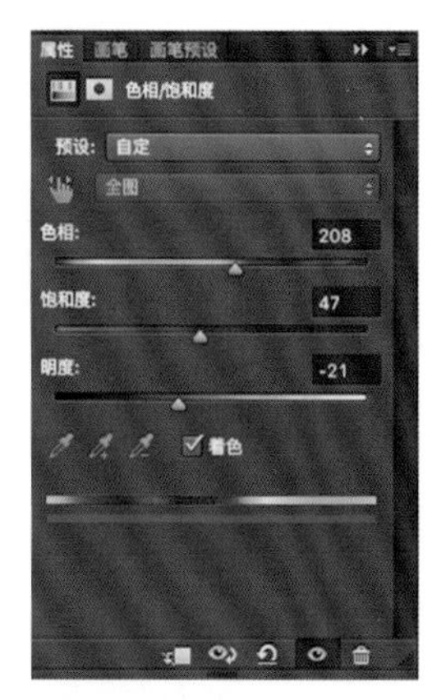

图 5-34　Photoshop 软件—着色数据

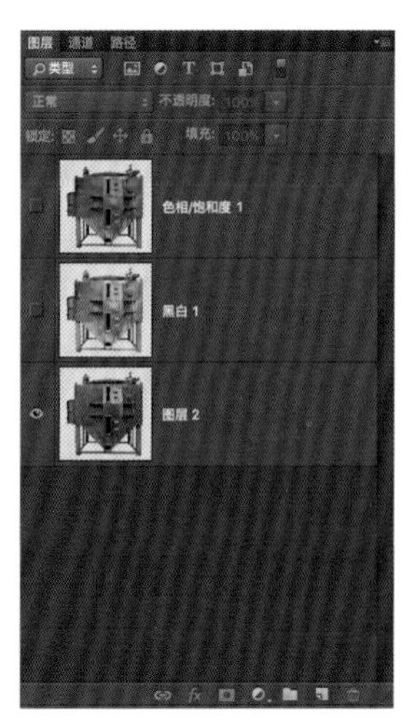

图 5-35　Photoshop 软件—彩色、黑白与蓝色图层

三个图层混合起来，以达到既有环境光线，又有物体固有色的效果。

混合主要依靠图层蒙版来实现，图层蒙版的样式需要从通道中获取。先关闭蓝色和黑白图层，相比较之下，对于眼前的素材，彩色通道中的明暗反差变化更符合制作要求。这里选择了蓝色通道作为制作蒙版的图样（图 5-36）。

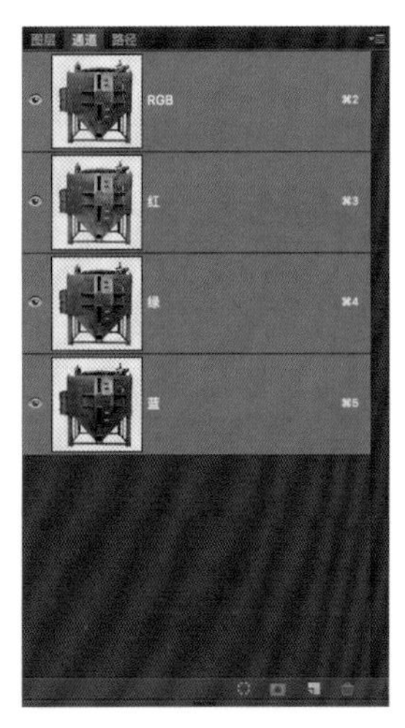

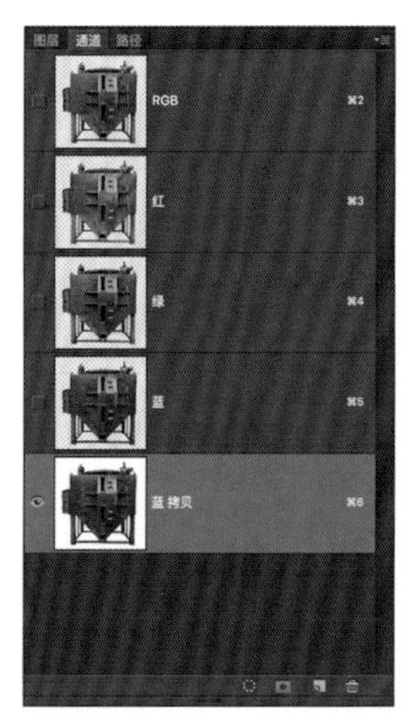

图 5-36　Photoshop 软件—复制一个蓝色通道

通道操作类似于黑白照片的处理，未处理的通道，色阶过渡均匀，这正是作为蒙版所不需要的。这里使用色阶工具对其进行反差处理（图 5-37 中提供了色阶处理的参考值）。

这个通道图层将被添加到蓝色图层的蒙版中，黑白反差实际上是一个蓝色和固有色所占画面比例多少的问题。蓝色通道图层的白色将显示图层中的蓝色部分，黑色将显示

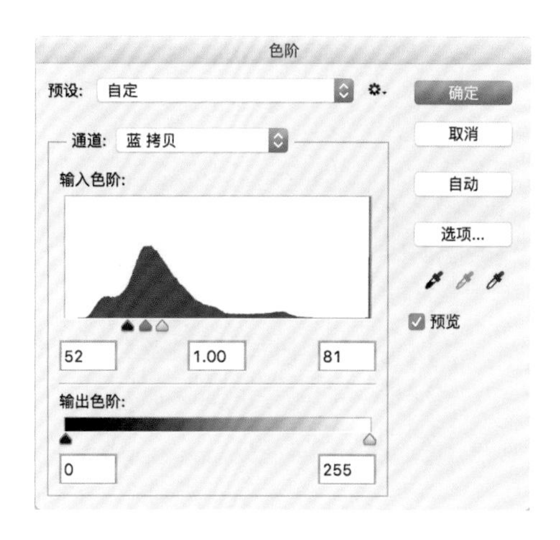

图 5-37　Photoshop 软件—使用色阶工具调整被复制的蓝色通道

素材的固有色（图 5-38）。（请结合蒙版样式查看画面效果，进行细致的对比，感受一下蒙版的黑、白及中间过渡色调对画面所产生的作用）

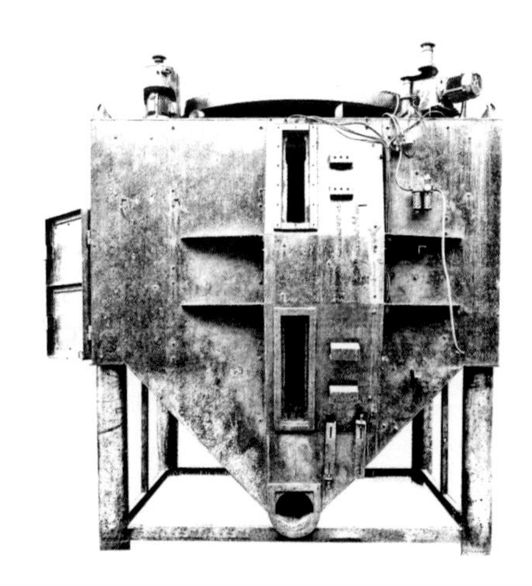

图 5-38　Photoshop 软件—加载蓝色通道蒙版的素材示意图

我们从图 5-38 中看到的并非令人满意的效果，再添加蒙版样式后，依然可以继续调整画面蒙版的明暗关系及比例，这种调整直接作用于原图，所以会更加直观。调整方法是对添加的蒙版使用色阶工具。图 5-38 中环境光的蓝色占比过高，素材本身的固有色占比太低，需要增加固有色比例的数量。调整方式如图 5-39 所示，调整色阶工具的黑色滑块，以增加固有色在画面中的占比。

接下来是微调。微调的内容包括亮度、饱和度以及所有感觉不合适的部分。在图像

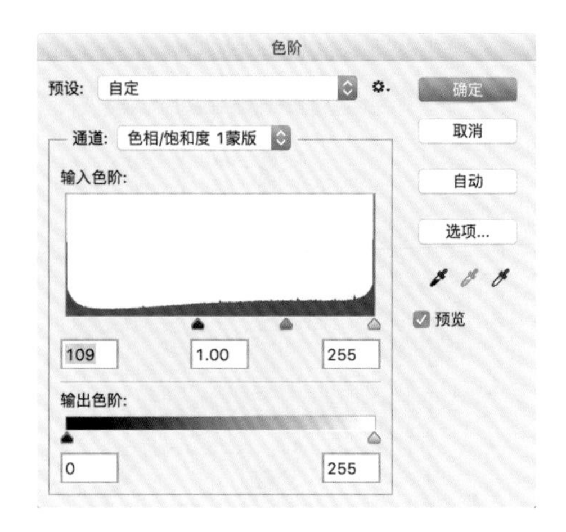

图 5-39　Photoshop 软件—使用色阶工具调整蒙版

的整个制作过程中，我们随时可以进行微调，因为没有人能将图像合成中诸如光影、色调等复杂问题一次性解决。但是微调也不可以做过大的调整，因过大的数值调整，会对图像的色彩和层次造成损伤。对这个素材的微调，包括对蒙版的适量羽化、降低整体饱和度和红色局部饱和度（图 5-40）。环境光绘制完成后，在局部图中可以看见，物体固有色和环境蓝色的混合与交替顺应了纹理变化，并以一种锐利的方式呈现出来（图 5-41）。

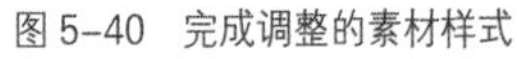

图 5-40　完成调整的素材样式

图 5-41　局部图

在这里，如何制作出合适的蒙版样式是其中最重要的部分，因为蒙版样式的效果对最终作品起到决定性的影响。工作流程可以以步骤的形式加以展开。

思考题

1. 为什么素材采集需要在较明亮的阴天完成？

2. 拍摄便于褪底的素材，对环境有哪些要求?

作业题

1. 在拍摄设备允许的情况下，拍摄尽可能大的素材，并进行拼接和褪底。
2. 根据环境光绘制方法，对完成褪底的机器素材进行环境光绘制。
3. 存储文件需要保存为带有图层的PSD或PSB文件格式。

质感增强的方法

质感表现在影像作品中占有非常重要的地位。增强质感在这幅作品中也有重要的意义。特别是对于大幅面作品，越大的幅面就需要越多的细节丰富画面，否则画面会显得单调和乏味。

地面质感的增强

地面质感的表现是在原素材的质感基础上对其进行增强处理。这幅作品中的处理手法较为夸张。增强地面的质感实际上也是增加地面的细节。增强手段主要是在以中间色调为基础的地面图层上分别添加适量的高光和少量的阴影（图 5–42）。

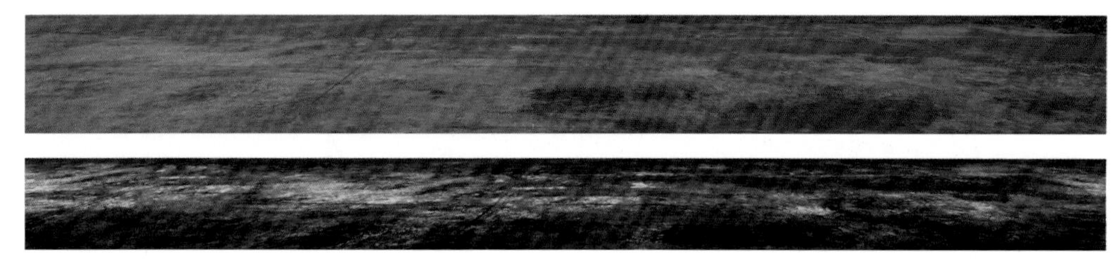

图 5–42　地面质感对比图

这里所采集的地面素材，从结构上可以看到水泥的纹理，但在画面中要将环境处理成低调且模拟夜晚的效果，仅从结构上去辨识，会显得十分微弱。并且地面处于整个构图的前景，在展示过程中处于画面下方，会被观众最先看到，所以纹理的表现一定要足够清晰（图 5–43）。

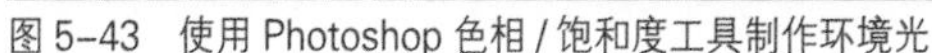

图 5–43　使用 Photoshop 色相 / 饱和度工具制作环境光

地面质感的制作分为三个步骤。首先是环境光线的制作，完成后可以看到地面纹理感不够强烈，有些地方由于制作较暗的光线效果而失去了纹理感。这就要通过后期制作恢复地面质感，同时根据画面效果做一些增强处理。因此，这需要在画面上制作高光和阴影效果（图 5–44）。

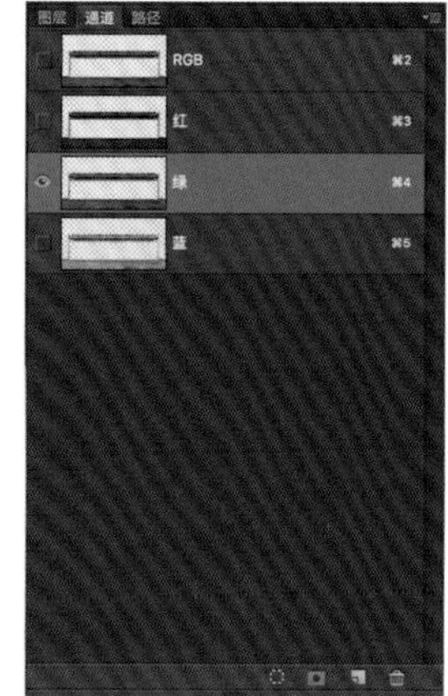

图 5–44　Photoshop 软件—从通道中选择一个图层

首先制作高光，先转换到通道图层。选择通道时要注意，因高光部分占据画面的比重非常小，大约处于 10%—15% 的范围，所以要寻找反差最大且白色范围最小的通道。观察后选择绿色通道（图 5–45）。

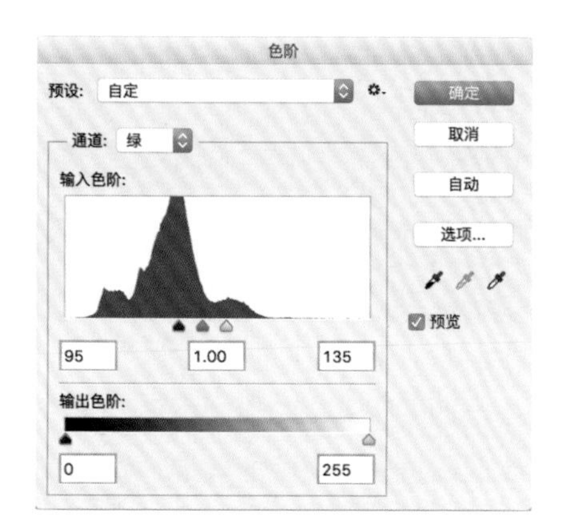

图 5–45　Photoshop 软件—使用色阶工具调整蒙版

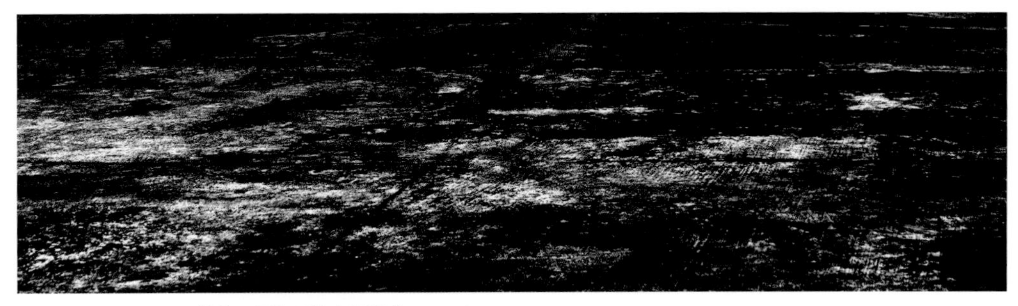

图 5-46　Photoshop 软件—调整后的素材样式

复制绿色通道图层，但是不能直接使用，因为对于高光来说，范围还是太大了，通道的过渡也过于柔和，是无法在画面中形成高光效果的。调整效果可能类似于对地面亮度的增加，所以需要使用色阶工具进行调整。调整目标是增加黑色区域和缩小白色区域（即高光区域），并形成强烈的色调分离画面效果，这样的通道图层才能保证制作的高光具有较小范围且足够准确（图 5-46）。

图 5-47　Photoshop 软件—加载曲线工具到蒙版

将这个通道图层形成选区（Command+ 鼠标左键），回到图层选框，添加一个带有蒙版的曲线工具，并调整曲线工具，增加亮度。这时的蒙版仍然是可以再次调整的，调整方法是使用色阶工具，调整目的在于控制高光的区域范围（图 5-47）。在这里，直接调整会比较直观地看到调整后的画面效果。需要注意高光区域的边缘，如果过于生硬，可以对蒙版的羽化值做相应的微调（图 5-48）。

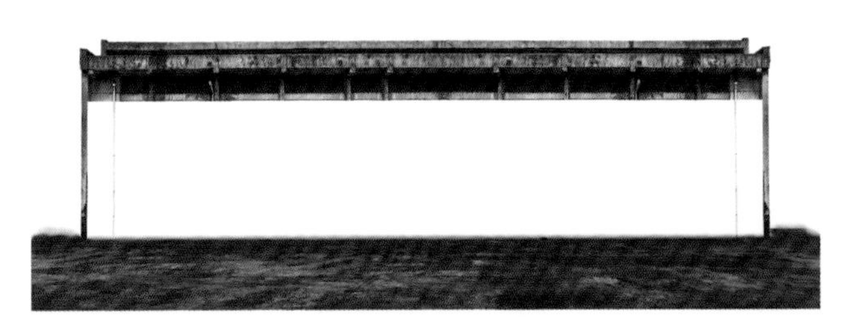

图 5-48　Photoshop 软件—从通道中选择合适的蒙版

接下来制作阴影。制作流程与制作高光十分相似，只是在通道图层的选择上略有不同，需要适当转换一下方式。在此前，使用蒙版都是调整后可以直接使用，这对制作高光是有效的，因为制作高光是基于画面中的亮区，而亮区在蒙版中的反应也是亮色调，这也同样符合蒙版工具的使用特性，即白色部分为执行区域，黑色部分为遮蔽区域（图5-49）。

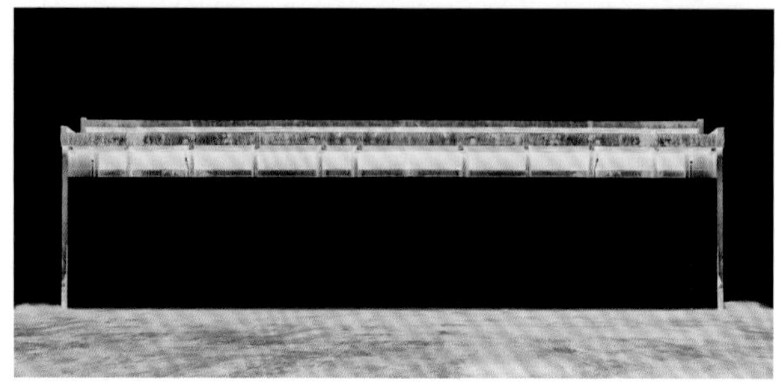

图 5-49　Photoshop 软件—制作后的蒙版

但制作阴影时就无法直接使用了，因为阴影在通道图层中一直都处于遮蔽区域的黑色，而这正是需要调整的部分。在图层选择上，需要选择高光和灰色较多而黑色较少的通道图层。如果一时无法直接转换，可以将三个通道图层都进行复制，并且对其进行反像处理，这样做虽麻烦，却直观一些。这一办法在对蒙版不熟悉的情况下可以使用，但最好还是提高自己直接观看的能力，因为在许多文件量较大的制作中，反像处理需要占用大量的时间，影响工作效率。

选择红色通道，使用色阶工具进行调整，完成调整后将其形成选区，添加带有蒙版的曲线工具，完成后对蒙版进行反像处理，就可以进行曲线调整（图 5-50）。这一步骤与制作高光的方法基本一致，包括对蒙版区域范围的再调整以及对边缘的微调（图5-51、图 5-52）。

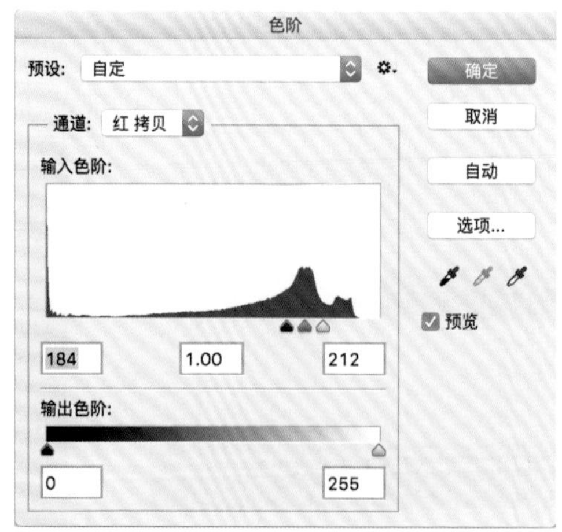

图 5-50　使用色阶工具调整蒙版的参考数值

图 5-51　Photoshop 软件—使用加载曲线工具的蒙版调整素材

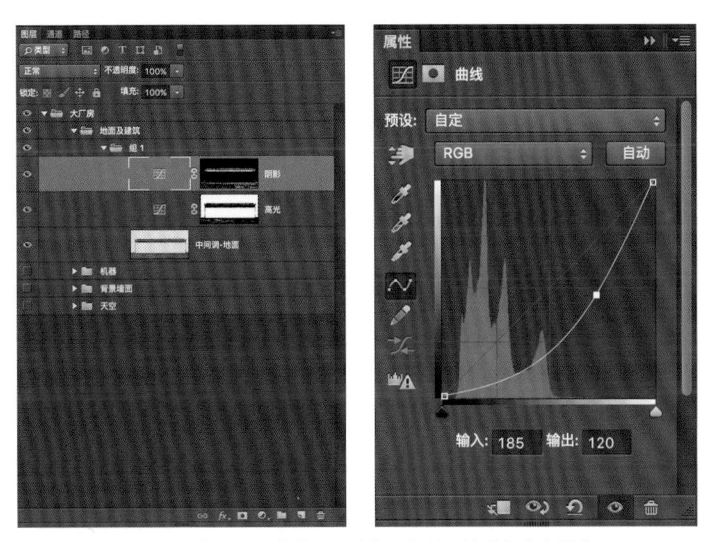

图 5-52　Photoshop 软件—用曲线工具对蒙版控制区域进行亮度调整

完成光影效果的设置后，需要对画面做一次微调，并对局部蒙版进行修正。首先，重新调整亮调（调整曲线和蒙版范围）、中间调（直接调整中间调图层）和暗调（调整曲线和蒙版范围），对比调整前后效果（图 5-53、图 5-54）。

图 5-53　调整前素材效果

图 5-54　调整后素材效果

现在需要对高光蒙版进行修正，我们可以看到高光蒙版上的白色区域，这意味着曲线调整将应用于这一部分，但这是错误的。由于其全白色的图像特点（图 5-55），这里可以使用快速选择工具或魔术棒工具，直接将白色区域形成选区并填充为黑色（图 5-56）。

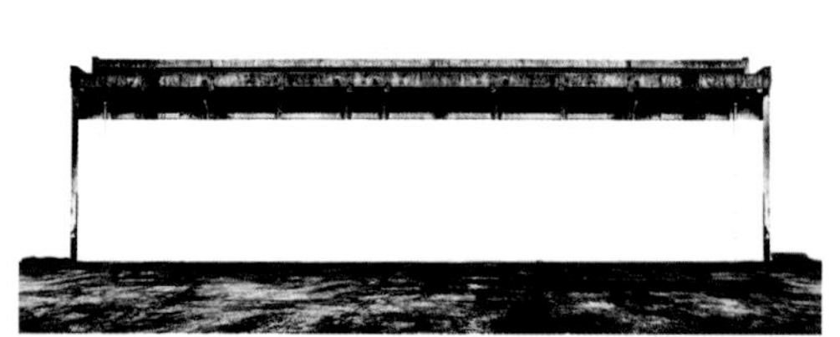

图 5-55　Photoshop 软件—调整高光错误的蒙版样式

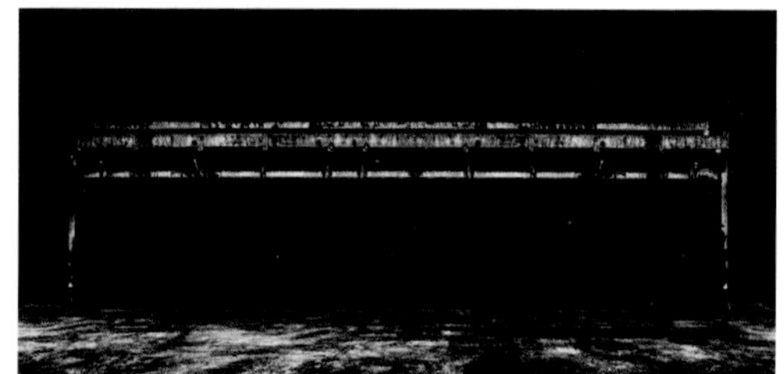

图 5-56　Photoshop 软件—经过填充用于高光调整的正确的蒙版样式

阴影蒙版也需要修正，这里使用硬度 100% 的黑色画笔工具，将建筑外墙的通风格栅部分涂抹成黑色（图 5-57）。因为这在未加深前已经达到了理想的黑度，若再加深，则会影响这一区域的细节。

图 5-57　Photoshop 软件—用于调整素材暗部细节的蒙版样式

到这里并未完成最终效果，还要考虑空间感的表现。画面中的地面有近有远，我们从结构的透视上可以看出这样的关系。如果要完美地表现这一关系，画面中就不能缺少远近空间的光影表现。遵循近处较暗、远处较亮的光影原则，我们可以使用添加一层明暗渐变的方式对空间距离加以表现（图 5-58）。

图 5-58　Photoshop 软件—用于调整地面效果的蒙版样式

新建一个图层，并使用渐变工具，在使用前需要对渐变工具做调整。打开渐变编辑器，将渐变类型中渐变色块的左侧色标调整为纯黑色，透明度为 100%；将右侧色标调整为白色，透明度为 0%，点击确定。在新建图层上绘制这一区域。绘制时按住 Shift 键，以使绘制的渐变保持平行，使过渡完全垂直（图 5-59、图 5-60）。

在绘制技巧上要注意，绘制的线条可长可短，应以线条长短确定渐变区域范围的长短。由于在图中需要绘制的区域相对较短，所以可能需要重复数次，以达到较好的效果。因为有单独的图层，可以在完成这一效果的基础上使用变形工具拉长或压缩这一空间（建议小范围操作，如果操作范围过大，可能会对中间过渡造成影响）。微调主要是操作高斯模糊（类似羽化，让暗部与亮部的衔接过渡显得更加自然）和图层透明度（以

图 5-59　Photoshop 软件—用于调整地面光影的明暗渐变图层样式

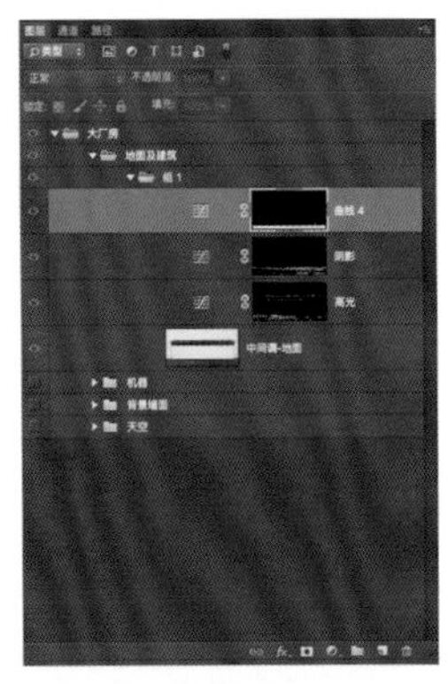

图 5-60　在图层选框中的渐变蒙版示意图

确保画面中应有的层次过渡）。

这是最终完成的制作效果对比图（图 5-61、图 5-62）。

图 5-61　调整前素材效果

图 5-62　调整后素材效果

机器光影效果的增强

通过后期处理为机器素材添加光影效果，也是为了弥补前期采集素材时缺乏光影的不足。当然，在制作过程中会使用更强烈的质感，让机器更具有体积感，也更具有金属质感。添加的方法是使用通道制作蒙版，在素材上添加高光或阴影，或同时添加高光和阴影。

在这个案例中，需要添加的是高光。首先，需要观察素材图像，先想象一下需要添加高光的区域，然后打开通道观察红（明暗反差最少）、绿（明暗反差中等）、蓝（明暗反差强烈）通道。从这个角度可以选择绿色通道或蓝色通道。这里最好选择蓝色通道，除了具有强烈反差，也有更清晰、丰富的纹理。复制蓝色通道，并使用色阶工具对其进行调整。（图 5-63 是拷贝的蓝色通道在修改前后的效果对比图以及色阶的设置）

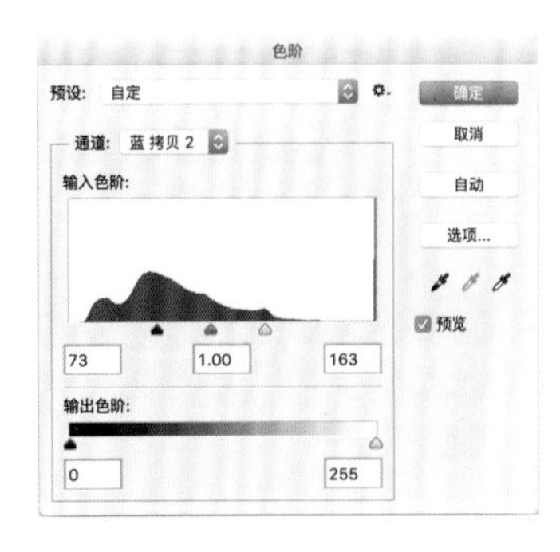

图 5-63 Photoshop 软件—机器素材

将调整过的通道形成选区（Command+ 鼠标左键），回到图层窗口，通过图层的方式添加一个带有曲线蒙版的工具，这时刚被调整的通道效果就会出现在蒙版中（图 5-64）。调整曲线工具，将图像局部变亮（图 5-65）。如果高光区域太大，可以使用色阶工具调整刚添加的蒙版，使亮区减少；如果画面效果过于锐利，可以调整一下蒙版的羽化值。

与之前的画面进行对比，可以发现机器素材的部分区域被提亮了，但同时要注意调整一下素材的饱和度。因为经过这个步骤的操作，图像的饱和度略有下降（图 5-66）。

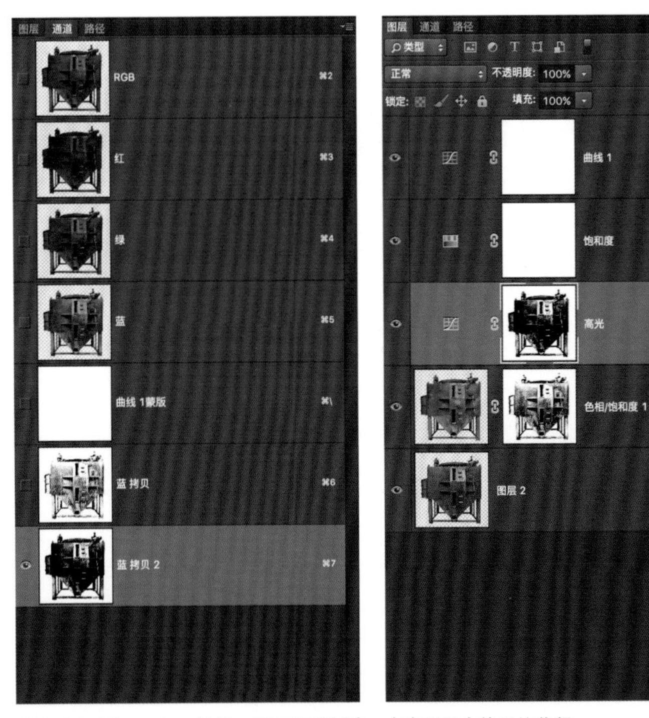

图 5-64 Photoshop 软件—使用通道创建一个在图层中使用的蒙版

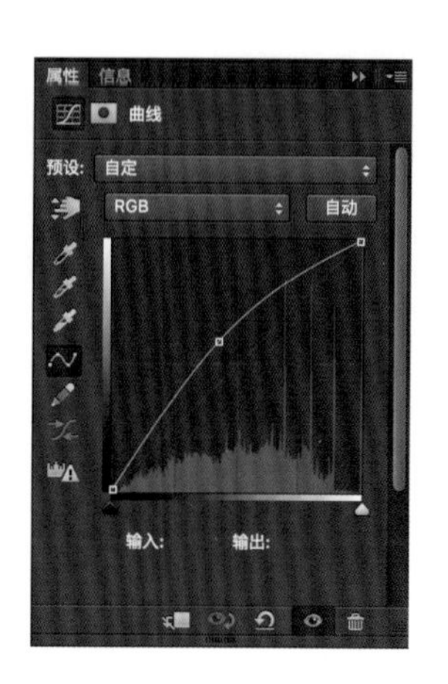

图 5-65　Photoshop 软件—使用添加蒙版的曲线工具局部调整示意图

图 5-66　机器素材的光效果完成图

墙面质感的增强

这里采集了老旧斑驳的墙面。这种质感的墙面比干净整洁的墙面更具有视觉效果，因为干净整洁的墙面即使用后期技术进行处理，也很难产生丰富的细节和质感，而且不论墙面是什么颜色，都会显得十分单调。老旧斑驳的墙面是有纹理和起伏的，这给后期制作提供了很多的可能性。在这幅作品中，墙面的固有色和环境光线的相互融合产生了丰富的颜色变化，使画面增加了更多细节。制作方法是使地面质感增强，同时增强光影效果。这需要绘制环境光，与墙面固有色融合，并增强墙面局部的光影效果。以下截取作品中的部分墙面进行讲解（图 5-67）。

图 5-67　未调整的墙面素材

这是完成拼合的原始背景墙面（图 5-68），在制作前要将背景墙面全部合并为一个图层。复制一个相同的图层（图 5-69），并使用色相 / 饱和度工具的着色功能将颜色调整成蓝色（图 5-70）。

图 5-68　调整成蓝色的墙面素材

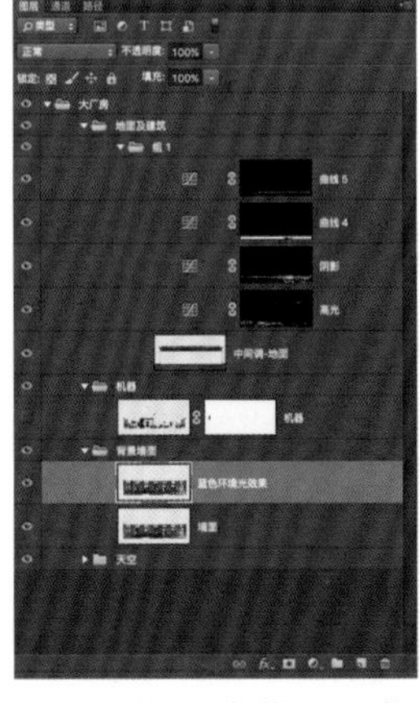

图 5-69　Photoshop 软件—加载用于调整墙面素材图层

图 5-70　Photoshop 软件—使用色相 / 饱和度调色

现在画面中没有墙面的固有色，这种蓝色效果看起来像偏色（图 5-70），因此要使用通道生成蒙版工具来混合固有色和环境色。先关闭其他所有图层，只留下固有色图层（图 5-71）。

图 5-71　固有色墙面素材

在通道图层中寻找纹理和反差强烈的一个通道图层，这里选择蓝色通道，并复制蓝色通道（图 5-72）。

R

G

B

图 5-72　通道中的墙面素材

调整图层顺序，在固有色蒙版上添加蓝色通道蒙版，并使用色阶工具进行处理，以获得如图 5-73 所示的效果。

图 5-73　固有色墙面素材处理方法

在以上图层样式的情况下回到通道图层，选择蓝色图层并进行复制，然后使用色阶工具调整成图 5-74 所示的画面。

图 5-74　混合后的墙面图层

使用画笔工具对这个蒙版画面进行调整，使用黑色画笔及 100% 的画笔硬度，将画面修整成图 5-75 所示的效果。

图 5-75　绘制后的蒙版

将处理完成的通道形成选区，在图层窗口加载带有蒙版的曲线工具，并调整亮度（图 5-76、图 5-77）。

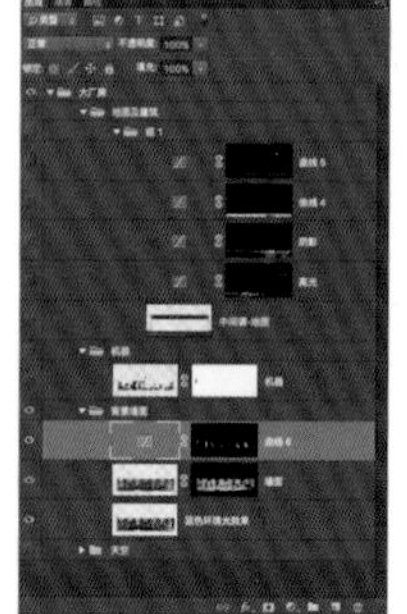

图 5-76　加载绘制后蒙版的墙面效果

对三个图层进行细微调整，以获得如图 5-78 所示的效果，并添加一个曲线工具进行调整。

图 5-77　完成调整后的墙面素材效果

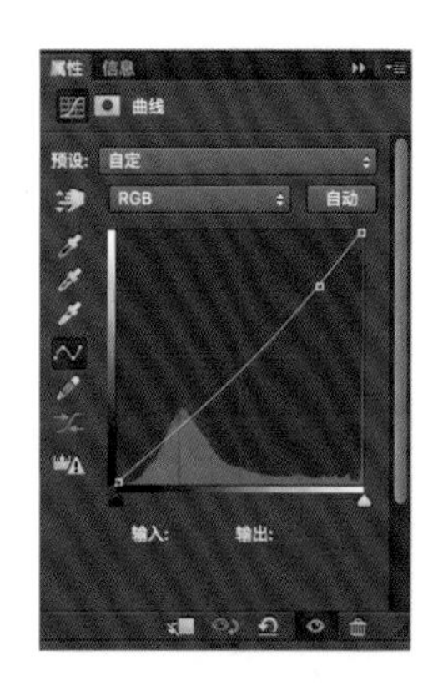

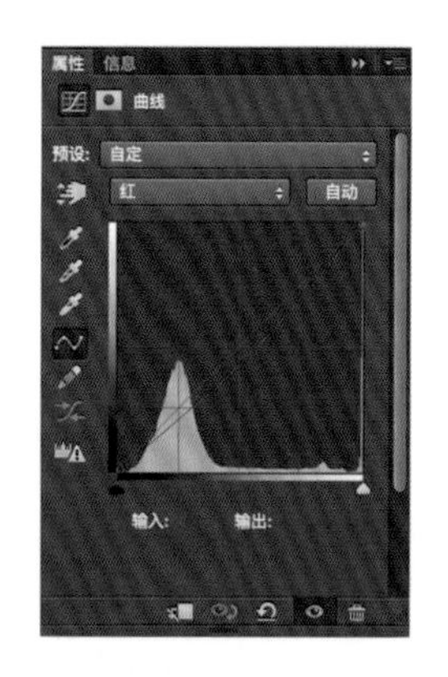

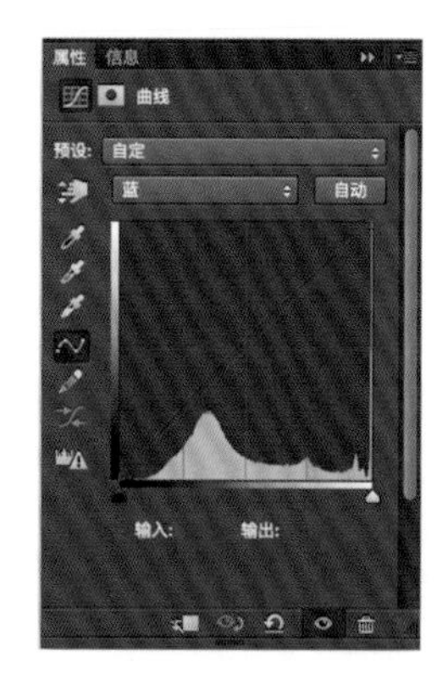

图 5-78　使用曲线微调数据参考

上述介绍的技术流程并非特效技法，但对于后期制作图像却十分重要，其概念也是通用的。技术流程中会大量使用蒙版、通道、色阶、曲线和色相 / 饱和度等工具。在制作过程中可以发现，建立一个合适的蒙版样式，是获得优质图像的关键。遗憾的是，这一样式并没有固定的数值可以直接引用，需要制作者胸有成竹、勤加练习，并经过一段时间的操作来熟练掌握。

作业题

1. 对于已采集并完成阶段性制作的素材文件，在检查细节无误的情况下，将其另存为单一图层的PSD或PSB格式文件，并对相关素材进行正确的中文命名，便于使用。
2. 将所有素材集中处理，进行完整的后期融合。

第六节 装裱注意事项

作品在打印前一定要反复确认制作效果，特别是对于这幅作品来说，因为时间成本和材料成本都非常高，如果返工，将是一个灾难。因此，创作团队会坐下来讨论方案，装裱方提供的建议也非常重要，因为装裱效果的好坏会直接影响作品的展示效果。针对这幅作品，装裱方提出了如下要求：

1. 作品在打印时不要留重合边，这对于长幅面作品尤其重要，这样装裱师就可以按照画面内容的边缘进行绷框。如果有重合边，装裱师就很难找到正确的边缘。

2. 画面四周用于绷框的画布需要作留黑处理，或后期用哑光黑色的封边胶带进行处理。因为这是一幅暗调作品，用画布装裱毕竟有一定的伸缩性，再加上 4m 多的长度，误差是难以避免的，对留边黑色进行处理可以防止在拼接上墙后露出白色线条，影响展示效果。

3. 完成打印，在装裱前，需要对画面做喷涂清漆的处理。喷墨打印的作品和印刷品不同，一旦剐蹭，便会留下痕迹，严重时会掉色，因此装裱前要对画面进行保护处理。喷涂清漆是一种方便且便宜的解决办法，在正常情况下，做一遍喷涂，就可以大大提升防剐蹭的性能，还能适当增加画面的反差和饱和度。喷涂环节要求环境相对清洁，如果灰尘太大，在喷涂过程中，灰尘也会随清漆喷到画面上，且无法清除，这些灰尘在暗调部分尤为明显。

4. 如果需要亮光效果，在按以上步骤完成装裱后，再用滚刷刷一两遍清漆。由于此时清漆用量增大，也会加剧画面的反差和饱和度，因此需要提前测试。但对于大幅面的作品来说，使用无光介质是一个较好的选择。在灯光众多的展览场地，很难保证大幅面的作品不产生局部反光，而这种局部反光会影响观看效果。

第六章 数字影像作品的输出工艺

第一节　数字图像作品输出概述

数字摄影的众多好处已经无须一一列举了，因为我们都在享受数字摄影技术带来的便捷和快感。但是，就像任何事物的出现都具有两面性一样，数字摄影在带来好处的同时，也出现了无法回避的弊端。摄影在数字化之前，摄影师一定会亲手冲洗自己拍摄的胶片，并在放大机下制作照片。现在，数字相机即拍即显的特点让大部分手持数字相机拍摄的人，完全不明白数字影像的输出工艺到底是怎么回事。对于制作纸张介质的照片，现在其实是一个非常好的时代，这源于喷墨打印科技和造纸技术的快速发展。过去使用的银盐放大相纸的类型屈指可数，而目前用于喷墨打印的纸张种类非常多，除了用于打印的仿制传统银盐相纸和各种艺术纸外，还有一系列创新型纸张，如画布、宣纸、仿古纸等。各种不同的纸张介质在输出相同的艺术作品时都会有不同的视觉感受，其视觉感染力完全超出了停留在显示器中的图像效果。相比之下，在数字时代输出影像作品，将变得更有意义。数字摄影技术也给摄影师提出了更高的要求，作为专业摄影师，应该完全了解从创作照片、修绘照片到输出介质的整个流程，并能以最佳的方式输出照片，并签名、出售给客户或交给画廊。

在这里，我们建议摄影师应该建立个人的照片输出系统。当然，摄影师也可以和社会上有专业资质的输出工作室建立长期的合作关系。但是，委托他人输出自己的作品很难获得满意的效果，多多少少都会因输出过程中出现的瑕疵而使作品呈现得不够完美。本章从作品输出的基础知识开始讲解。因此，不论你是建立个人的输出系统，还是委托输出机构输出图像，学习并掌握数字图像作品的输出技术，对你的个人创作都有很大的帮助。

第二节　参与作品的输出工作

摄影师或图像制作者想要将作品输出，一般有两个渠道：一是将文件交给输出机构输出；二是自己购买设备亲手操作并输出作品。不论选择哪种方式，亲自参与是非常重要的。图片创作和制作所经历的整个过程，作者本人比任何人都了解自己的作品。这种对图像的了解，为准确找到合适的纸张提供了必要的基础。

亲自参与作品的输出需要做一些准备工作。经常阅读有关图像输出纸张的评论是一个良好的开始，了解其他艺术家使用某种纸张的原因，并阅读某纸张品牌的官方网站对该纸张的介绍和特点描述。了解有关纸张的专业术语，以及厚度、基底材质、光泽度和使用成本等情况。在每次输出过程中要总结经验，排除一些不合适的纸张，并将那些合适的纸张记录下来，列一张清单。联系纸张销售公司，从那里获得一些纸张的样品册或样张，这对纸张的选择会有更直观的帮助。采用不同的打印纸，即使输出同一幅作品，最终的视觉感受是不一样的。一般来说，一个系列作品既可以使用同一种纸张，也可以尝试使用不同的纸张，有时也能获得不错的展示效果。但若想找到一种纸张来满足所有作品的输出，则是不可能的。

接下来的步骤是用挑选的纸张对样张进行打印，这样可以更直观地呈现该纸张对作品的输出效果。首先，可以使用缩小打印的方式输出整幅作品，因为成本较低，可以多选择几种纸张进行打样，一般考虑 A4 尺寸。如果作品幅面特别大，可以选择 A3 尺寸。并将这些印品打样放在一起比较。这个阶段要仔细判断和感受，不要急着做决定。经过筛选，在 A3 或 A4 尺寸上打印作品的局部，这时打样的尺寸应与作品最终展示的尺寸相同。局部打印时，可以通过观察小样选取需要打印的局部，从中选择画面中的阴影部分、高光部分或需要重点表现的部分。因为缩小的打样和最终大尺寸作品在对比度、色彩及细节表现方面会有一定的差异。

不要丢弃这些样张，我们可以通过打样总结自己对纸张的看法，以便在下一次输出作品时能更快找出合适的纸张。

第三节　纸质图像与数字文件的保存同样重要

以数字方式记录图像的历史至今不过短短的几十年，数字图像的长久保存依然处在探索阶段。我们对千年过往的历史很大一部分是通过记录在纸张上的信息来进行了解的。用纸张记录图像和文字的方式经历过材料的自然衰减以及战争、地质的变化等，已经是一种成熟且可以完全信任的记录方式。而数字图像文件并没有经历过长久历史的考验。试问一下，我们真的能够完全信任储存在电脑中的数字文件吗？数字图像的阅读方式是通过计算机和装载在计算机中的软件来实现的，而数字技术发展的更新迭代是非常迅速的，现在已有数字文件因电脑和软件更新而无法打开，或不能以原有的方式进行读取的实例了。目前，国家档案系统是通过数字连续性的方案来解决的，这种解决方案依靠的是一个软硬件的系统工程，并且需要不断加以更新。作为一个普通的摄影师，是无法依赖这个系统来安全地保存个人的数字文件的。个人的数字文件要做到安全可靠的存储，在未来若干年都能轻松地查阅和检索，尤其重要的是能够让你完全信任。个人的解决方案有多种，但都是经验之谈，并非统一标准，因此，也没有经历过历史的考验。但纸质图像的输出还是有一套标准规范和流程的，从这个角度来说，数字图像用纸介质呈现的方式很有必要。但数字文件的保存也同样重要，这源于喷墨打印技术的快速发展。喷墨打印技术从只能打印文字，到能打印粗糙的图像，再到目前能超越银盐冲印的图像质量。在不久的将来，喷墨打印机一定能呈现出更好的图像质量。因此，对纸质图像文件进行妥善保存，也是非常有必要的。

目前，数字图像采用纸张介质和数字文件同时保存，是一种较为妥善的保存方法。

第四节　喷墨打印技术的发展

Calcomp 推出第一台 Calcomp565 鼓式绘图仪，这是第一批进入市场销售的计算机图形输出设备之一（图 6-1）。计算机可以以 0.01 英寸的增量控制 11 英寸（280 毫米）宽的鼓的旋转，以及笔筒在鼓上的水平移动。绘图笔被弹簧压在纸卷上滚动。电磁铁可以将笔从纸上抬起。这种机制在计算机的控制下可以进行线条的绘制。多年以后，Calcomp 制造了 563 型，使用 30 英寸宽的鼓。

1981 年，惠普发布了第一款热敏喷墨打印机 2225 ThinkJet（图 6-2）。

1987 年，总部位于马萨诸塞州的 IRIS Graphics 公司生产了 IRIS Graphics 3024 喷墨打印机（图 6-3）。该设备是用于数字打样的打印机。该公司于 2000 年被 Scitex 收购。

图 6-1　Calcomp565 鼓式绘图仪

图 6-2　HP 2225 ThinkJet 热敏喷墨打印机

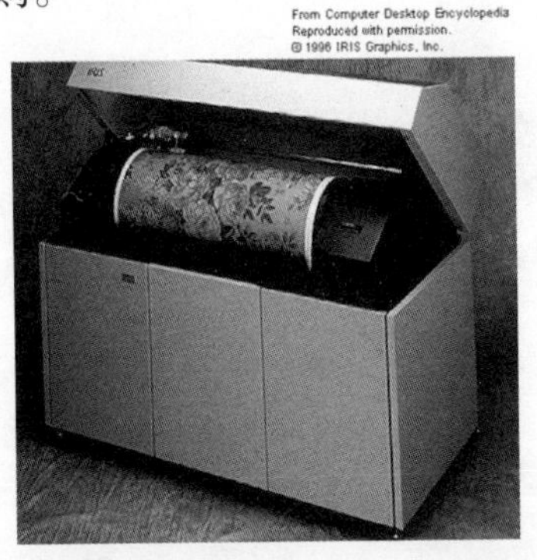

图 6-3　IRIS Graphics 3024 喷墨打印机

图 6-4 戴维·库恩

1989 年，戴维·库恩（David Coons）使用 IRIS 打印机为音乐家格雷厄姆·纳什（Graham Nash）第一次制作了艺术照片。库恩是使用计算机生成艺术品以及使用数字打印的艺术先驱（图 6-4）。在 20 世纪 80 年代，库恩还为迪士尼公司设计了专门用于配合动画制作的 IRIS 3024 打印机软件。他还编写了一些软件用于打印在桌面电脑上创作的作品。

1994 年，爱普生公司推出 Stylus Color 系列喷墨打印机，对打印机市场产生了重大影响，特别是个人打印机销量开始增长。这台打印机使用 1993 年爱普生发明的微压电打印头，提供了 1600 万种色彩组合及 720dpi 的打印分辨率，同时打印速度也大大提高，是第一款台式高保真喷墨打印机（图 6-5）。

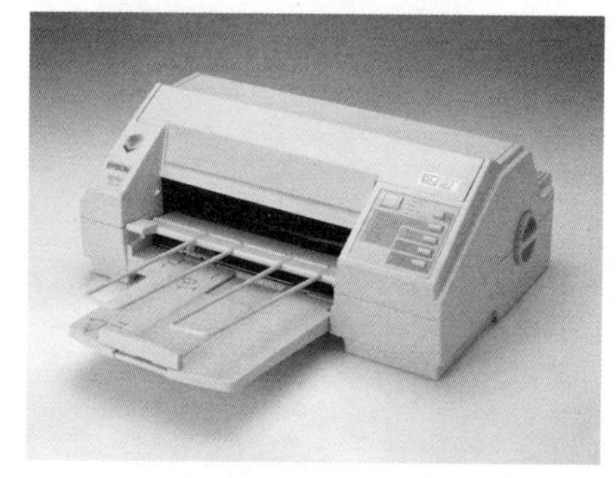

图 6-5 爱普生 Stylus Color 系列高保真喷墨打印机

Durst 公司发布了使用激光在传统彩色相纸上曝光成像的 Lambda，可以将数字文件直接输出到彩色相纸上（图 6-6）。

2000 年，乔·库恩（Jon Cone）发布 Piezography BW 系统，用于黑白打印（图 6-7）。

图 6-6 Durst 激光成像设备

图 6–7　乔・库恩和 Piezography BW 系统

爱普生推出第一款使用颜料墨水的台式喷墨打印机 Stylus Photo 2000P（图 6–8）。

图 6–8　爱普生 Stylus Photo 2000P

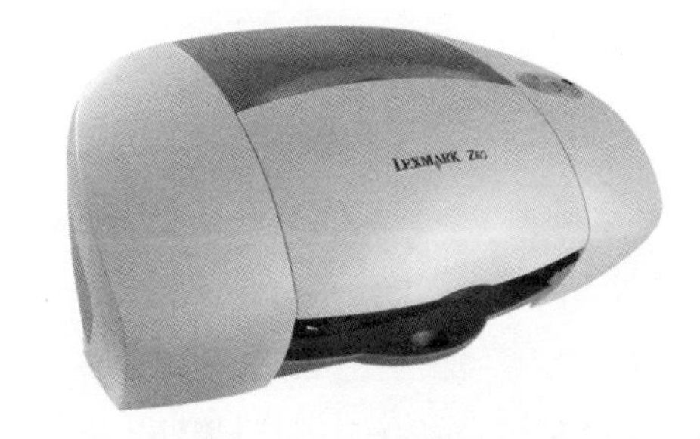

利盟推出 Z65，这是首款 4800dpi 台式喷墨打印机（图 6–9）。

图 6–9　利盟 Z65

爱普生推出 Stylus Photo 2100/2200，这是首款 7 色墨水台式喷墨打印机（图 6–10）。

图 6–10　爱普生 Stylus Photo 2100/2200

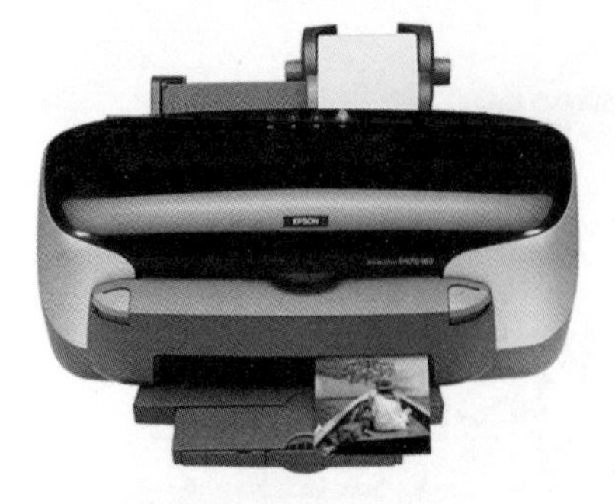

图 6-11　爱普生 Stylus Photo 960

爱普生推出 Stylus Photo 960，这是第一款使用 2 皮升墨滴的台式喷墨打印机（图 6-11）。

图 6-12　惠普 Deskjet 5550 打印机

惠普公司推出了 Deskjet 5550，这是首款可进行 4 色墨水和 6 色墨水切换的台式喷墨打印机（图 6-12）。

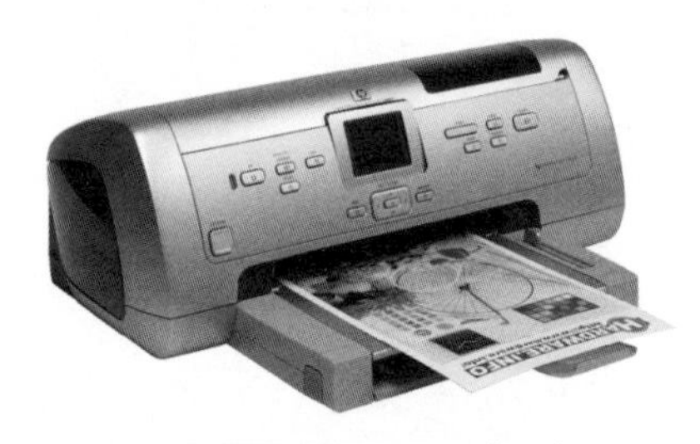

图 6-13　惠普 Photosmart 7960 打印机

2003 年，惠普推出了首款配备 3 个黑色（Photosmart 7960）的 8 色台式喷墨打印机（图 6-13）。

图 6-14　爱普生 Stylus Photo R800 打印机

2004 年，爱普生发布 Stylus Photo R800，这是一台具有 1.5 皮升墨滴，可添加红色、蓝色及光泽优化剂的台式打印机（图 6-14）。

图 6-15　佳能 i9900 照片打印机

佳能发布 i9900 照片打印机，这是一台配备了包括红色和绿色在内的 8 个墨盒的台式打印机（图 6-15）。

第五节　打印机分辨率及喷墨设备

什么是打印机的分辨率？打印机分辨率通常以点 / 英寸表示，也就是 dpi，是指在每平方英寸内喷墨点的数量。分辨率的大小是决定打印品质的重要指标之一。打印机的分辨率决定了印品的输出质量，使用高分辨率打印，可以获得更清晰的图像效果和丰富的色彩。对于照片打印，想要获得优质的图像质量，分辨率至少应在 1200dpi 以上。分辨率在喷墨打印中还与速度有着直接关系，分辨率越高，打印速度就越低（图 6–16）。

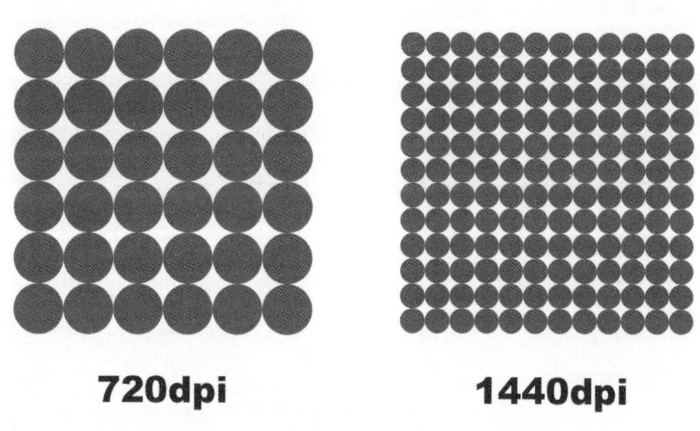

图 6–16　打印机分辨率示意图

如选择喷墨打印设备需要对打印系统作相应的评估，内容包括打印头、墨水类型及承印介质等。喷墨打印系统由几部分硬件组成，它们各自独立，又需要一个完整的系统相配合。使用什么样的墨水，也就意味着选择了哪款打印机系统和打印头技术。目前市面上的喷墨打印设备非常多，因此，选择合适的喷墨打印设备是非常重要的。有些选择了不合适喷墨打印机的用户，从开始使用就抱怨不断，不久后便弃之不用。这是因为用户在选择喷墨打印机时没有把握好关键参数。选择喷墨打印机要先考虑幅面的大小，因为这决定了能使用喷墨打印机打印的最大画幅尺寸。其次，墨水系统和墨水类型决定了喷墨打印机的使用成本。以下介绍喷墨打印机及其构成系统，将有助于用户了解喷墨打印机，以及如何选购一台可以长期使用的喷墨打印机。

桌面喷墨打印系统

桌面喷墨打印系统，一般指打印幅面在 A3 以下使用单张纸的喷墨打印机。桌面打印系统是一种小型喷墨打印的解决方案，一般分为三类，即家用类、办公类和专业影像类。通常使用这类喷墨打印机系统的以家用和办公居多，而专业影像则相对较少。主要原因为耗材的使用成本，家用喷墨系统基本上都是染料型墨水，墨水成本相对较低，幅面较小，画质要求不高。办公类基本是在家用打印设备的基础上，要求更快的打印速度。这两类喷墨打印机在使用成本上相对较低。专业影像类照片输出品质与大幅面喷墨打印系统可以达到一致的输出效果，使用颜料墨水和高分辨率打印头，在使用成本上要高于相同规格的大幅面打印机，主要原因为墨水的单位成本，而且专业影像打印所消耗的墨水量是很大的。因此，一般的桌面喷墨打印系统建议在家用和办公这两类中选择使用，而专业影像则建议选择大幅面打印机系统，相对更为经济实用。

大幅面喷墨打印系统

大幅面打印机系统一般是指打印幅面宽度大于 A3+、小于 64 英寸（最大输出幅面宽度）的喷墨打印机。这一系统涵盖了从艺术领域（照片打印、艺术品复制等）到工业领域（数码印花、户内外标志、海报、广告牌和横幅标语）的众多打印机类型。这类打印系统体积更大，在设置和使用上也相对复杂。如艺术领域经常使用的打印机一般尺寸都在 44 英寸，也有较大的，如 64 英寸。同时也配备了最先进的墨水技术和打印头技术，使用矿物质颜料，颜色数量目前最多可达 11 色，这有助于打印出优质的色饱和度和色域范围。先进的打印头也可以给打印品提供更高的打印分辨率。与桌面喷墨打印机相比，大幅面打印机的硬件成本较高，但使用成本较低，且需要定期进行设备维护。工业领域的大幅面打印机对工作环境也有相关要求。

第六节 墨水系统

墨水系统是喷墨打印机的重要组成部分，喷墨打印机能做哪些类型的打印，墨水系统起到了关键作用。墨水系统分为基础的 4 色墨水系统、5 色墨水系统、6 色墨水系统、8 色墨水系统、11 色墨水系统和 12 色墨水系统。

4 色墨水系统

这是基于 CMYK 四色的墨水系统，这也是印刷领域和喷墨打印领域最基础的墨水系统。在喷墨打印早期，出于技术和使用成本的考虑，这类机型比较多。现在这类机型已经基本被细分到办公领域，用于打印彩色报表，以及用海报写真机打印 PP 介质的低成本海报和展板。使用 4 色墨水系统的打印机对打印速度有非常高的要求，有些设备会采用双 4 色墨水系统配合双喷头系统，打印速度可以高达每小时数百平方米。当然，类似设备对打印质量是没有太高要求的，也不可能承担专业照片的打印。

5 色墨水系统

这是工程绘图仪领域的标准配置，依然使用 CMYK 四色墨水系统，但为了应付同时打印光泽类纸张和无光泽类纸张的需求，它额外增加了一个黑色——粗面黑，这样就比 4 色墨水系统能打印更多种类的介质。打印速度快、打印品质稳定、成本较低，是这类设备的特点。也有双 5 色墨水系统的设置，这类机器一般都属于生产型大幅面喷墨打印机。

6 色墨水系统

使用这种墨水系统的打印机有很多，而且适用范围广，使用领域包括 CAD、GIS 和平面设计类打印等。但对于照片的打印，只能满足家用级别的打印效果，无法满足专业影像的需求。6 色墨水系统的构成也有几种不同的模式，如 CMYK+LC（淡青色）+LM（淡品红色）。添加两个淡色墨水是为了使打印片具有更好的渐变过渡，以及在打印的淡色区域有更好的层次和细节。而 CMYK+MK（粗面黑）+LK（淡黑色）模式，可以打印两种类型的介质。LK 可以为 CMYK 四种颜色提供良好的色彩过渡，能够很好地打印出需要表现线条复杂、色彩鲜艳细腻的 CAD 和 GIS 色彩，并可以更好地提高还原度。

8 色墨水系统

这是专业影像领域打印的基础方案，采用此墨水系统的打印机可以称为专业照片打印机。墨水系统采用 CMYK+LC（淡青）+LM（淡品红）+LK（淡黑）+LLK（淡淡黑），这是较为传统的 8 色墨水配置方案，能够打印出具有非常细腻过渡的彩色和黑白照片，但色域范围会因基于 CMYK 而受到限制，并且没有预留 MK（粗面黑）的墨水通道，不能兼顾打印光泽纸张和无光泽美术纸张。如果需要兼顾打印，就需要使用工程方式做墨水更换，非常麻烦。如果一定要使用这种系统来打印专业影像，最好购置两台同样的打印机，分别安装两种黑色墨水。

CMYK+MK（粗面黑）+R（红色）+O（橘红）+GN（光亮剂）是一种全新设计，是近两年才开始使用的墨水系统。具有标志性的墨水系统中带有 GN（亮光剂），这是一种全透明墨水，可以填平因颜料墨水和纸张涂布引起的表面起伏，降低打印作品的烫金效果和反光。同时可以起到保护影像作品的作用，增加其耐磨性和防水性。

11 色墨水系统

这是专业影像打印的最佳墨水系统之一，这类墨水系统采用 CMYK+MK（粗面黑）+LK（淡黑）+LLK（淡淡黑）+LC（淡青）+LM（淡品红色）+O（橘红）+Green（绿色），是在色域表现和层次过渡上表现最为平衡的方案之一。

12 色墨水系统

这是专业影像打印的最佳墨水系统之一，墨水系统采用 MYK+R（红色）+G（绿色）+B（蓝）+MK（粗面黑）+LK（淡黑）+LLK（淡淡黑）+LC（淡青）+LM（淡品红）+GN（亮光剂），并在墨水系统中添加了 RGB 三原色，最大程度地扩展了墨水在纸张上的色域范围，使画面的层次过渡更加细腻，可以最大程度地还原 RGB 模式下图像的色彩和层次过渡。与其配合的打印机系统能够打印目前喷墨打印最高的打印分辨率，唯一的缺点是成本较高和打印速度较慢。这些特点和缺点与 11 色墨水系统基本相同。

溶剂墨水

这是一种通过挥发完成干燥的墨水，是常见的低沸点溶剂墨水，可以在大部分承印材料上完成挥发和干燥。对于溶剂型墨水来说，其主要成分是可挥发溶剂，即 VOC。一般来说，这是一种对人体有害的物质，并且容易对环境造成污染。严格来说，不可以在室内使用。现在有着环保认证的全新弱溶剂墨水配方去除了墨水中所含的有害化学物质，减少了对人体的伤害及环境的污染，使其可以在更多场合使用。使用溶剂墨水的喷墨打印机主要用于广告行业，特点是幅面大、打印速度快，但打印分辨率不高。近年来，溶剂墨水开发了金属色和白色墨水，使更多的打印创意得以实现。

UV 固化墨水

UV 墨水的主要成分是预聚物、火星稀释剂和色料。墨水中含有光引发剂，必须通过 UV 光照射来完成固化。在固化过程中，墨水就完全干燥了。固化后的墨水呈现出光泽效果。因 UV 固化墨水所具有的特性，它可以在很多材料上进行打印，如纸张、皮革、塑料、木材、金属、玻璃（需要配合白色墨水共同使用）等。其特点是快干燥、承印材料广泛、承印材料成本低、高光泽度、无须印后做上光处理，并且在绝大多数材质上能够呈现出与墨水一致的色彩。

染料墨水

染料墨水是一种全溶解的分子级墨水，直径大约 1—2 纳米。当墨水与基底接触后直接被吸收，在普通纸张上具有更好的色彩表现力和色彩还原能力。成本低是这种墨水的特点，但由于墨水着色剂是水溶性的，使用这种墨水的打印品非常容易被水破坏。在恶劣环境下，分子的分解会造成褪色现象。染料墨水使用成本低，是许多家用打印机的首选（第三方改装连续供应墨水）。需要注意的是，有些黑色的染料墨水使用强致癌成分联苯胺（一类致癌物）作为染料合成的中间体，这种强致癌物在人体的潜伏期最长可达 20 年。在确定使用染料墨水时，一定要对此多加了解。如果出于成本考虑一定要使用染料墨水，那么可以使用黑色颜料墨水，并选择使用染料彩色墨水，也是一个较好的搭配。

颜料墨水

相比染料墨水，颜料墨水的分子直径就要大很多。颜料墨水中的色料是将固体颜料研磨成细小的颗粒，当然，即使研磨的颗粒再小，这些颗粒总会重新团聚在一起。所以，需要通过悬浮分散液防止这些颗粒物塌陷。对颜料颗粒的研磨一般分为微米和纳米两种级别，这由使用的喷头型号所决定。我们常用的日本生产的打印机，其配备的喷头一般都使用纳米级墨水，如果使用微米级墨水，就会造成喷头堵塞。

这种墨水是制作摄影艺术品和艺术品复制的一个理想选择，除了具有最长保存年限的特点，新型的颜料墨水会在每个墨滴外添加一层树脂，以提高打印品的耐磨性，并减少烫金效果。颜料墨水使用成本相对较高。

乳胶墨水

这种墨水使用水机分散聚合颜料，是由惠普公司开发并用于其 Latex 机型。墨水中使用的是非天然乳胶，而且是使用化学方式合成的，这种墨水的解决方案主要面向没有涂层的低成本柔性介质。乳胶墨水通过打印机内部的加热装置，蒸发其墨水连结料，从而让乳胶颗粒在印品表面形成持久耐用的薄膜。乳胶墨水的性能基本与溶剂墨水的性能相同，可以防剐蹭、防水、不沾污渍，并且更环保，可在室内使用。

思考题

1. 喷墨打印机发展至今，有哪些硬件配置与高品质影像输出的重要指标?
2. 根据各种墨水系统的不同特点，模拟选择一款合适的喷墨打印机。

第七节　打印介质

目前，对于数字图像的纸介质输出的最佳方式是使用照片级专业喷墨打印机来加以呈现。在喷墨输出技术的发展中也包含了喷墨纸张科技的进步，纸张介质可谓多种多样。

喷墨打印介质的特性及构成

喷墨打印使用的大多是水性墨水，所以并非所有的纸张都可用于影像的呈现。一般需要使用特殊处理过的纸张，才能够打印出正确的图像，而这种特殊处理就是涂层。没有涂层的纸张，即是常见的普通纸张，专业上称为多孔基底，当墨水喷射到这种纸张上的时候，就会渗入纸张，并一直渗透到纸张的反面。这会产生一个现象，被喷射到纸张上的墨水会因为这种渗透而变形，产生“羽化”效果。这一现象带来了三个问题：一是图像无法得到清晰的表现；二是墨水的饱和度下降；三是用于表现画面结构的黑色墨水会因“羽化”效果而降低其光学密度。所谓涂层，是在纸张表面涂覆特定的薄层，以确保实现高品质打印。涂层的涂膜方式目前较为常用的有以下两种。

多孔纳米涂层工艺

依尔福（ILFORD）照片喷墨打印纸目前使用这种涂层技术，涂层中包含非常细小的多孔颗粒，这些颗粒具有相当强的吸附力，能瞬间吸收喷射的墨滴，并将其瞬间干燥。同时能够消除上文所述的不良效果，而这种微孔涂层还具有高防水性以及能兼容颜料和染料型墨水的特质。

溶胀涂层工艺

这种涂层使用一种特殊的聚合物和高容量溶胀的树脂，并以 20 微米左右的厚度涂在纸张的表面。当涂层接受到墨水时会迅速溶胀，固定墨水。这种涂层表面非常光滑，墨水溶胀后会被覆盖在聚合物涂层之下，使墨水与空气隔绝。缺点是由于墨水进入聚合物中，其干燥速率是较低的“慢干燥”。当然，不论使用哪种工艺的涂布，在涂布前都要先对纸张做防水处理。

喷墨打印纸的基本分类

喷墨打印纸近年来发展迅速，推出了多种打印纸。从级别上可以分为两类：非收藏级喷墨打印纸和收藏级喷墨打印纸。纸张的级别基本决定了喷墨打印艺术品可以保存的最长年限，以及墨水在纸张上是否会变色。

非收藏级喷墨打印纸

纸张的生产商一般不会对这类纸张所打印的影像做出保存时间的承诺，其主要原因是基底材料可能含有木质素，以及为了增加纸张的白度而用了荧光增白剂或其他含有破坏基底的化学物质。对于打印专业影像而言，这类纸张是可以使用的价格便宜的纸张。一些考虑到成本或短期展览并对品质有相应要求的，可以在这类纸张中挑选。

光泽类纸张和半光绒面纸

一般情况下，会将这两种纸张分在一个类别中，因为它们具有相似的特性，而且在影像类产品中性价比最高，特别适合在常规影像展览中使用。近年来，光泽相片纸在专业影像领域中使用得越来越少，而半光绒面相纸则用得越来越多。

粗面美术纸

这种纸较多被用在民用相册以及对价格较敏感的输出业务中。这类纸张也有纹理，但纹理通常较为机械和重复。打印品的表面会因为受到轻微摩擦而掉色。这类纸张基本不会采用无酸纸基的解决方案，所以长时间摆放后可能会变黄。短期展览和海报是这类纸张的较好选择。

收藏级喷墨打印纸

所有的纸张都会经历一个老化过程，从而导致印品在价值和性能上造成损失。通过使用合适的原材料和添加剂，纸张可实现较长的保存年限。这类纸张除了具有保存年限长的优势外，纸张品种也是最多的，在影像呈现上也非常合适，只是售价要高许多。如果你的作品打算出售、拍卖或被博物馆等机构收藏，那么建议你一定要在收藏级喷墨打印纸中寻找合适的品种。当然，纸张的价格并非只体现在保存年限上，收藏级喷墨打印纸是艺术作品呈现和收藏的必然选择。

亮光纸张

硫化钡是这类纸张的重要组成成分，一般使用 100% 纯棉作为纸基，并涂布硫化钡涂层。这种纸具有超高的细节解析度和宽广的色域范围。在色阶过渡的表现上非常细腻。在制作黑白照片时，如果希望作品具有传统暗房中纸基相纸的感觉，这是一个很好的选择。在彩色影像的表现上，可以达到很高的色彩浓度，并在视觉上保持一种沉稳感。硫化钡的涂层还为画面增添了独特的光泽感，这和展览级的光面相纸和绒面相纸是完全不同的。

无光泽美术纸

纯棉无酸、不含木质素，是这类纸张的基本特点。与其他类型纸张不同的是，这类纸张的白度显得非常温和、自然。这类纸张一般分为平滑面和纹理面两种，带有纹理的纸张较多使用传统的圆网抄纸工艺制作，视觉感受上非常接近手工纸的感觉。这类纸张除了可以打印照片，还可以用于艺术品（如水彩画等）复制。平滑纹理纸张也具有一定的纹理，只是较为柔和、平滑。

大多数喷墨打印机使用的是摩擦走纸的方式，这种走纸方式会对纸张产生相当大的压力，在不打印时一定要从压纸轮中取出打印纸，以免因长时间受压纸轮挤压，在纸张上留下明显的压痕而影响使用。

其他基底

除了纸基打印纸，其他基底的喷墨打印材料还有油画布、打印胶片和正喷灯箱片等。这些材料丰富了喷墨打印的市场。

油画布

油画布主要使用棉质或聚乙烯棉质基底制成。打印油画布表面结构与绘画油画布基本相似，有亮光和哑光两种涂层结构，类似于天然麻面质感的表面，看起来粗糙，但并不会影响喷墨打印的精度。油画布可以用于油画艺术品的复制，也可以用于各类影像作品的输出，特别是针对高精度、超大幅面作品的输出，具有很大的优势。较高品质的油画布不含有荧光增白剂（OBA），能够满足博物馆收藏的需求。

打印胶片

喷墨打印的胶片主要用于中间底片的制作，用于铂 / 钯等古典工艺的制作。

正喷灯箱片

灯箱片可以分为广告级和展览级两种类型，主要区别在于两者能够承载的打印精度。广告正喷灯箱片主要用于短期且大幅面的街边广告展示，展览周期较短、数量大、成本低是其特点。这种材料往往由于颗粒粗、色域有限等因素无法展现足够的打印精度。展览级灯箱片具有类似绒面相纸的打印质量，非常适合专业影像作品的打印，这为影像作品提供了更宽泛的展示方式。

思考题

了解打印纸张的种类，并阅读各类纸张的特性文件（https://www.hahnemuehle.com/cn/digital-fineart.html、http://www.ilford-china.com、https://www.innovaart.com）。

打印机校准和配置文件打印

为了追求更好的打印精度和效果，打印设备在使用前需要做一系列的校准工作，千万不要省略其中任何一个步骤。虽然喷墨打印机在出厂前都经过严格的校准和质量检查，但在使用过程中仍需要校准。这并不是说打印机有质量问题，因为使用不同的纸张，就需要有针对性的打印头。检查打印头也十分重要，打印喷头是否堵塞，往往受到纸张、环境和墨水保质期等因素的影响。

校准打印机

打印头的校准

结合使用的纸张对打印头进行校准，不同的纸张具有不同的厚度。首先需要设置打印头的高度，对于特别厚的纸张，需要将打印头的间距提高，过低的间距会使纸张和喷头相互剐蹭，让打印作品留下墨迹，严重的会损坏喷头。从理论上讲，打印时，打印头距离打印纸张越近越好，墨滴落在纸张上的位置会更加准确。用未经校准的打印头打印出来的作品，可能在画面细节上会有所损失。

打印头的检查与清洁

使用颜料墨水的喷墨打印机需要定期检查和清洁打印机喷头，微压电打印头的墨水堵塞问题会更频繁一些。对于使用微压电打印头的打印机，如果不是每天都有打印任务，最好每天都打印一张喷头测试页，在有打印任务前，也要进行一次喷头测试页的打印。如有堵塞，就要进行清洁。使用热发泡喷头的打印机，在这方面的维护就相对简单一些，出现堵塞的概率要小很多。在做配置文件前，这些步骤非常重要，因为堵塞的喷头会误导校准，提供错误的颜色数据，造成校准失败。

使用通用的 ICC 配置文件进行打印

这是快速实现色彩管理打印的方法，如哈内姆勒的喷墨打印纸为绝大多数打印机提供了用于打印的纸张 ICC 配置文件。这可以给喷墨打印的新手与没有色彩管理相关知识和设备的人员提供一个便捷的使用色彩管理的途径。当然，缺点并非没有。首先，你的打印机里安装的必须是原装墨水，每台喷墨打印机会因纸张批次、墨水批次的不同，可能会产生一些差异。其次，如果打印机使用年限较长，色彩差异可能会有所增加。但相比没有色彩管理的打印，基于通用 ICC 配置文件的打印还是比较准确的。

哈内姆勒：https://www.hahnemuehle.com/cn/digital-fineart/icc-profile/download-center.html

依尔福：http://www.ilford-china.com/support.asp?action=i

INNOVA：https://www.innovaart.com/icc-profiles-1/

打印文件的规格及规范

作品打印需要耗费时间和成本，使用规范的文件有利于在输出环节避免出现传递性错误，否则会造成时间和资源的浪费。

多图像拼版打印输出工作流程

接触过照片打印的用户都知道，打印照片一般有两种规格的纸张：一种是平装纸，这种纸张一般按国际标准裁切，并以一定的数量包装起来，以盒为单位售卖（表 6–1）；另一种是卷装纸（表 6–2），这种纸张有不同的宽度尺寸，用户可以根据打印机的幅宽或所打印作品的幅面选择购买。相纸类纸张长度一般在 30 米左右，而较厚的艺术纸张一般在 12—15 米。也有为特殊打印作业定做的纸张，长度可长达几十米甚至一百米。

表 6–1　平装纸规格

规格	尺寸大小	购买情况
A4	210mm × 297mm	较容易购买的尺寸
A3	297mm × 420mm	
A3+	329mm × 483mm	
A2	420mm × 594mm	需要提前预订，备货量少
A1	594mm × 841mm	极少数纸张有 A1 尺寸

表 6–2　卷装纸规格

规格	尺寸大小	购买情况
17 英寸	431mm × 30m（相片纸）或 12m、15m（艺术纸）	可能会有订货周期
24 英寸	610mm × 30m（相片纸）或 12m、15m（艺术纸）	可能会有订货周期
44 英寸	1118mm × 30m（相片纸）或 12m、15m（艺术纸）	容易购买
64 英寸	1500mm × 30m（相片纸）或 12m、15m（艺术纸）	可能会有订货周期

这两种规格的纸张各有特点，平装纸非常平整，即使不装裱，也具有较好的视觉效果，足够的平整度也让装裱变得非常容易。卷装纸在这一点上比较欠缺。造成卷装纸无法短时间展平的原因，一是由于纸张长时间处于卷装状态，二是纸张两面因质地不同、吸收湿度程度不同而卷曲。用户可能需要配备一个专门用于翻卷纸张的机器，这会快速有效地减轻因纸张卷曲所带来的麻烦。但是，对于需要打印输出大量照片的用户来说，卷装纸是

一个很好的选择。卷装纸在打印输出过程中可以不间断地工作。而平装纸则要在一张作品打印完后再次装纸，打印机还要为此做一番准备工作，这会浪费很多时间，也不可能做到无人值守地输出打印。所以，如果从事的是类似生产的工作，最好选择卷装纸。

从供应商的备货角度来说，卷装纸可供选择的介质种类更多，单张纸由于尺寸多样，备货量相对较少，有时也很难及时购买到合适的尺寸。因此，如果选择平装纸，则需要预留更充裕的时间去向供应商备货。有时候，平装纸的价格会略高于卷装纸。

当用户选择了卷装纸作为打印输出的介质时，接着需要解决照片的拼版问题。特别是遇到大作业量时，一次作业常常需要输出上百张尺寸不同、分辨率各异的图像。如何快速拼版，是用户需要考虑的问题。经过多次试验，建议选择用 Adobe Indesign 作为照片拼版的软件，因高质量照片打印的文件尺寸都相对较大，Adobe Indesign 使用链接图片文件拼版，在同一个版面上可以放置大量照片，并可以按位置快速排版。

使用 Adobe Indesign 软件拼版时不用像 Photoshop 那样需要统一分辨率才能获得准确的尺寸，它只需要识别图像的尺寸，因为在遇到多图像拼版时，不可能每张图像的分辨率都是一致的。

在使用 Adobe Indesign 拼版前先对软件使用环境进行正确设置

在使用 Adobe Indesign 拼版前先对软件使用环境进行正确设置（图 6–17）。白点：无此功能。黑点：包含此项功能。

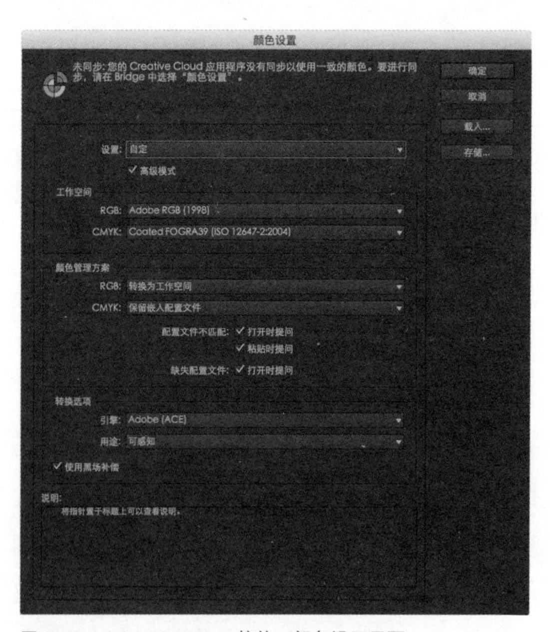

图 6–17　Adobe Indesign 软件—颜色设置界面

正确设置“新建文档”

虽然使用卷装纸拼版打印没有长度限制，但是不建议一次把版拼得太长。因为拼版打印是需要裁切的，若单张拼版尺寸过大，裁切时容易损伤画面，所以建议“单排拼版”。先计算打印品的宽度，再选择宽度合适的卷装纸，如需要打印 10inch 照片，那么可以选择 44inch 的卷装纸，这样单排可以排 4 张照片（图 6-18）。

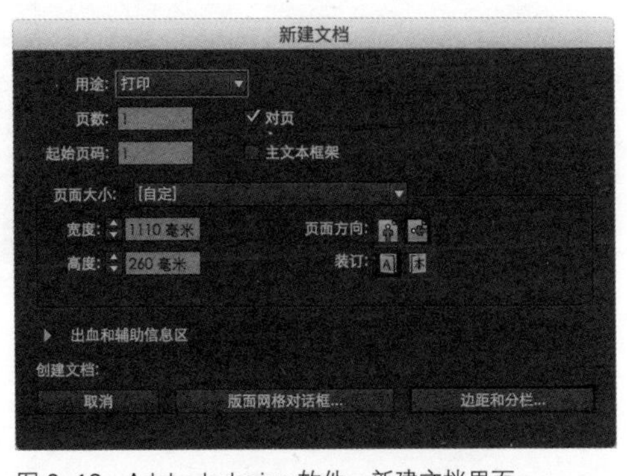

图 6-18　Adobe Indesign 软件—新建文档界面

页面　确定页面数量的方法是“图片总数 / 单排图片数量 = 页面数量”，也可以不进行计算，在后期编辑页面中添加。

宽度　设备要比安装的实际纸张尺寸减小至少 10mm，作为纸张宽度的数值，如要安装 1118mm（44inch）的卷装纸张，那么应该设置为 1108mm，甚至可以设置得再小一些，如 1100mm。

高度　按照片的实际打印高度至少再增加 10mm，如照片高度为 400mm，那么应该设置为 410mm。

提示　不按原稿设置的原因是大幅面打印机通常无法准确做到无边距打印，位置偏差会使墨水喷墨到纸张边缘，而纸张边缘由于没有涂层，会造成墨水堆积，从而造成打印作品被污染。因此，不建议进行无边距打印。

导入图片文件

Indesign 是拼版软件，所以不可以直接将图片在文档中打开，在新建文档的基础上打开“置入（Mac：Command+D / PC：Ctrl+D）”，置入可以批量选取的图片，并合理地将图片分布在页面上。

图片的排列

将图片导入页面以后，需要将图片对齐，以便于之后的裁切。Indesign 中提供了“对齐选区”工具栏，这组工具特别适合单排数量较多的图片拼版工作。我们可以看到，图片在置入之后排列是不整齐的，如果按照这样排版，打印出来不便于裁切，也会浪费纸张。但是，手动对齐又非常麻烦。因此，可以用红框中的自动工具对图片自动对齐排列。

图 6–19　使用 Adobe Indesign 软件拼版示意图

操作步骤

1. 全选导入需要排列的图片（图 6–19），同时确保最左边和最右边两张照片是处于正确的位置上，因为这两张照片起到定位作用。只要考虑左边照片与左边框的距离以及右边照片与右边框的距离，不用考虑照片的高低问题（图 6–20）。

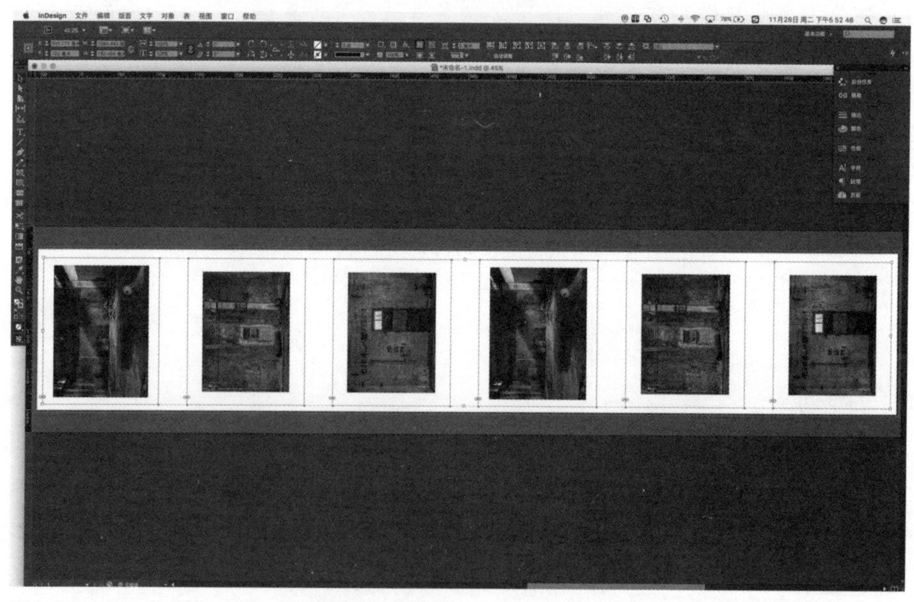

图 6–20　Adobe Indesign 软件—正确排列左右两张照片

2. 选择点击右下方框（软件为红框）中的“水平居中分布”按钮，再点击左下方框（软件为红框）中的“垂直居中对齐”按钮（图 6–21）。

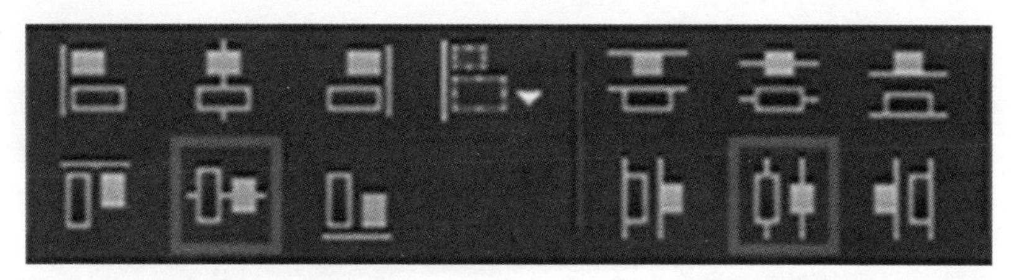

图 6–21　Adobe Indesign 软件—排版对齐工具

3. 在全选的定框下稍微调整一下整体在拼版中的尺寸，完成图片排列工作（图 6–22）。

图 6–22　Adobe Indesign 软件—正确拼版文件样式

导出文件

在完成所有编辑工作之后，需要将文件用“导出（Mac : Command+E / PC : Ctrl+E ）”方法进行导出操作。

提示　Indesign 直接保存的文件（.indd）是不能直接打印的，indd 文件只是一个保存了链接地址及预览图的文件，主要在拼版过程中使用，并没有将图片本身保存在文件中。我们从文件大小可以看到，indd 文件一般只有几个 MB 大小，因此，需要将文件以需要的格式“导出”。

选择导出格式为“Adobe PDF（打印）”，在保存之前会弹出一个“导出 Adobe PDF”选框。在这里，我们需要对图像的品质和色彩进行相应设置。最重要的是对“压缩”和“输出”进行设置（图 6–23）。

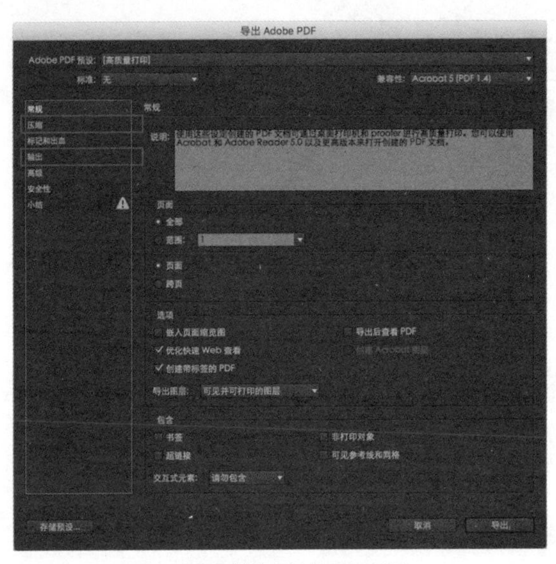

图 6–23　Adobe Indesign 软件—导出 PDF 界面

压缩　压缩方式与图像质量和文件量大小有直接关系。一般有两种设置：一种是使用预设中的“高质量打印”选项，采用这种方式压缩，可以将文件大小和图像质量做一个最好的平衡（图 6–24）；另一种是完全不压缩的方式，不对图像文件进行压缩，图像则以最佳数据量的方式进行呈现（图 6–25）。

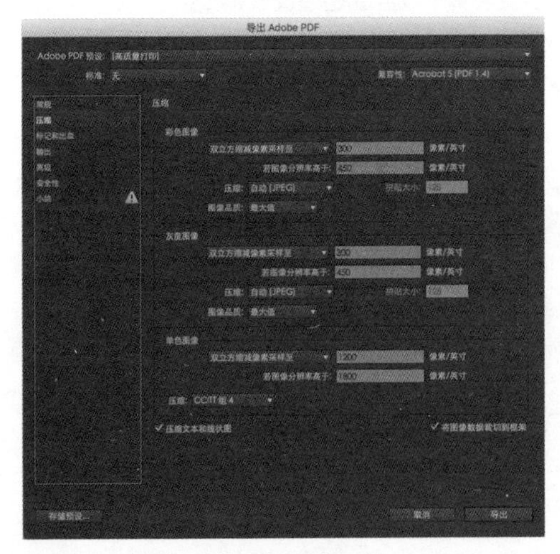

图 6–24　以压缩方式进行高质量打印

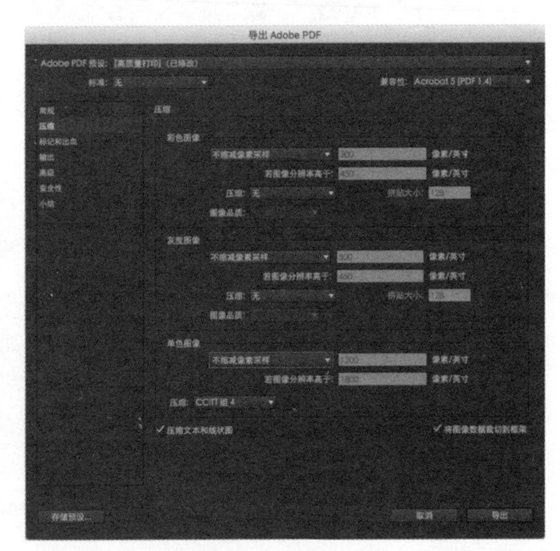

图 6–25　以无压缩方式进行高质量打印

输出 在多图像拼版过程中，由于照片来源不一，会遇到不同色彩空间的问题。因此，在输出选项中要正确设置颜色配置文件。一般会遇到两种情况，设置方法如下。

需要统一成为 Adobe RGB（1998）色彩空间的设置方法

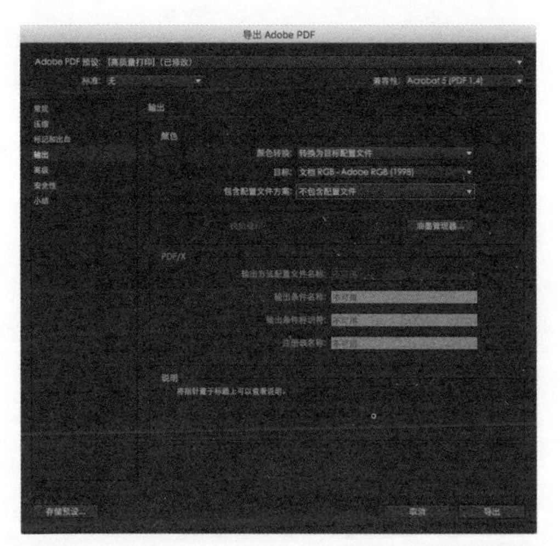

图 6-26 Adobe Indesign 软件—导出 PDF 文件的颜色设置

一种设置方式是将图像文件中所包含的任何 ICC 配置文件都去除，将其变成没有 ICC 配置文件的图像。随后将“目标”中选择的配置文件加载到拼版的图像中。如果拼版图像中没有使用 Adobe RGB（1998）这样统一的色彩空间，可能会对照片的颜色产生较大的影响，但这样可以保证照片拥有最丰富的色彩（图 6-26）。

另一种设置方式是不去除图像文件中所包含的 ICC 配置文件，而是通过计算转换的方式，将照片的色彩空间转换到 Adobe RGB（1998），如果图像文件中嵌入的是 sRGB

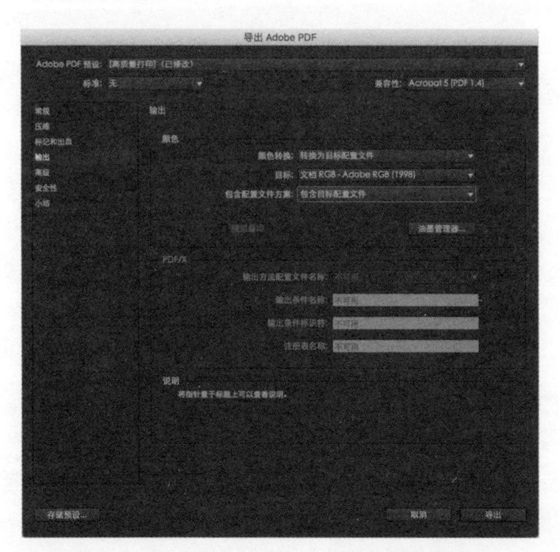

图 6-27 Adobe Indesign 软件—正确设置颜色管理

IEC 1966-2.1，通过转换，照片的颜色不会发生任何变化。但是，这样照片的颜色不会增加（图 6-27）。

点击“导出”按钮，文件开始计算，并最终保存到指定的位置，便可以使用了。

提示 喷墨打印照片的色彩模式直接使用 RGB 颜色模式，千万不要转换成 CMYK 颜色模式。

思考题

如果需要拼版的照片数量较多，应该选择单页拼版还是多页拼版?

作业题

选择30张照片，分别设置成8英寸10张、10英寸10张和16英寸10张，分别在24英寸和44英寸两种纸张上进行拼版。

第七章 高品质打印流程

第一节　　高品质打印流程

高品质打印意味着打印质量要高于一般的打印水平。想要达到高品质打印水平，需要解决一系列问题，从图像品质、处理图像的方法到打印机软硬件的选择以及纸张的匹配等，只有解决了这一系列问题，最终完成的打印品才能称得上是高质量作品。

在这里，打印软件的使用是其中一个重要环节。在基本层面上，为打印机配套的驱动程序，要能够处理光栅化图像，并能给打印机下达打印指令。打印机驱动与第三方 RIP 一样，通过指令告诉打印头何时在纸张上放置墨水，需要使用多大的喷墨点，以及如何分配各通道颜色。但驱动程序在打印控制上的作用是非常有限的。第三方 RIP 能给用户提供更多的功能和打印机控制，内置了色彩管理系统，并具有良好的工作效率和打印质量。使用第三方 RIP 有两种选择：一种是基于硬件的 RIP 打印服务器（EFI 公司的 Fiery 数字式打印服务器），另一种是安装在计算机上的 RIP 打印软件。一般情况下，购买软件安装在计算机上是一个常见的选择，用户后期还可以据此添加打印机模块和其他工作流程，但价格比较昂贵，一般用于摄影的 RIP 软件费用在 1.5 万至 2 万元之间，如果添加其他工作模块，还要另外支付费用。

RIP 打印软件与驱动程序的差异

图像文件必须经过软件将其转换成打印机能够识别的语言，告诉打印机，什么颜色的墨水应该在何时喷出，以及喷到何处。驱动程序在语言转换及打印控制的功能上作用十分有限，仅能对 sRGB 颜色模式的图像提供较好的打印效果。RIP 软件中提供了更多功能以及对打印机的诸多控制，可以提高工作效率和打印质量。

打印质量和准确性

使用 RIP 的主要原因是其打印质量要高于打印机驱动程序，这种改进会让画面表现得非常精确，色彩也更令人满意。RIP 中的一些模块可以让用户在没有预设的纸张介质上进行校准，以获得高质量打印，而且这种差别是显而易见的。

改进的打印流程及自动化

大多数 RIP 软件除了打印工具外，还包含了一些工作流程工具，如拼版工具、热文件夹（当一个文件被放置到这个文件夹中，RIP 软件可以监视这个文件，对文件夹中的文件按照预定设置进行自动处理和打印，节约了在应用软件中打开文件并进行打印发送的处理工作）。这一功能可以更高效地处理及打印图像。

数码打样、校验和网点模拟

通过配套的模块工具，实现模拟印刷机的印刷效果，以便在开工印刷之前事先得知最终的印刷与色彩效果。在印刷领域，这一功能非常重要。一旦开机印刷，所花费的金额将以万元计，如果在印刷过程中出现色彩问题，损失会非常严重。在一个标准的印刷流程中，数码打样的文件是印刷合同的一部分。除了颜色匹配，高级的 RIP 软件还可以对印刷精度进行模拟，使用喷墨打印机模拟印刷机印刷的网点，这种精确的模拟可以预先得知网点对图像可能造成的不良影响。提前发现，可以降低印刷过程中出现的废品率，节约时间和成本。

黑白输出优化

通过设置，RIP 软件可以对黑白打印的喷墨方式进行特别的设置。例如，为了增加照片阴影区域的影调长度，在这一区域可以控制打印机，使用四色（CMYK）混合打印。中间调区域的色相更容易让人识别，略微的偏色都会显而易见，因此，在这一区域可以减少颜色墨水的参与，特别是黄色墨水，以保证中间调区域的中性灰。还可以添加光源数据，这是一种更精确的做法，可以避免作品受展览光源的影响而发生偏色。甚至可以添加光源数据，可以让作品在不同光源下呈现出相同的效果。

墨水限制

对于喷墨打印机墨水限制的设置，对打印质量的好坏起到至关重要的作用。因为墨水过多，会造成纸张上墨水溢出，导致打印品细节遭受损失；墨水太少，会造成打印品黑度不足，色域减小。有的 RIP 软件允许用户对总墨量和单通道墨量以百分比的形式进行调整，如 CMYK 的墨水总量可以高达 400%，但用户可以根据纸张的特性降低这一比例，比如降至 200%、300% 等。驱动程序中没有可以调整墨水限制的功能，墨水限制都由制造商对其选择的纸张（品牌原装纸）进行有针对性的墨水限制优化。如果使用其他纸张，就无法获得准确的墨水限制，从而使打印品达不到高品质的打印要求。

校准和线性化

校准打印机是为了使输入的数据与打印输出的数据完全一致，是针对打印机硬件所做的数据校准。我们可以通过黑白色阶图来直观地理解这一过程，当我们向打印机发送第一张图片时，这张图片是用线性方式描述黑色过渡，每个色阶按 5% 的数值均匀递增（图 7–1）。如果需要在纸张上呈现出相同的效果，则需要打印机硬件、墨水系统和所承印的纸张介质共同配合，才能够实现。但是打印机硬件，如打印喷头喷墨会存在一定的误差，新打印机和旧打印机在喷墨量上也会有一定的误差，这使得喷出的墨水量会发生多喷或少喷的变化。影响最大的是纸张，不同的纸张，对墨水的承载量是不同的，对墨水的反应也有所不同，就会出现如图所示的情况。从图中可以看出，70—100 的色块没有任何层次变化，也可以说 70 的深度与 100 的深度相同。0—20 色块的过渡不太明显，照此打印出来的黑白影像，其色调层次将被压缩，暗部与亮部的细节则无法表现（图 7–2）。

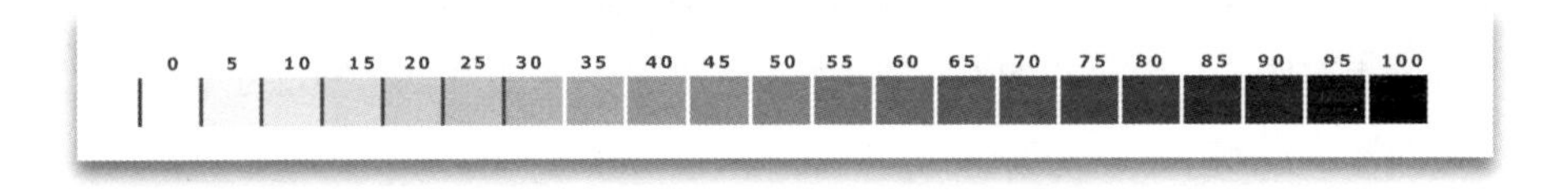

图 7–1　较为正确的线性化示意图

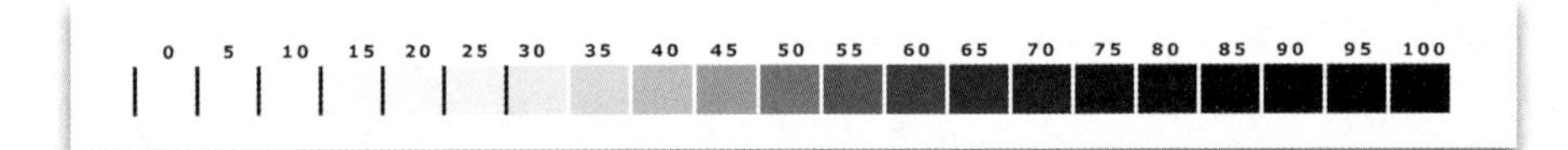

图 7–2　色调层次被严重压缩的线性化示意图

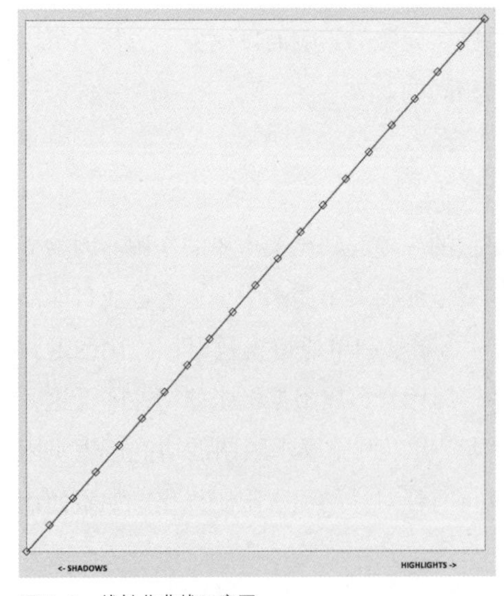

图 7–3　线性化曲线示意图

这是计算机执行打印“21 色阶”文件的时候，是依照图 7–3 线性化曲线示意图中线性化的方式进行打印的，但最终在纸张上呈现的效果却不是线性的。

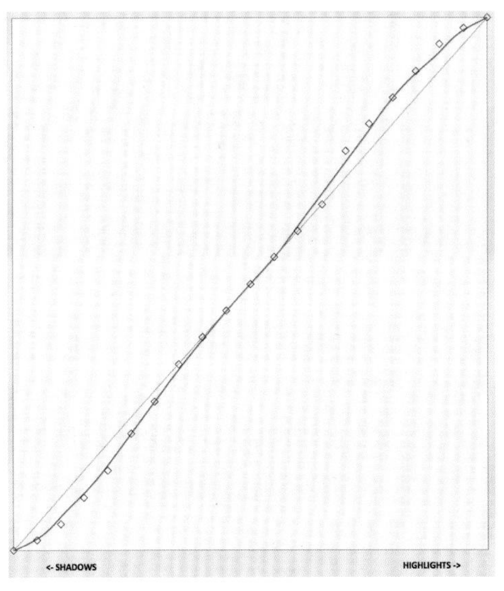

图 7–4　修正后的线性化示意图

经过校准的线性化示意图，经过对线性化所做的曲线调整，对暗部减少出墨量，对亮部增加出墨量，这样才能获得如图 7–4 所示的打印效果。

有意思的是，墨水的线性化在纸张上无法呈现出准确的线性化（图 7–3）的打印效果，而要将这条曲线扭曲后才能在纸张上呈现出准确的线性效果。所以说，线性化校准是获得优质打印品的基础。这种校准只能在 RIP 软件中实现。

这类问题在普通照片级打印机上都存在，它并非由硬件缺陷引起，而是由软件造成的。多数打印机用户只能发挥打印机的一小部分硬件功能，而软件在这一过程中则起到了非常重要的作用，应引起我们足够的重视。

目前市面上的 RIP 软件产品有很多种，在彩色照片打印方面，EFI 公司的 Fiery XF 软件在易用性和效果表现上都不错。Fiery XF 软件可以控制目前市面已有的大部分喷墨打印设备，具有一个较精密的色彩管理，且操作起来非常方便，也包含多种介质，还支持印刷的数字打样。

操作界面简介

EFI 的操作界面总体分为两个部分，由 System Manager（系统信息界面）和 Job Explorer（工作界面）组成。System Manager 界面中主要包含色彩管理、打印机基础功能等设置。Job Explorer 主要用于校准后的打印和拼版工作，是打印工作的主要使用界面，此界面中也部分包含 System Manager 的功能，但只能对导入的单张打印文件进行功能更改。

可用工具模块

ColorTools EFI　系色彩管理模块，主要用于创建基本线性化文件并生成针对介质的 ICC 概览文件。这也是一个用于各类 ICC 创建的工具模块，包括修正介质 ICC 准确度的 L*a*b 优化、创建设备链接概览文件、创建参考概览文件、创建监视器概览文件、手动编辑 ICC 配置文件、重新线性化和线性化查看器等。因此，它是照片打印中不可或缺的重要工具。

Color Editor　这是一个用于定义、测量和编辑专色的综合程序模块，其中包含定义颜色、测量和显示、渐变选择卡等。

Verifier　公差工具可以通过快速简单的方法来适应新的标准。

Dot Creator option　这是一个将连续色调创建成加网文件的工具，用于模拟胶印的效果。

第二节　确定作品的输出尺寸

想要打印出高质量的数字图像作品，正确设定该作品的输出尺寸是其中的一个重要环节。对于数字图像文件来说，“尺寸”一词包括了多种含义，如数字图像的文件量大小，即使文件尺寸足够大，但打印出的照片并不一定好看。

打印机的分辨率

在打印数字图像作品时，我们会遇到一些问题，比如，该文件最大能打印多大尺寸？该文件怎样才能打印出最高质量？用户一般都希望一个数字图像文件尽可能打印出更大幅面的作品。因此，数字文件的文件量当然是越大越好，因为大的文件能给图像提供更清晰的细节、更准确的色彩和更自由的尺寸设置方案。不要期望目前任何类型的图像尺寸插值软件能帮你在文件量不够的情况下输出超出原有图像文件量大小的图片，因为这类插值软件一般用于巨幅广告画输出，只是一种防止画面出现马赛克的解决方案。

最佳分辨率的设置

对于打印分辨率的最佳数值，大部分数字设备都没有设定一个标准规则。

爱普生系列打印机

早期爱普生打印机的用户常以打印机最高分辨率除以 3 的数值来确定图像的分辨率大小。例如一个打印机具有 720dpi 分辨率，那么除以 3，图片的分辨率就是 240ppi。但是这个算法不太适合现在的打印机。爱普生现在推荐图片分辨率为 300—360ppi，至少不低于 240ppi。如果低于这个值，图像质量会逐渐变差；如果超过 360ppi，位图的质量也不会有所增加。

惠普系列打印机

惠普打印机的内部渲染分辨率为 600dpi、1200dpi，具体情况则取决于用户对质量选项的设置。推荐用于喷墨打印的图像分辨率为 150—200ppi，最高为 300ppi。惠普公司曾声称，在输出卫星地图时，只要 125ppi 就足够了。但对于大多数惠普打印机来说，至少需要高于 200ppi，以便获得更好的打印效果。

佳能系列打印机

佳能系列打印机的许多打印头的原始分辨率为 600dpi，图像分辨率要求必须大于 180ppi，如果低于这个分辨率，图像质量将明显下降。推荐的图像分辨率应高于 200ppi，当达到 300ppi 时，打印效果将达到最佳（表 7-1）。

表 7-1　喷墨打印文件的分辨率设置

品牌	打印机厂家的 ppi 建议
EPSON	300 — 360ppi
HP	150 — 200 — 300ppi
Canon	200 — 300ppi

纸张介质类型决定输出尺寸

琳琅满目的喷墨打印介质，让我们在打印数字图像作品时有了更多的选择，但看似令人兴奋和期待的事情，往往也会给我们带来选择上的困难。很多情况下，我们看到从喷墨打印机里缓缓而出的照片，可能并不是你想象中的样子。在显示器上看到的精致图像，却在打印时变了样。

首先要明确的一点是，在这个环节中要完全依赖显示器是不可能的，因为这里是带入纸张进行操作的。对于纸张，我们是用反射式的方式进行观看，而显示器采用的是透射的方式。不同的纸张具有不同的色彩表现力、白度和反射率，更重要的是，显示器并非像纸张一样有纹理的起伏。当我们过于依赖显示器的时候，失望是在所难免的。最好的办法是将在显示器上经调整感到基本满意的数字图像作品先打印出来，再对打印品进行分析，然后回到电脑上进行调整，通过这种迭代的方式最终获得一幅满意的作品，我们把这一过程称为“打样”。通过打样，我们可以很好地掌控画面中的细微部分在打印介质上的表现。

但对于打样，经常会听到一些反对的声音，大多是出于成本的考虑。的确，优质的喷墨介质价格还是不菲的。

当然，打样确实会浪费一些材料，但只要遵循相应的规则和方法，我们便可以大大减少打样次数，降低作业成本，甚至可以不通过打样就能获得满意的打印品。在这个环节中，勤加练习是必不可少的，因为除了打样之外，富有预见性的主观判断也是非常重要的。而了解常用纸张介质的特性和表现力，需要通过一次次打印慢慢积累经验。

作品尺寸和观看距离的关系

作品观看距离的计算公式是：1.5 × 艺术品的对角线尺寸。

对角线的计算方式是：$a^2+b^2=c^2$。

例如：一幅作品的尺寸为 8inch × 10inch，$8^2+10^2=164$，164 的平方根四舍五入是 12.8，12.8 × 1.5=19.2inch，也就是 48cm。这 48cm 就是该作品的观看距离。运用这个公式可以为作品展览设计出一个合适的作品尺寸，并结合展览场地的面积来确定一个合适的作品尺寸，不至于在狭小的空间中展览超过合适观看尺寸的展品，从而影响展览效果（表 7–2）。

表 7–2　作品尺寸与观看距离

作品尺寸	观看距离
8inch × 10inch	48cm
13inch × 19inch	86.25cm
30inch × 40inch	187.5cm

打印作品的干燥

对于喷墨打印的作品，干燥是一个容易忽视的问题。但这一步却是必要的。当作品完成打印后，不论接下来是否准备将作品装裱、装框、运输或收藏，在此之前一定要做干燥处理。因为刚完成打印的作品，墨水中的部分成分需要一段较长时间的缓慢蒸发，最终达到稳定状态。在未达到稳定状态的情况下进行装裱，作品表面的墨水在之后的蒸发过程中，会在画框的玻璃上产生“雾化”现象。会产生这一问题的墨水，包括原装的颜料墨水在内。

一般来说，带有涂层的相纸类介质，相比较美术纸、水彩纸和纯棉介质，出现上述问题的程度更严重。所以，建议在完成打印后，应在较干燥的无尘环境中放置 48 小时。较小幅面的作品可以使用吹风机用热风干燥约 10 分钟，再放置几个小时即可。含有乙二醇弱溶剂墨水打印的作品，所需的干燥时间要更长一些。

第三节　　正确阅读可视化 ICC 配置文件

在数字摄影及相关技术已普及的今天，专业摄影师对 ICC 配置文件多少有些了解，更有许多人能够熟练地为数码相机、显示器和打印机制作 ICC 配置文件。ICC 配置文件是由国际色彩联盟（International Color Consortium）制定的用来消除或最大程度减少设备间颜色差别的一种文件。它用精确的方式描述了特定设备所使用的色彩空间，并且可以跨平台使用。

常用可视化软件有 ProfileMaker、苹果系统中的 ColorSyna 实用工具。

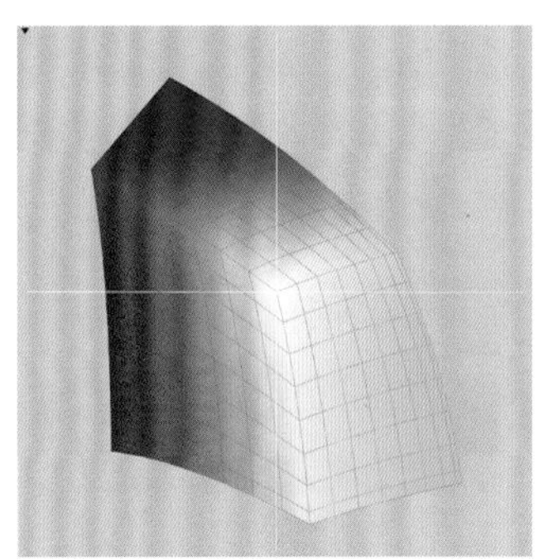
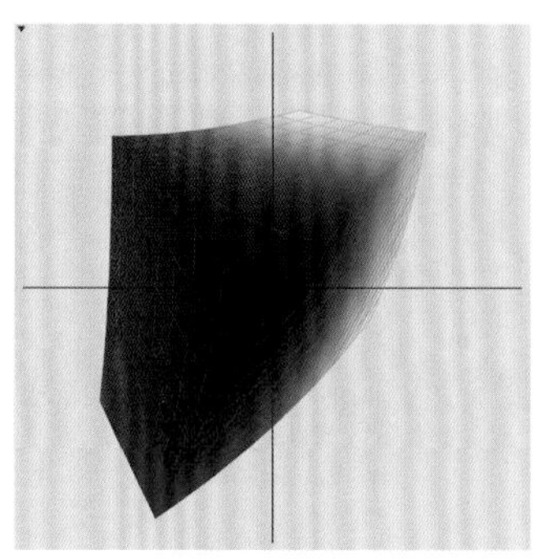
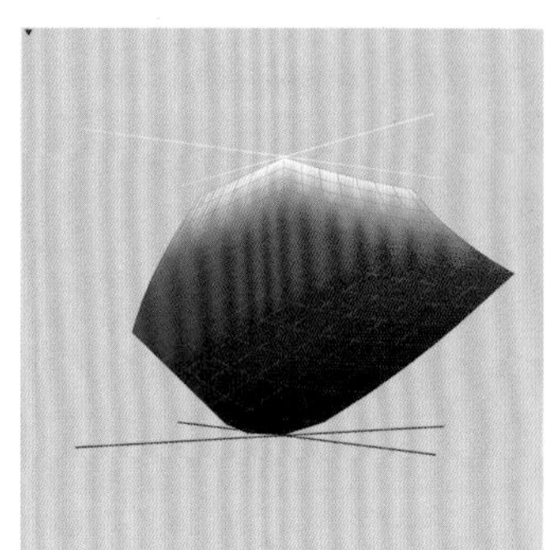

图 7-5　　ICC 顶视图　　ICC 底视图　　ICC 侧视图

这是通过 Apple 电脑系统中的 ColorSyna 实用工具（Macintosh HD — 应用程序 — 实用工具 — ColorSyna 实用工具 .app）显示的可视化 ICC，我们通过侧视图来讲解一下 ICC 配置文件的阅读方法（图 7-5）。

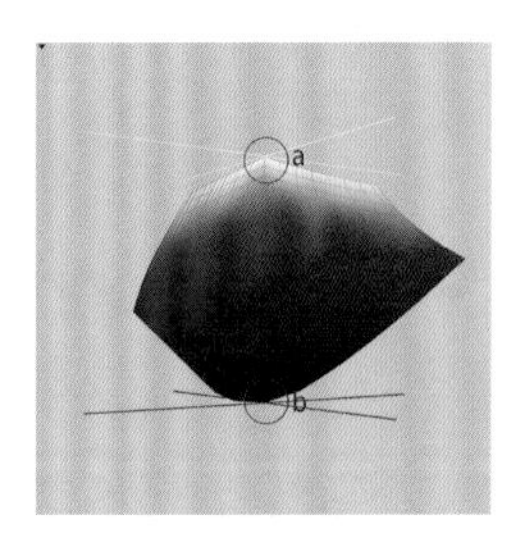

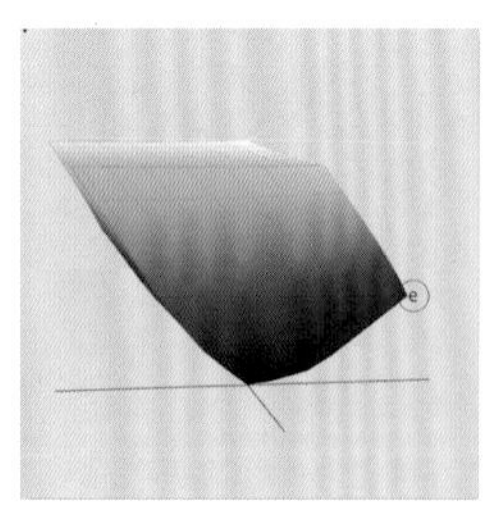

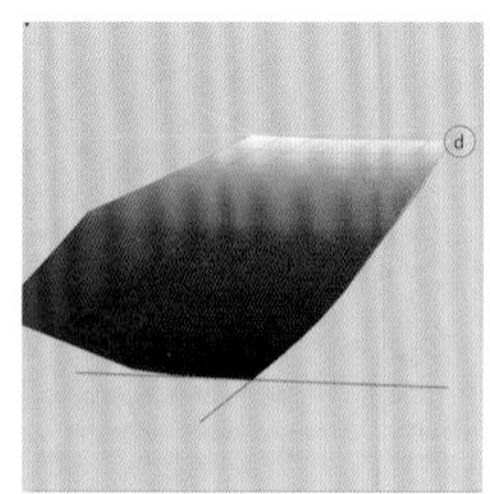

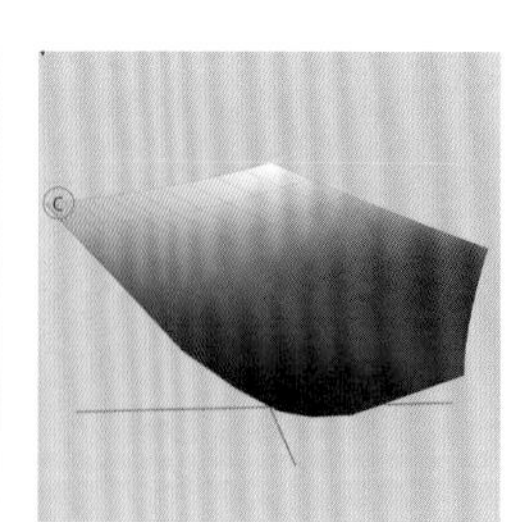

图 7-6　ICC 多角度示意图

关于 a 点和 b 点

图 7-6 是同一个 ICC 配置文件在不同角度下的侧视图，可以看出色块呈现出两头尖而中间宽的造型。这种宽窄造型表示的是 ICC 配置文件的饱和度，造型越宽，饱和度越高。图中的 a 点代表最亮区，b 点代表最暗区。

关于 c 点

将可视图像旋转到 c 点位置，可以看出，在亮度大约 83% 的时候能获得饱和度最高的绿色。顺着 c 点的边缘往下，可以看到绿色的明度会逐渐加深，最终变为黑色，但是亮度在大约 25% 左右时，绿色由于颜色过深而基本难以识别出来。由此可以得出这个 ICC 配置文件中关于绿色的结论是：随着亮度减弱，绿色逐渐显示，饱和度也逐渐增加。在亮度下降到 80% 的时候，可以获得绿色最佳的色彩饱和度；当亮度再度减弱至 25% 时，绿色的表现力逐渐消失。

关于 d 点

d 点的位置是黄色，黄色的亮度在大约 98% 的位置时具有最高的饱和度；在亮度为 25% 左右时，黄色基本消失。

关于 e 点

e 点的位置是蓝色，它在亮度降低到 30% 的时候达到最高饱和度；当亮度降到 20% 左右的时候，蓝色表现力消失。

提示 我们从图分析可以得出亮度与色彩饱和度的排序关系（按照明度从亮到暗排列）：当 L=98 时，黄色（Y）达到最大饱和度；当 L=86 时，青色（C）达到最大饱和度；当 L=83 时，绿色（G）达到最大饱和度；当 L=68 时，品红色（M）达到最大饱和度；当 L=63 时，红色（R）达到最大饱和度；当 L=30 时，蓝色（B）达到最大饱和度。

了解了 ICC 视图，对我们有什么帮助呢？来看看以下实例。

实例一：为打印纸张匹配最好的打印机

当摄影师选中了一款喷墨打印纸作为作品的输出介质时，他想知道哪一款打印机的颜料墨水能在纸张上呈现出最佳的色彩效果。由此选择了三种打印机在同一款纸张上制作各自的 ICC 配置文件（制作方法请参阅本书第 155 页“自己制作 ICC 配置文件”内容），并生成了 ICC 可视化图。我们称之为 1 号打印机、2 号打印机和 3 号打印机。先从顶视图观察，因为 ICC 可视图范围越大，色彩饱和度越高，越能表现出更多色彩，那么 1 号打印机和 3 号打印机的色彩空间相对较大，2 号打印机的范围较小。再对 1 号和 3 号打印机进行侧视图比较，我们会发现 1 号打印机的 ICC 可视图线条过渡比较平滑，而 3 号打印机的 ICC 可视图在下半部分出现锯齿状，这在打印中会给这一区造成不平滑的颜色过渡。在暗部的显色性方面，2 号打印机的底部比较尖锐，暗部色彩表现差；3 号打印机的暗部也比较尖锐，且过渡不够平滑；1 号打印机的暗部是最宽大的，而且过渡平滑，所以应该选择 1 号打印机打印作品（图 7–7）。

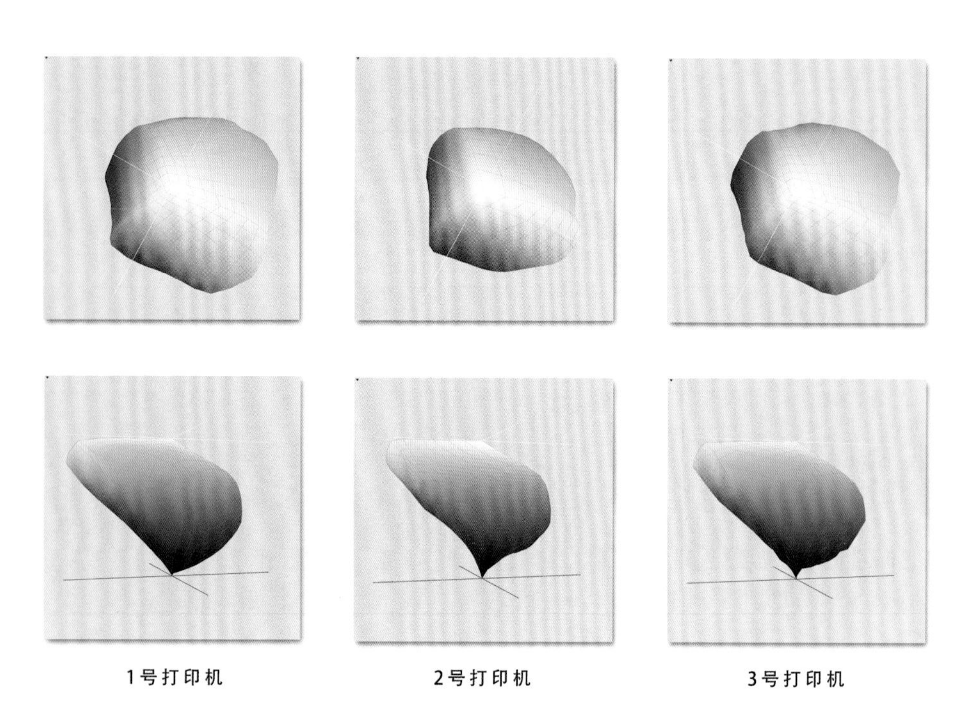

图 7–7　同一种纸张在不同打印机上呈现的可视化 ICC 样式

实例二：选择能够表现最佳绿色的纸张

当一幅风景照片中有大面积且层次丰富的绿色植物时，在打印作品时肯定希望选择对绿色表现上佳的打印介质。下面三种纸张介质的 ICC 配置文件来自不同的纸张介质。从顶视图的角度来看，似乎 1 号纸和 3 号纸都比较适合展现绿色，但是当我们看到侧视图的时候会发现，3 号纸的底部更为宽大，这说明在较暗的区域，3 号纸对色彩还具有一定的表现力。在这一方面，2 号纸在暗部的显色性能是最差的。需要注意的是，1 号纸和 3 号纸的最深色域没有到达最底端（可以和 2 号纸的底端比较一下），也就是说，这两种纸的最黑色没有 2 号纸的黑色密度高。这时需要考虑一下，是否需要重新寻找其

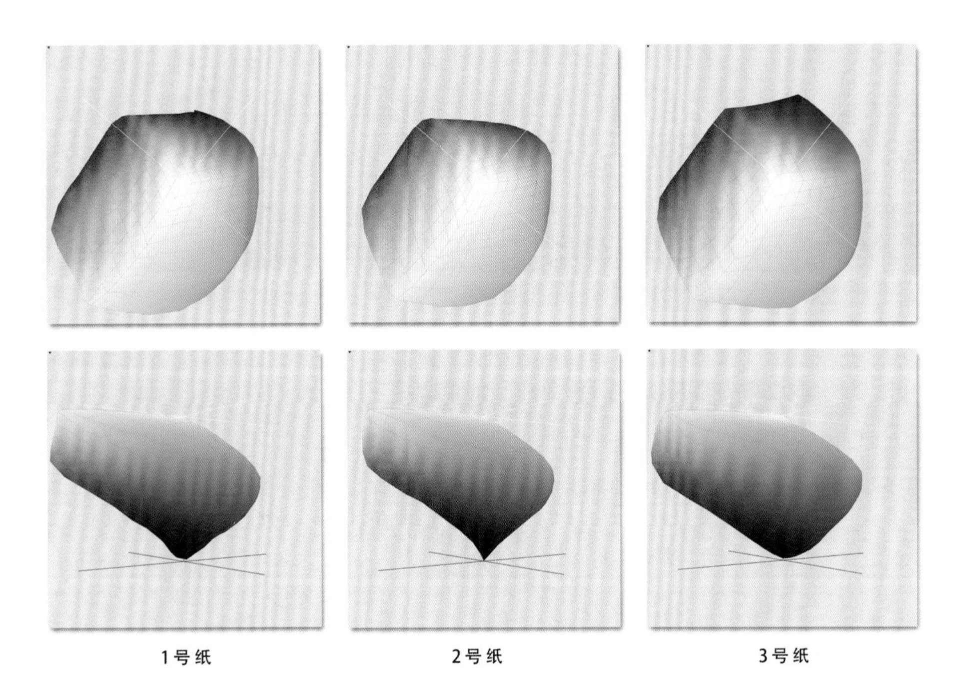

图 7-8　不同纸张的 ICC 可视化示意图

他种类的纸张，因为从这三种纸张中无法选出最完美的。如果一定要在这三种纸张中选择，那么 3 号纸是最适合的（图 7-8）。

提示　本例纸张的选择范围一般从光泽打印纸中挑选，且使用照片黑（Photo Black）打印。

实例三：为彩色高调照片选择合适的纸张

这里选择了两种纸张，因为是打印高调彩色照片，所以不需要看底部黑色的表现力，只要看高光部分即可。为了更好地判断，启用了软件中的“保留以进行比较”功

图 7-9　不同纸张的 ICC 可视化对比图

能，我们可以看出 2 号纸张的高光部分比 1 号纸的高光部分“溢出”了许多，这表明 2 号纸在高亮度区域比 1 号纸更容易也更早地表现出色彩。因此，2 号纸是一个更好的选择（图 7-9）。

提示 本例选择纸张范围一般从带有较明显图层的美术纸或粗面纸中寻找，备选纸张具有较高的白度，且使用照片黑（Photo Black）打印。

实例四：为彩色低调照片选择合适的纸张

从 ICC 可视图可以看到，2 号纸底部太尖锐，色彩表现力不好；3 号纸底部抬起较高，黑度不够，不利于表现暗调照片；4 号纸底部也是略微抬起；只有 1 号纸同时具备了 2 号纸和 4 号纸的特性，所以应该选择 1 号纸（图 7-10）。

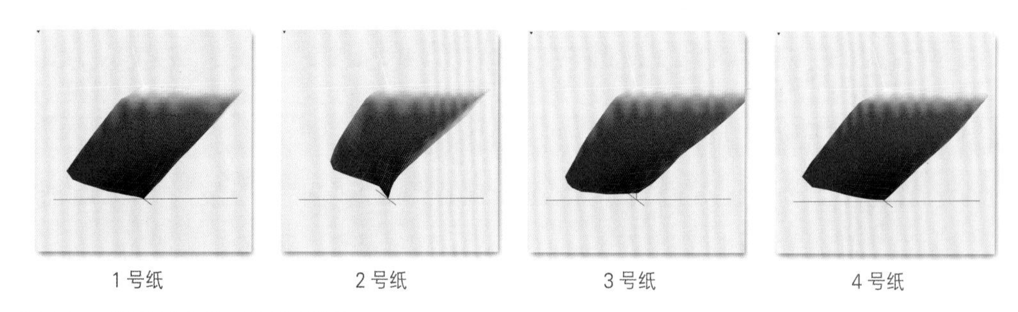

图 7-10 不同纸张的 ICC 可视化示意图

提示 本例情况对纸张要求较高，要选到合适的纸张，需要多次尝试，并从较高端纸张介质中寻找。

作业题

1. 结合作品，下载自己使用纸张的ICC配置文件，并进行可视化分析。
2. 从可视化分析角度选择一种最适合自己作品的喷墨纸张。

第四节　　自己制作 ICC 配置文件

本章将介绍常用的制作 ICC 配置文件的流程。通过阅读上一节内容，我们知道了 ICC 配置文件的其中一个功能。除此之外，它更常用的功能是用来做打印机和纸张介质的颜色匹配。现在常用的照片级打印机，是爱普生、佳能和惠普三个品牌中的一些精度最高、多色墨水及具有较大幅面的打印机。不同品牌的打印机配置了不同的打印软件，它们在制作和加载 ICC 配置文件的方法上都不尽相同。

在基于打印机驱动程序制作 ICC 配置文件之前，我们先了解一下它的局限性。ICC 常被许多人看作是准确获得打印色彩的救星，但是，想让 ICC 配置文件获得良好的校准效果，有些先决条件是必须做到的。

纸张的类型

必须使用喷墨打印专用的纸张介质（见本书第 129 页“喷墨打印介质的特性及构成”内容）。当然，这并不表示不具备喷墨打印特性的介质就不可以做 ICC 配置文件，其实任何纸张都可以做 ICC 配置文件，但如果墨水本身的颜色用于不合适的纸纤维结构而造成饱和度、色相及明度衰减，那么，ICC 能做到的校准也是很有限的。

纸张的匹配

我们在使用打印机驱动程序打印时，需要选择合适的打印纸张，这些纸张有高级光泽照相纸、天鹅绒美术纸和水彩纸等。合适的纸张选项中应包含两部分内容：一个是我们都知道的 ICC 配置文件；另一个是墨水总量限制。后者没有受到多数人的关注。其原因是，墨水总量限制并不像 ICC 配置文件那样可以将自己的文件添加到打印机驱动中，大多数打印机驱动是不支持对墨水总量限制做修改的（惠普打印机的 Designjet Z3200 可以对墨量限制做有限的调整）。不能被校准，就限制了纸张选择的范围，因为我们必须将自己选择的纸张与打印机驱动中所要求的纸张类型相匹配。但即使类型相同的纸张，不同品牌的纸张也很难保证其墨水总量限制是相同的。如果选择的纸张在打印机驱动中无法找到类似的纸张类型，那就只能靠猜测了。如果匹配错误，即使使用 ICC

配置文件来校准，最终打印效果也会大打折扣。

提示 墨水总量限制错误会导致墨水过量或不足这两种情况。当驱动中选择的纸张墨水总量超过需要校准的纸张需求时，墨水的堆积会造成照片细节缺失，层次过渡出现色阶，更严重的会使墨水在纸张上流淌。当驱动中选择的纸张墨水总量低于需要校准的纸张需求时，会导致照片的黑度（D-Max）不足、色彩饱和度不足、照片反差也不足。

ICC 配置文件和打印机驱动配合校准色彩是一个最经济的方式，校准同时适用 Windows 系统和 Mac OS 系统，因为 ICC 配置文件是没有平台限制的。以下是制作 ICC 配制文件之前要做的准备工作。

需要一台分光光度计

分光光度计是将成分复杂的光分解为光谱线的一个仪器。它采用 128 像素的二极管阵列传感器，并以每秒 200 次对颜色进行测量。目前，影像行业常用的分光光度计是 i1 系列，早期产品由 GretagMacbeth 生产，分为 i1 Pro 和 i1 UV 两个版本。现在出品的由 X-rite 生产，分为 i1 Basic Pro2、i1 Photo Pro2 和 i1 Publish Pro2。早期产品推荐 i1 UV 版本。有些纸张中含有荧光增白剂，这个版本的 i1 测量头前安装了一个 UV 镜，可以减少荧光增白剂对测量准确度的影响。由 X-rite 公司生产的分光光度计内置了 UV 镜，可以根据测量需要开启和关闭。不同的版本配置了不同的功能模块。影像行业的用户最低应该选择 i1 Photo Pro2。为了考虑延展性，最好选择 i1 Publish Pro2，因为新的 i1 不仅是一个设备，机器也内置了软件功能的许可，版本越高，能够使用的功能就越多，所以尽可能考虑购买较高版本的 i1。当然，缺点是高版本的价格比较高。多年的使用经验证明，i1 非常可靠，由于其很高的知名度，它在很多色彩测量平台具有良好的通用性（表 7-3）。

表 7-3 分光光度计的功能

硬件版本	i1 Basic Pro2	i1 Photo Pro2	i1 Publish Pro2
显示器色彩管理	●	●	●
显示器品质检查	●	●	●
投影仪色彩管理	●	●	●
扫描仪基础色彩管理	○	●	●

续表

RGB 打印机	○	●	●
CMYK 打印机	○	○	●
CMYK + 打印机	●	●	●
打印机品质检查	●	●	●
PANTONE 色彩管理	○	○	●
ColorChecker 相机色彩校准	○	○	●
ColorChecker Classic	○	○	●
ColorChecker 校准	○	○	●
注：●有此功能　○无此功能			

如果经济条件允许，或对测量有更高的需求，可以购买全自动分光光度计，设备型号有 i1iO 平台式、i1iSis 和 Barbieri LFP 平台式，这三种型号较为常用。i1iO 是一种比较合适的自动分光光度计设备，通过将 i1 分光光度计安装在带有静电吸附台的机械臂上，可以实现更精确的扫描。除了条带式的扫描模式，还可以实现更准确的单点扫描模式，且速度非常快，价格也是这三种自动设备中最便宜的。i1iSis 使用摩擦走纸模式进行色彩测量扫描，但和另两种平台式相比，它只能扫描类似纸张厚度的介质，且不能做显示器校准。Barbieri LFP 虽然同样使用了机械臂，但它追求的是精度而非速度，它同时配备了反射式扫描和透射式扫描两种功能，但是价格昂贵。

因此，用户可以根据个人的实际情况来选择一台合适的分光光度计。有的用户选购顺序是，先购买 i1 Publish Pro2，之后为其配置了 i1iO，最后需要做喷墨胶片实验时，购买了 Barbieri LFP。i1 在第一次连接时需要做连接测试，如果测试不能通过，就需要安装设备驱动补丁。但有些电脑在安装了设备驱动补丁后仍然无法使用，那可能需要更换一台电脑再做尝试。

提示　驱动程序下载地址：www.xrite.com/service-support/downloads/x/x-rite_device_services_pc_and_mac_v2_4_0。

录入、计算 ICC 配置文件的软件 ProfileMaker5

软件有 PC 和 Mac 两个版本。这个软件用时已久，应该是 2005 年前后出品的软件。如果不需要安装 Mac 版本，就需要一台装有 Mac OS 10.6 或更早系统的电脑，因为 Mac OS 10.7 之后的苹果操作系统对内核进行了重新设计，使该软件无法运行。PC 则是任何版本的系统都可以使用。因此，接下来有关这部分内容的演示都将使用 PC 版本。

安装了 Adobe Photoshop 软件的电脑

正确设置其中的“颜色设置”（见本书第 41 页“如何正确设置 Photoshop 的颜色环境”内容）。

安装打印机的打印机驱动程序并检查打印机状态

正常安装软件即可，但必须要做喷头检测，并确保每个喷头都没有堵塞，否则会影响颜色校准的准确度。

正确设置纸张

判断一下将要校准的纸张属于哪种类型，不同品牌的打印机厂商都会出品一些与其品牌配套的纸张介质，这些纸张介质的特性文件会被植入打印机及打印机驱动中。在通常情况下，我们需要做校准的纸张都是第三方的打印纸张，这就需要将纸张与打印机中预设的纸张类型做一个类似的匹配。还有一个比较重要的前提就是黑色墨水的选择，要判断纸张是使用粗面黑（Matte Black）还是照片黑（Photo Black）。

这里将其整理成表格，最常用的是德国产哈内姆勒（Hahnemuehle）的数字艺术介质，其艺术介质种类相对比较齐全，在国内市场也比较容易购买，价格相对适中。还要注意的是，用这种方法制作 ICC 配置文件，是不建议使用非喷墨类打印纸的，因为这是一个简单的校准流程，无法应对非喷墨类打印纸在校准过程中出现的各种状况（表 7–4）。

表 7–4　常见打印纸张的墨水匹配

纸张类型	纸张名称	黑色墨水类型	爱普生	佳能
Matt FineArt – Smooth	摄影纯棉超亮白 PhotoRag Bright White	Matte Black	Velvet Fine Art Paper	特殊 9
	摄影纯棉 PhotoRag	Matte Black	Velvet Fine Art Paper	特殊 9
	竹纤维美术纸 Bamboo	Matte Black	Velvet Fine Art Paper	特殊 9
	宣纸 Rice Paper	Matte Black	Velvet Fine Art Paper	特殊 9
	摄影纯棉超平滑 PhotoRag Ultra Smooth	Matte Black	Velvet Fine Art Paper	特殊 9

Glossy FineArt	摄影纯棉硫化钡 PhotoRag Baryta	Photo Black	Premium Luster Photo Paper	特殊 5
	硫化 FB Baryta FB	Photo Black	Premium Luster Photo Paper	特殊 5
	纯艺术珍珠面 FineArt Pearl	Photo Black	Premium Luster Photo Paper	特殊 5
	摄影纯棉丝光绒面 PhotoRag Satin	Photo Black	Premium Luster Photo Paper	特殊 5
	纯艺术硫化钡 FineArt Baryta	Photo Black	Premium Luster Photo Paper	特殊 5
	摄影纯棉珍珠面 PhotoRag Pearl	Photo Black	Premium Luster Photo Paper	特殊 5
	纯艺术硫化钡丝光暖调 FineArt Baryta Satin	Photo Black	Premium Luster Photo Paper	特殊 5
Matt FineArt–Textured	威廉特纳 William Turner	Matte Black	Velvet Fine Art Paper	特殊 9
	博物馆蚀版 Museum Etching	Matte Black	Velvet Fine Art Paper	特殊 9
	图藏粗面 Torchon	Matte Black	Velvet Fine Art Paper	特殊 9
	阿尔伯特·杜勒 Albrecht Duerer	Matte Black	Velvet Fine Art Paper	特殊 9
	德国蚀版 German Etching	Matte Black	Velvet Fine Art Paper	特殊 9
Canvas FineArt	戈雅油画布 Goya Canvas	Matte Black	Velvet Fine Art Paper	磨砂画布
	达盖尔油画布 Daguerre Canvas	Matte Black	Velvet Fine Art Paper	磨砂画布
	艺术家油画布 Canvas Artist	Matte Black	Velvet Fine Art Paper	磨砂画布
	光滑面艺术画布 Art Canvas Smooth	Matte Black	Velvet Fine Art Paper	磨砂画布

使用 i1 Profiler 为打印机制作 ICC 配置文件

到了这一步，我们已经完成了所有准备工作，也将纸张正确地安装到打印机里了。接下来，需要将指定的校准文件发送给打印机。我们使用 RGB 格式的校准文件（见本书第 133 页“打印文件的规格及规范”内容），打开校准文件图片的文件夹，选择与测量仪器相匹配的文件夹。

提示 校准图片文件夹位置：Windows System -C:\Program Files (x86)\X-Rite\ProfileMakerProfessional 5.0.10\Testcharts\Printer（图 7-11）。

图 7-11 用于校准的 RGB 和 CMYK 色标文件

选择 EyeOne_iO 文件夹并打开，校准文件图片分 CMYK 和 RGB 两种类型，用于摄影照片的校准选择 RGB 类型。在 RGB 文件类型中又分为两种类型：一种是色块较多的 TC2.83 RGB i1_iO，共有 288 个色块；另一种是 TC9.18 RGB i1_iO，共有 936 个色块。也可以通过 i1Profiler 自定义生成校色文件，方法如下：

1. 安装 i1Profiler 软件（最好从网站上下载最新版本的软件，设备光盘中的安装文件版本太旧）。

2. 点击“工作流程过滤器”中的色彩管理。在这里，DEMO 模式对我们的操作没有影响，可以不连接设备（图 7-12）。

3. 自定义色块数量，并点击保存。在这里，选择我们需要的文件格式 ProfileMaker-5CGAST，获得一个 .txt 格式的文本文件，这个文件是校准的参考标准文件（图 7-13）。

4. 在完成文本文件的保存之后，接下来需要获得用于打印及测量的，与上面 .txt 格式文件相对应的 tif 图片文件。点击界面右侧的下一步按钮（图 7-14）。

5. 选择合适的纸张尺寸，一般 A3 或 A4 尺寸比较常用，点击“另存为”保存 tif 文件，图片数量将由色块的数量决定，将文件命名与 .txt 文件统一（图 7-15）。

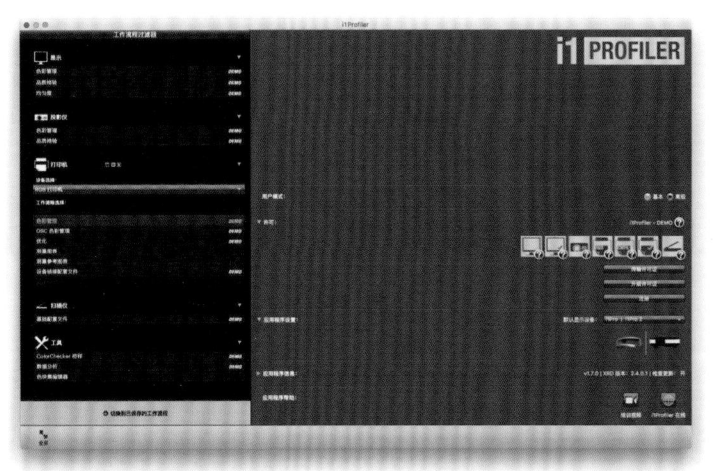

图 7-12　ilProfiler 软件操作界面

图 7-13　ilProfiler 软件—保存文件并选择相应的文件格式

图 7-14　ilProfiler 软件—设置用于校准的色块

图 7–15　ilProfiler—保存校准文件

提示　制作 ICC 的校准文件由两部分组成：一部分是 .txt 的文本文件，这个文件用数据的方式描述了所对应色块的颜色值；另一部分是用于打印机打印的图片文件，打印后用分光光度计校准。

选择合适的校准文件

从理论上说，每个色块都体现了打印机的色彩行为，色块越多，色彩映射越详细，对构建准确的色彩映射越有帮助。但在实际使用中，并不一定是色块越多越好，色块少，颜色准确度较低，但是色彩层次过渡比较好；色块多，颜色准确度高，但色彩层次过渡就有可能受到影响，严重的可能会影响 ICC 配置文件的质量。

在 ProfileMaker5 中，有 TC2.83 RGB（288 色块）和 TC9.18 RGB（约 1000 色块）。使用 i1Profiler 自定义色块功能最多可以生成多达 6000 个色块的颜色校准文件，图中演示了生成 400 色块、1024 色块、4290 色块和 6000 色块的示意图（图 7–15）。我们该如何选择色块数量用于纸张的校准呢？主要根据我们使用的纸张类型来选择色块的数量。需要校准的纸张一般分为两种：一种是喷墨打印的专用纸张，另一种是非喷墨打印纸（绘画用水彩纸、中国手工宣纸、印刷特种纸等）。

喷墨专用纸建议使用 TC9.18 RGB 或小于 2000 色块自定义校准文件，非喷墨打印纸建议使用 TC2.83 RGB 或小于 800 色块自定义校准文件。喷墨专用纸张由于表面有涂层，墨水极少渗透到纸张纤维中，墨滴本身的颜色变化不大，校准过程中所需要修改的数据幅度相对较小，使得多色块校准具有可能性。而非喷墨打印纸张由于表面没有涂层，墨水会渗入纸张，纸张纤维会污染墨滴，让墨水本身的颜色发生较大的变化（使颜色的饱和度降低或黑色的黑度降低，而且其中许多问题是不可以通过校准逆转的），这

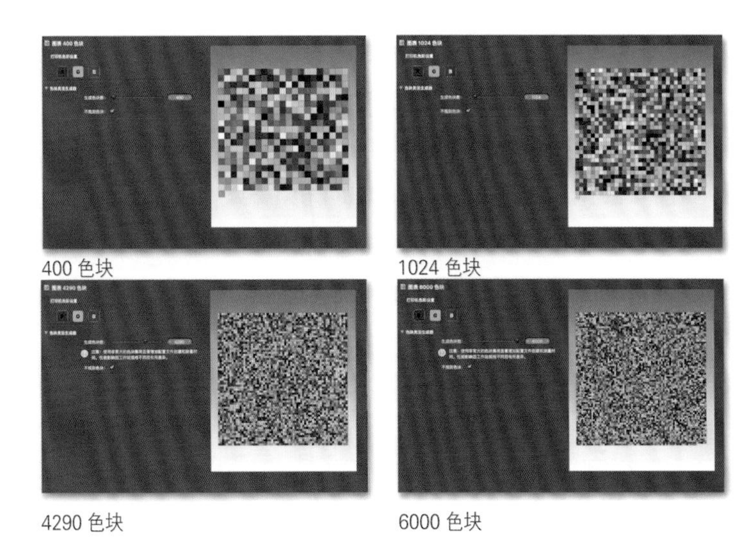

图 7-16　ilProfiler 提供自由的色块选择

会大大增加颜色校准数据的修正幅度。如果使用较多色块，出现计算错误的概率就会大大增加，颜色校准可能会适得其反。

因此，建议使用较少的色块和较少的计算量，以确保关键颜色的准确度，这样做反而会获得较好的效果。使用合适数量的色块进行颜色校准，可以快速完成校准工作，从而节约纸张。

如果一定要使用多色块进行高精度校准工作，可能需要一些硬性条件与之配合，以提高成功率。手持 i1 不太适合多色块的校准工作，因为它是完全手动操作的。最好配置 i1iO 或者 i1iSiS，全自动校准可以提高测量操作的准确度。

提示　当我们有机会选择规则图表或不规则图表时，一定要选择不规则图表，因为不规则图表可将打印机打印时造成的色彩偏差降到最低。

针对色彩校正的通用设置

打印机分辨率设置　打印校准文件所用的分辨率最好与之后用于打印作品的分辨率保持一致。我们使用高分辨率打印校准文件，同样，在打印作品时也应使用高分辨率打印作品。但有时为了提高工作效率，可能需要使用较低分辨率来提高打印速度。因此，建议为高低分辨率分别制作两个校准文件，以保证色彩和层次过渡准确。

单 / 双向打印　单 / 双向的设置会对打印精度产生影响，在制作校准文件过程中，一定要使用单向打印。打印作品时，可以根据工作效率灵活设置单向或双向打印方式。在时间允许的情况下，建议使用单向打印。

使用 ProfileMaker Pro 5 制作 ICC 配置文件的步骤

打印机型号 Epson Stylus Pro 9910 打印机；

驱动软件 EPSON Stylus Pro 7910/ 9910 Mac OS 10.5.8~10.10 驱动程序；

图片处理软件 Adobe Photoshop 或者 Adobe Color Printer Utility；

分光光度计 X-Rite EyeOne iSis A4；

色彩管理软件 ProfileMaker 5；

校准文件名称 TC9.18 RGB iSis (A4)；

校准介质名称 高级细纹理哑光相纸 250gms。

步骤 1：打印机准备

在电脑上安装相应的打印机驱动程序，并保证打印机和电脑能够正常联系和工作。打印机驱动可直接去爱普生中国网站或爱普生北美网站下载。相比较，北美网站的信息更全面。

步骤 2：打印机检查

在使用打印机前，一定要先检查打印机喷嘴是否通畅，如果堵塞，一定要清洗，确保每个喷嘴都保持通畅。如果使用堵塞的喷嘴进行校准，所获得的数据是不准确的，就必须重新进行校准工作。完成喷嘴检查后，进行一次打印头校准。

步骤 3：打印校准文件

由于 Mac OS 10.6 之后的系统没有办法使用 ProfileMaker 软件，故可使用两台电脑，一台 PC、一台苹果，或在苹果电脑的虚拟机上安装 PC 版本软件，根据对应设备选择校准文件（图 7-17）。

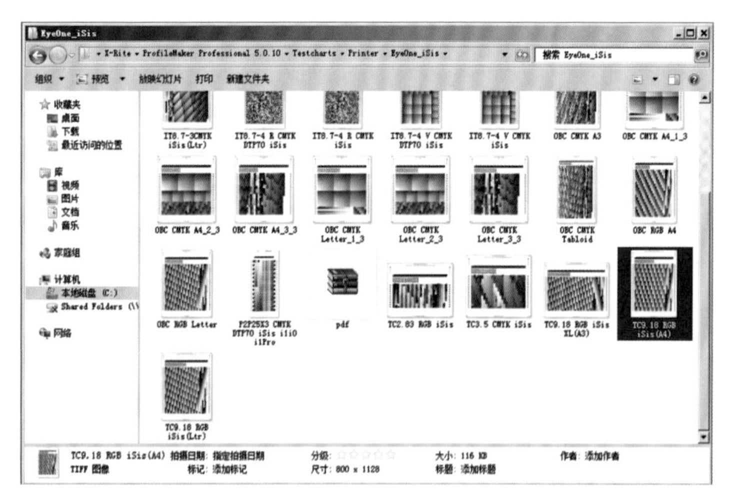

图 7-17 在色标文件夹中选择色标文件

提示　校准图片位置：C:\Program Files (x86)\X-Rite\ProfileMaker Professional5.0.10\Testcharts\Printer\EyeOne_iSis。

步骤 4：在 PhotoShop 软件中打开校准图片文件

Photoshop 软件的颜色设置必须正确，当文件在 Photoshop 打开时会出现提示框。如果没有出现提示框，或者与提示框显示内容不相符，请先关闭配置文件提示框，重新正确设置 Photoshop 颜色设置，再打开文件，直到出现与图相符的提示框（图 7–18）。

图 7–18　Photoshop 软件—正确配置色彩管理文件

正常情况下应该选择“保持原样（不做色彩管理）”。

步骤 5：设置打印菜单（PC 和 Mac 版本一共有三种不同的设置方法）

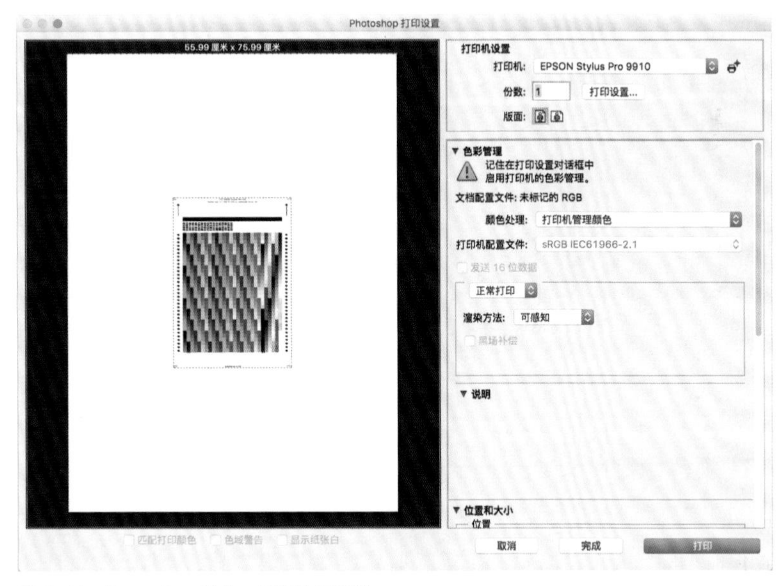

图 7–19　Photoshop 软件—打印设置界面

Adobe Color Printer Utility.app

图 7-20　Adobe Color Printer Utility 软件

注意要正确处理颜色处理选项，选择为“打印机管理颜色”，也就是将控制图像打印的色彩管理工作交给打印机驱动，由打印机驱动控制图像打印（图 7-19）。

因为使用 Photoshop 软件的无色彩管理打印有争议，为了保证文件绝对“纯净”，也可以使用 Adobe Color Printer Utility。这是一个无任何色彩管理功能的纯净打印工具。操作界面非常简单，只能打开图像，然后发送打印文件（图 7-20）。

选择 File 下拉菜单中的 Page Setup，设置合适的尺寸，演示文件的尺寸是较小于 A4 尺寸的，所以选择 A4 纸张就可以了。如果对图片尺寸不确定，可以在 Photoshop 中查看尺寸，再进行设置（图 7-21）。

选择 File 下拉菜单中的 Print 并选择 Print settings，设置 Print Quality 为 SuperPhoto-2880dpi，不要勾选 High Speed。点击 Print，打印图表（图 7-22）。

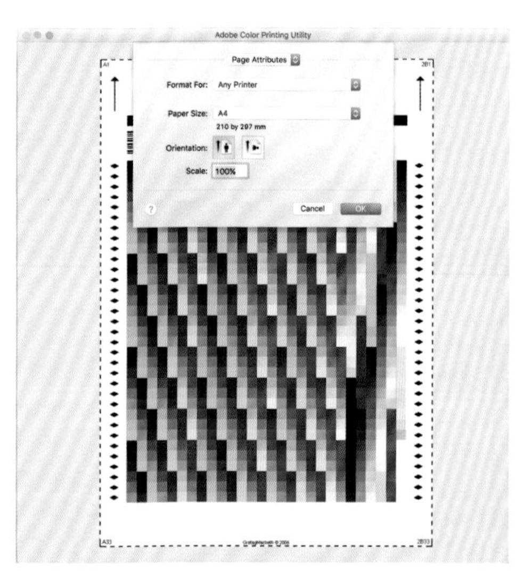

图 7-21　启动 Adobe Color Printer Utility 的打印界面

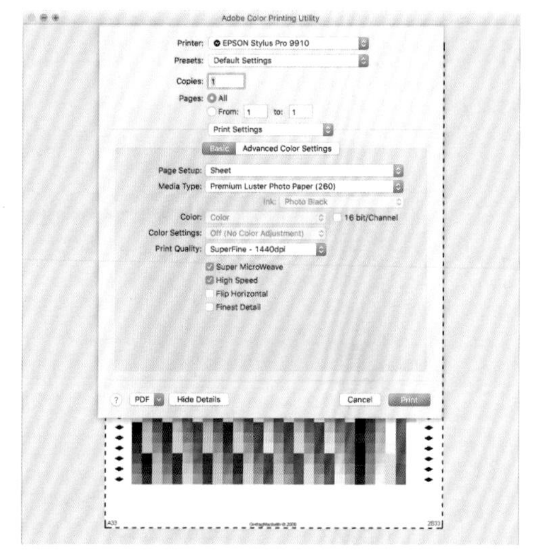

图 7-22　在 Adobe Color Printer Utility 软件中设置打印选项

步骤 6：等待颜色稳定

刚打印完的图表需要放置等待，因墨水到纸张上有一个需要稳定的时间。严格的测量时间是在 144 小时之后，在这之后颜色不会发生任何变化。建议测量时间在 24 小时之后进行（Delta E94<0.5），如果做商业输出，时间上可能不允许太长，但至少要等待 4

个小时（Delta E94<1）以后再进行测量。刚打印完不建议测量，因为此时 Delta E94 高达 1.6，这会影响测量色彩最终的准确度。如果使用较贵重的纸张，请合理安排好时间。为了防止忘记打印时间，可以在打印件的背面用铅笔写上打印的日期和时间。

步骤 7：检查和校准分光光度计

下载 i1Diagnostics 软件，并将 i1 iSiS 连接到电脑上。打印文档直接按照提示要求进行测试（图 7-23）。

提示 软件下载地址：https://www.xrite.com/search?support=Downloads&sort=3&page-size=12&search=i1Diagnostics。

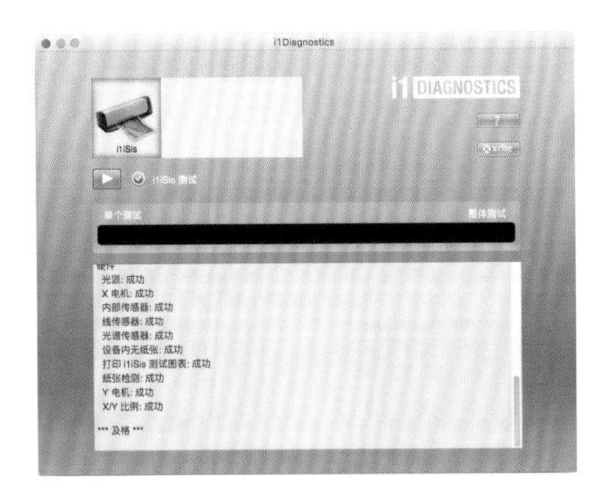

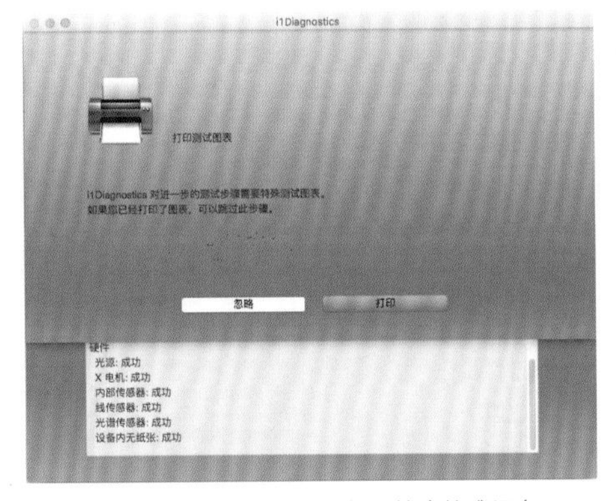

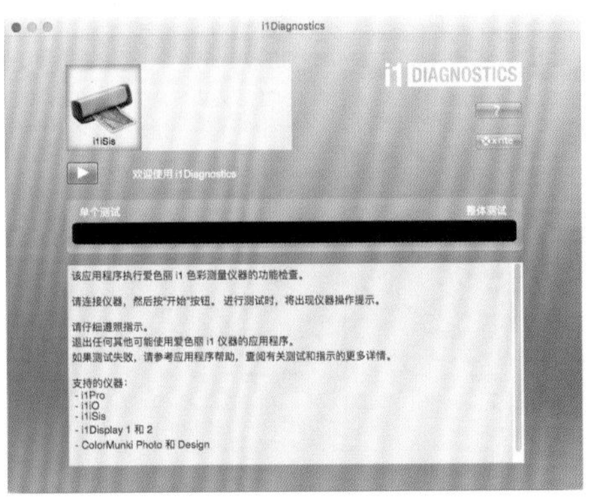

图 7-23　使用 i1Diagnostics 软件检查校准设备

步骤 8：测量并保存测量数据文件

在这里，我们需要了解三个文件的用途。在 C:\Program Files (x86)\X-Rite\Profile-Maker Professional 5.0.10\Testcharts\Printer 加载的图片文件，是用于给打印机打印的图片文件。这个步骤我们已经完成了。

在 C:\Program Files (x86)\X-Rite\ProfileMaker Professional 5.0.10\ReferenceFiles\Printer 加载到 ProfileMaker 的 PRINTER 中的 Reference Date，是用数据文件描述打印图表颜色

的数据文档。这个文档是用于校准参照的标准数据文件（图 7–24）。

提示　校准参考数据文件位置：C:\Program Files (x86)\X-Rite\ProfileMakerProfessional 5.0.10\ReferenceFiles\Printer\EyeOne_iSis，接下来需要进行数据测量，在 Measurement Date 选择数据测量设备 X-Rite EyeOne iSis。

在完成测量后，软件会提示让用户保存文件，文件格式为 .txt。这是一个数据文件，可以使用文本阅读器或 Microsoft Excel 打开。里面记录由分光光度计测量图表的颜色数据文件。这个文件建议单独保存，因为 ICC 配置文件的创建可以有多种选择，也为防止计算时有可能出现意外退出。要知道，如果使用手动扫描，那么所耗费的时间是很长的。同时读数会直接加载到 Measurement Date 选框中。我们可以从两个视图框中看到同样格式的图表，但是颜色会略有不同。接下来需要选择计算方式（图 7–25）。

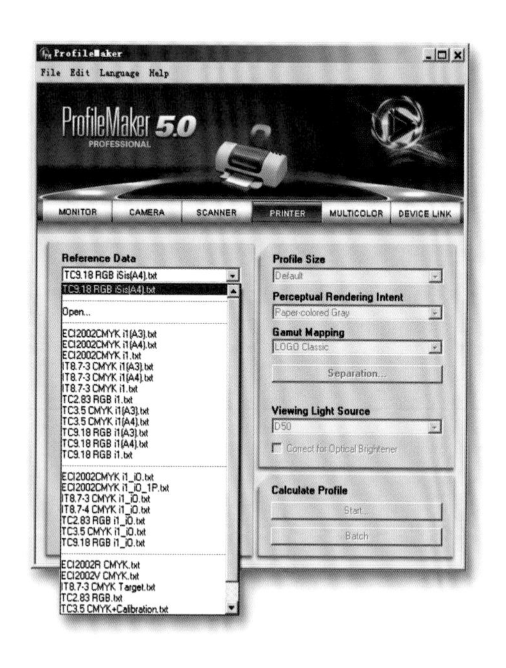

图 7–24　ProfileMaker 软件—加载用于校准的文件

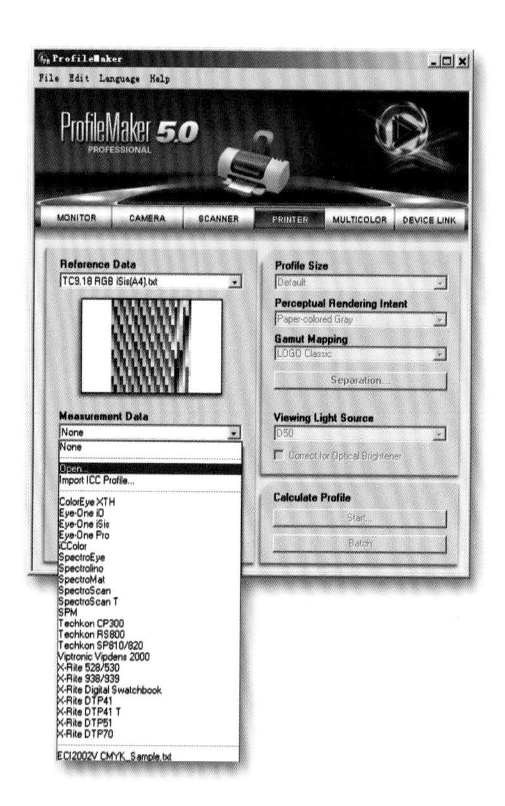

图 7–25　ProfileMaker 软件—选择校准设备

表 7-5　ICC 文件的配置选项

Profile Size	Default	一般校准选择该选项足够使用
	Large	在校准数据图表、校准内容较多和极具非线性特征的情况下使用
Perceptual Rendering Intent	Paper-Colored Gray	打印的纸张介质本身是有颜色差别的，比如，涂层相纸类纸张颜色偏冷、偏蓝色一些，而有些美术纸、粗面纸，纸张颜色偏暖、偏黄色一些。这些基底的颜色会对整个色彩空间产生影响。也就是说，即使打印设备输出了正确的中灰色墨水，但到了纸张上，打印颜色可能由于纸张的颜色而使中性灰产生偏色。该选项可将纸张的颜色计算到图像中做出补偿，从而在有颜色的纸张上打印也能获得正确的中性灰色
	Neutral Gray	基底颜色较浅，对打印时的灰度影响不大，该选项可以保证图像的灰度不会因纸张颜色的不同而发生改变，尽可能减少图片颜色的改变
Gamut Mapping	LOGO Colorful	可以获得最大的色彩饱和度及特别纯净的原色
	LOGO Chroma Plus	获得更准确的色彩，同时将细节损失降到最低
	LOGO Classic	重点放在光影重现上，从而保留整个色彩空间在细节上的表现
Viewing Light Source	D50	整个光源预设值是为了解决墨水和油墨所产生的同色异谱问题而使用该选项。在测量时，需要勾选光谱数据，才能使用该选项。在通常情况下，建议选择 D50。如果能在列表中找到匹配的光源型号，直接使用另一种方法可以使用自己测量的光线数据，可以通过 i1 Share 软件将使用分光光度计测量的自定义结果保存为 CXF 格式，就可以导入 Viewing LightSource 选项中使用了
	D65	
	C(6774K)	
	Cool Whtie Fluarescent F2 等	

这是一般情况下较为常用的设置，完成设置后，点击“Start”按钮，此时会弹出保存文档的位置，可以使用默认位置加以保存。也可以保存到自定义位置（将测量数据 .txt 文件及 ICC 配置文件同时保存在一个文件夹中，这样更安全，也更有利于将来对数据进行修改）。如果选择这样操作，就需要将 ICC 配置文件进行安装。ICC 配置文件只有在指定的文件夹中，才能被其他软件读取。Windows 系统相对容易，只要对 ICC 文件点击鼠标右键，在弹出的对话框中选择安装 ICC 配置文件即可。Mac OS 系统就需要手动安装，安装路径如表 7-5 所示。如果安装过程中软件（如 Photoshop 软件）是打开的，那么请重新启动软件，以便新的 ICC 配置文件被加载到软件中。

提示　配置文件安装位置：Windows System - C:/windows/system32/spool/drivers/colorMac OS - HD > User > Library > ColorSync > Profiles。

i1Profiler 是新型的色彩管理软件，这是 X-rite 公司配合其分光光度计工作的一个软件。它的校色流程更加便捷、准确。不同版本的 X-rite 分光光度计既作为测量仪器，也作为硬件许可证，开放软件中不同的工具模块。作为影像输出，建议选择 i1 Photo Pro2 或 i1 Publish Pro 2。它们与 ProfilerMaker Pro 5 相比，操作体验更好。

配置文件的命名方法

通过上述内容的学习，我们已经知道如何制作一个 ICC 配置文件。之后还可能需要制作更多的配置文件，那么对配置文件的命名就显得十分重要，混乱的命名会给整个工作带来很大的麻烦。因此，我们一般按照以下方式命名，即打印机品牌及型号（简写）_ 纸张品牌及品名（简写）_ 打印机分辨率（数字）_ 渲染方式 _ICC 制作日期。比如，EP9910_EPpspp250_2880_PCG_CP_D50_250317.icc，全称为：Epson Stylus Pro 9910 打印机 _Epson Premuim Semigloss Photo Paper 250gsm 打印纸 _2880 × 1440dpi_ Paper Colored Gray_ LOGO Chroma Plus_ D50_2017 年 3 月 25 日。用户也可根据个人的工作习惯编写适合自己的 ICC 配置文件命名方法，但命名不要太长，否则有时会影响在软件中阅读文件名的完整性。

爱普生打印机（加载 ICC 的方法）

方法一：在爱普生打印机驱动软件中加载 ICC 配置文件（Windows System 和 Mac OS 加载方法）

使用爱普生打印机驱动加载 ICC 配置文件的方法，在 Windows 和 Mac 系统中都可以实现。在这两个系统中都要进行相同的设置，即在 Photoshop 打印设置页面中，将颜色处理选项选择为打印机管理颜色。这样才能在打印机驱动页面中进行 ICC 配置文件加载（图 7–26）。

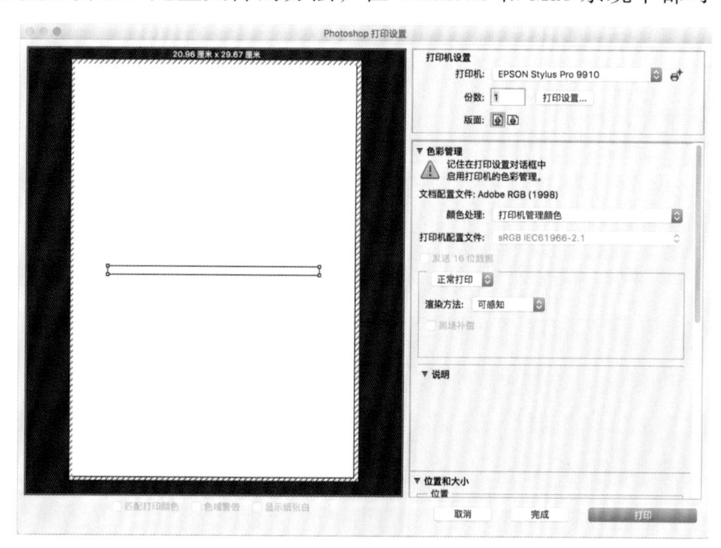

图 7–26　Photoshop 软件中的打印设置界面

点击界面中的打印设置，打开打印驱动设置界面。选择颜色匹配选项，并点击菜单中的 ColorSync 选项，在描述文件下拉菜单中选择需要加载的 ICC 配置文件（7–27）。

不要忘记还要设置 Prints Settings 的 Basic 菜单中的 Media Type。选择纸张介质的目的是为了符合打印机的喷墨限制。此时，一定要选择和之前打印色彩校准文件相同的纸张。如果选择与 ICC 不匹配的纸张设置，可能会造成错误的打印颜色（图 7–28）。

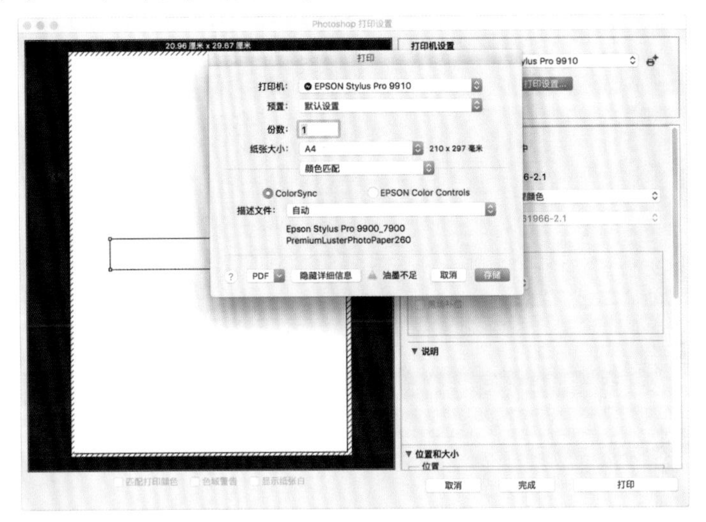

图 7–27　打印机驱动界面

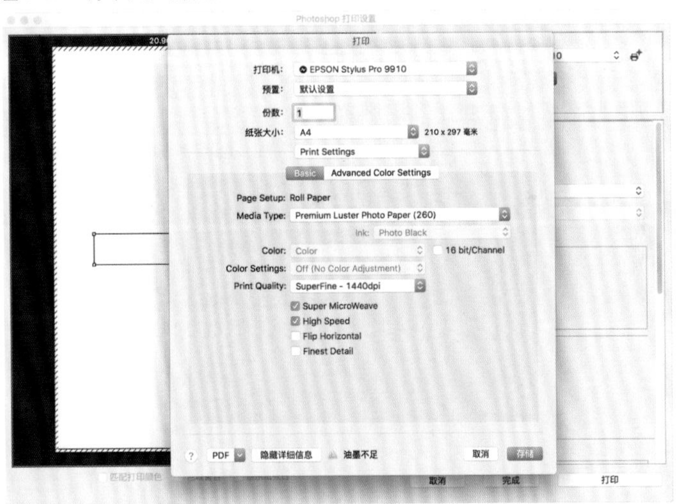

图 7–28　内容详细的打印机驱动界面

方法二：在 Photoshop 中加载 ICC 配置文件（Windows System 和 Mac OS 加载方法）

此界面在 Windows System 和 Mac OS 上都相同，在此以使用 Mac OS 作为演示范例。

使用 Photoshop 软件来实现打印机 ICC 配置文件的加载。在 Photoshop 打印设置选项中，将颜色处理设置为 Photoshop 管理颜色（图 7–29），并在打印机配置文件中找到需要加载的 ICC 配置文件。同时还需要打开打印设置菜单，去设置纸张类型。

完成所有设置，点击打印按钮，开始打印作品。

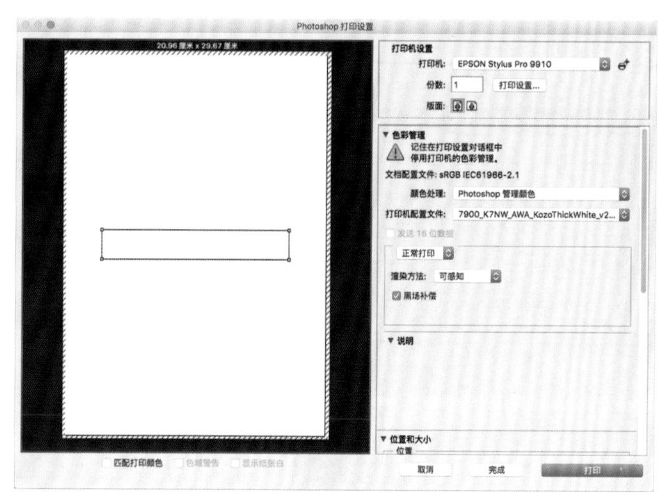

图 7–29　Photoshop 软件在打印设置界面加载色彩管理

佳能打印机（加载 ICC 的方法）

方法一：在佳能打印机驱动中加载 ICC 配置文件（Windows System 和 Mac OS 加载方法）

在 Photoshop 中启动打印机驱动程序（图 7–30），并在下拉菜单中选择主要选项，在色调选项中选择颜色，并点击设置按钮。

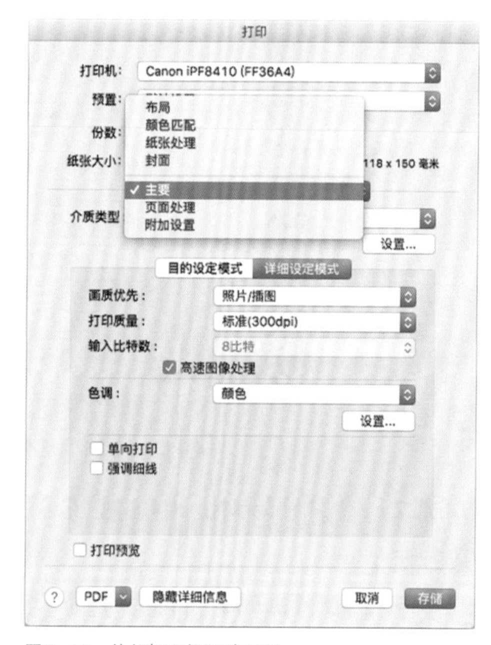

图 7–30　佳能打印机驱动界面

点击匹配菜单，在匹配方式菜单栏中选择 ICC 匹配方式（图 7–31）。

图 7–31　选择 ICC 配置文件

读入配置文件设置

这里要选择与打印的图像文件一致，选择 Adobe RGB（1998）是较为通用的做法。

匹配方法

针对照片选择色感优先，矢量文件选择色彩鲜度优先。

打印机配置文件设置

选择与纸张匹配的 ICC 配置文件，此 ICC 配置文件的来源是所用纸张品牌官方提供的通用 ICC 配置文件，或用户自行制作的 ICC 配置文件（见本书第 155 页“自己制作 ICC 配置文件”内容）。

方法二：在 Photoshop 中加载 ICC 配置文件（Windows System 和 Mac OS 加载方法）

此方法与本书第 170 页“爱普生打印机（加载 ICC 的方法）”内容一致。

惠普打印机（加载 ICC 的方法）

方法一：在佳能打印机驱动中加载 ICC 配置文件（Windows System 和 Mac OS 加载方法）

惠普打印机的色彩管理系统较为完整，其照片级大幅面喷墨打印机系统集色彩管理软件和分光光度计为一体，而且分光光度计被直接安装在笔架车上（笔架车为选配件，建议选择），打印和色块数据的读取可以一体完成，因此减少了误操作和多色块扫描的繁重工作。惠普打印机的色彩管理是通过 HP Utility 实现的。先安装软件，HP Designjet Z3200ps 44inch 打印机内置了一台分光光度计，我们可以看到软件中包含了所需要的色彩管理校准及管理工具。

启动软件

前往惠普官方网站下载打印机所需要的驱动程序，惠普打印机除了提供基础的驱动程序之外，还提供了人性化的打印机控制软件 HP Utility（图 7–32），该软件可以为 HP Designjet Z 系列和 T 系列打印机所用，它能够管理打印机、校准颜色和创建配置文件。

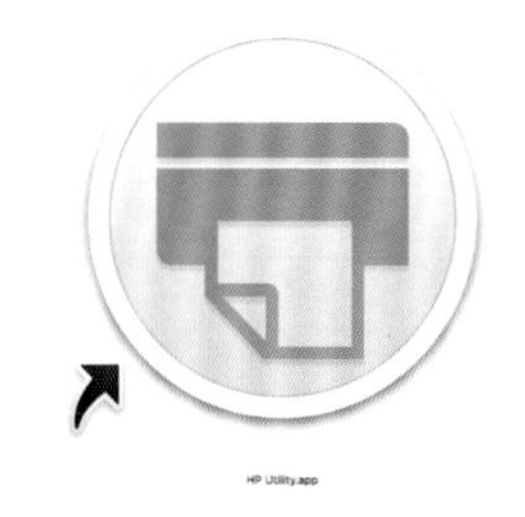

图 7–32　HP Utility

HP Utility 应用程序的界面及使用简介（图 7–33）

打印机状态　通过此项目可以显示打印机的连接状态及连接方式，并可以详细查看墨盒的保修状态、容量及余量，为用户为何时订购墨水提供帮助。

打印机用量　以总计的方式显示从打印机使用起始日期至今所用的每种墨水和每种纸张的数量。

已储存的作业　图片被发送到打印机时，需要将图片文件转换成打印机语言，图像越大，处理时间也越长。配备 PS 控制器的打印机可以将转换的打印机语言进行永久性

图 7–33　HP Utility 软件界面

储存。这样在重复打印时就可以节约转换所需的时间，并可以永久保存所储存的文件。这适合打印较大幅面的图像以及需要大量重复打印的文件，能为生产型用户提供便利。

作业核算 作业核算中包含两个页面，一个是统计，另一个是成本分配。先要填写成本分配页面，只要在此页面添加墨水和纸张的购买价格，统计页面就会自动计算出每次打印的成本价格。

作业队列 和已储存的作业功能类似，但关机后文件会被清除，不具备长时间保存的功能。

提交作业 允许用户在没有任何图像编辑软件的情况下发送一个或多个打印文件到打印机的硬盘中，这与已储存的作业功能是关联的，发送的文件会保存到这里，成为永久储存的文件。除此之外，还可以通过步骤 2 进行打印作业的相关设置。

校准显示器 这是一个启动操作系统自带校色功能的按钮，具有简易的显示器校准功能。

创建新纸张预设 这是 HP 应用程序的重要组成部分，通过该程序可以轻松创建纸张与打印机匹配的色彩管理文件。

第一步：定义纸张预设（表 7-6）

自行编写纸张名称，但要注意纸张类型的选择，其中分为五种类别：相纸、水彩介质、校样打印纸、证券纸和涂料纸、胶片。这里要注意正确选择，此选项包含两部分信息：墨水类型和墨水总量。注意区分需要校准的纸张是照片类纸张还是水彩美术类纸张。如果错误使用了墨水类型，如粗面黑在相纸上无法干燥，会造成黑色墨水溢出；而照片黑在粗面纸上无法达到足够的黑度，会呈现出灰色。如果发生错误选择，就需要重新进行校准。

表 7-6 定义纸张预设

纸张类型	墨水类型	注释
相纸	照片黑	在此列表中包含有 HP 品牌的纸张介质，一般很少使用 HP 的原装纸张。一般用于展览级的光泽类、哑光类打印纸校准，可以使用光面 / 哑光 / 丝光相纸。使用硫化钡类纸张可以用钡白相纸选项进行校准。有的相纸带有金属质感，可以使用珠光相纸选项进行校准。选项中包含墨多和墨少两项，需要根据最终的校准结果来决定选择增加或减少的选项，但对于品质好的纸张，一般不需要增减墨量

水彩介质	粗面黑	粗面介质中包含 Hahnemuhle（哈内姆勒）的艺术纸张，如果使用哈内姆勒品牌的粗面介质，就可以根据其平滑度选择 HP Hahnemuhle 光滑艺术纸或 HP Hahnemuehle 纹理艺术纸。使用墨多还是墨少的画布，是由画布表面所决定的，可以先使用墨少的
校样打印纸	照片黑	数码打样纸张的校准列表
证券纸和涂料纸	粗面黑	一般用于校准普通纸张
胶片	照片黑	由于内置的分光光度计没有透射功能，不建议使用它校准

第二步：更改打印属性

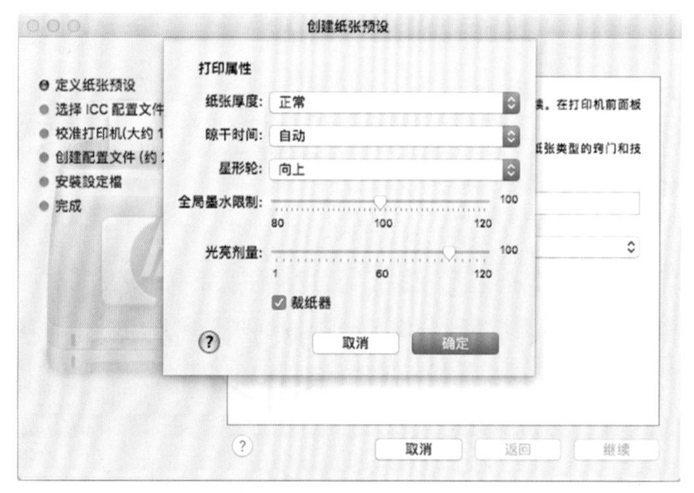

图 7–34　HP Utility 软件—打印属性设置

完成纸张名称和纸张类型的设置后，点击打开更改打印属性，对将要进行的打印属性做相关设置（图 7–34）。

纸张厚度　由于打印机使用的是摩擦走纸的工作方式，此项设置与打印机托架高度、打印辊间隙相关。设置需要判断用于校准的纸张厚度；如果重量是低于 250gsm 的有光滑涂层的纸张（相纸、硫化钡类纸张），可以选择正常；如果是超过 250gsm 的光滑涂层纸张及水彩介质（无涂层棉质介质），就应该调整选项为厚。

晾干时间　默认为自动，但最好选择延长，特别是针对棉质纸张，因为墨水在喷到纸张上的数个小时内，颜色值会随着干燥程度发生变化，这种变化会影响校准的准确度。因此，建议所有的纸张都使用延长选项。

星形轮　为避免这一机械结构对某些纸张有可能产生划痕，此选项应设置为向上。

全局墨水限制 使用喷墨专用的打印纸张，此项可使用默认设置。如果需要校准的纸张介质是非喷墨打印纸张（无涂层纸张），需要根据纸张对墨水的适应性进行增减调整。但这需要进行相关测试，由于选项本身没有提供测试选项，测试过程需要操作人员具有相关的知识和经验。如果操作不当，会造成打印品质下降和校准失败（表 7–7）。

表 7–7 打印问题对照表之一

打印现象	原因	解决方法
黑度不足，饱和度不足，画面发灰	全局墨水限制过低，墨水在纸张上不能形成足够的黑度，无法形成合适的反差和足够的细节，影响作品的呈现。当然，这也有可能是非喷墨打印纸张与墨水的适应性问题，纸张有可能不适合喷墨打印使用	1. 增加全局墨水限制 2. 如增加墨水限制仍无法达到足够的黑度，建议更换其他纸张
墨水溢出，细节消失，纸张过于潮湿	全局墨水限制过高，过多的墨水会造成纸张过载，这种过载会因墨水的扩散影响画面细节的表现	1. 降低全局墨水限制 2. 降低后仍有墨水过载现象，请更换使用其他纸张 3. 降低后仍有墨水过载溢出现象，请更换纸张

光亮剂量 主要针对有些光泽类纸张在打印后造成烫金和强烈反光的现象。此选项可以选择默认，因为在完成校准后，这个选项可以再次更改而不会影响校准质量。完成校准后，全幅面加载光亮剂进行打印。美术类纸张中大多数是不可以使用光亮剂的，因为会产生黑度下降等不良效果（表 7–8）。

表 7–8 打印问题对照表之二

打印现象	原因	解决方法
依然有烫金效果	光亮剂覆盖数量不足以填平墨水与墨水之间的间隙，但相比不使用光亮剂，烫金效果应有所减弱	增加光亮剂用量
出现较大颗粒的墨水斑点	光亮剂数量过大会导致墨水溢出，出现类似被融化的效果，这会影响画面的细节	减少光亮剂用量

裁纸器 对于较厚或油画布介质，需要关闭裁纸器。

完成设置后需要点击继续按钮。在这一过程中，软件会将纸张预设安装到打印机上。点击继续（图 7–35）。

当出现此画面提示的时候（图 7–36），在打印机上安装纸张，并点击继续。校准开始，这一过程中是全自动的，只需按照提示点击下一步，就可以完成最终的颜色校准。

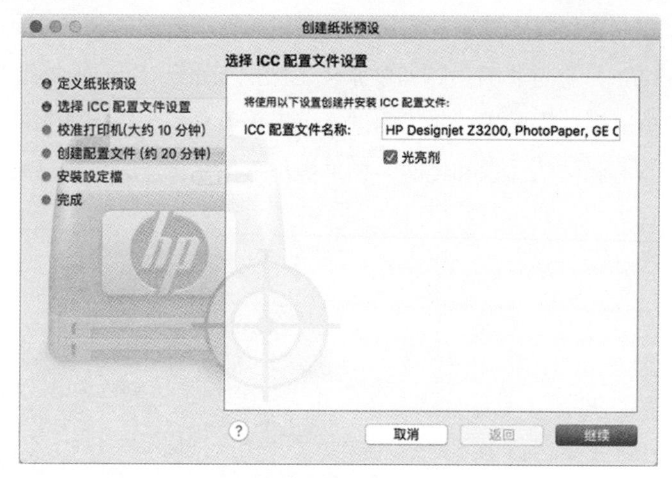

图 7–35　HP Utility 软件—创建纸张预设

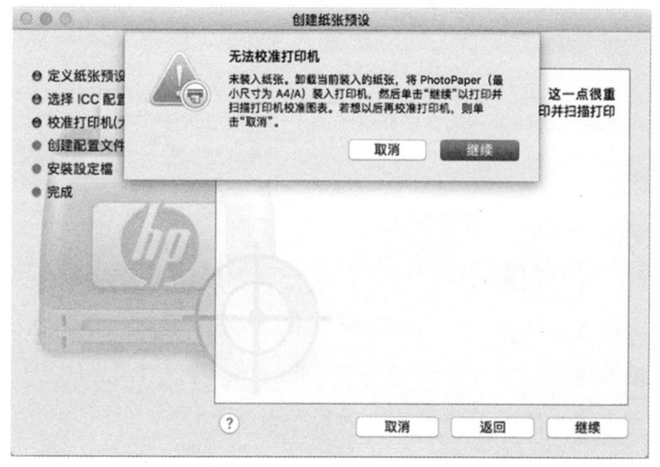

图 7–36　HP Utility—开始执行预设打印

导入纸张预设　可以加载第三方制作的 ICC 配置文件，同时可以导出机器内的配置文件。这项功能主要提供给打印机没有内置分光光度计或对 ICC 配置文件有特殊需求需要进行编辑的用户使用。

纸张预设管理　在此选项中可以看到打印机中所有安装了 ICC 配置文件的纸张。这个列表中分为三种类型，并且可以通过此界面导出 ICC 配置文件。界面中还标注了每种纸张的校准时间，以及是否超过了使用期限，是否需要重新校准。

自定义纸　在此列表下的纸张是由用户通过创建新纸张预设或导入纸张预设实现的。

其他纸张　有可能会出现这个文件夹，如果用户从外部导入 ICC 配置文件来配置文件，那么配置文件将会出现在这个文件夹中。

相纸、水彩介质、校样打印纸、证券和涂料纸　这是机器内置的基础纸张及 ICC 配置文件，这些纸张预设不会直接使用，因为不知道校准来源于哪一种纸张，即使使用，也不可能获得好的效果。直接使用水彩介质打印，会出现严重偏色，相纸类受此影响较轻，但不建议直接使用。

HP 专业 PANTONE　仿真用打印机模拟制作 PANTONE 专色色卡，其中包含多个系列的铜版和哑粉纸张的色卡。

HP Printing Knowledge Center　通过联机方式登录到惠普的知识中心，了解打印机相关的操作知识，目前仅限英文。

日期和时间 打印机日期、时间及时区的设置界面。

打印机设置 打印机通过设置页面对打印机的多个选项进行修改和设置，其中包括打印首选项、作业管理、统计、高级、Web 服务和内置式 Web 服务器首选项等。

其他设置 内置了 Web 服务器配置的打印机，可以通过此选项打开嵌入式网络服务器进行设置。

请与技术支持专业人员联系 通过 HP Customer Care 联系专业人员。

打印质量故障排除 对非打印机质量故障所造成的图像质量问题提供相关解决方法，并可以在线观看。

浏览联机信息 访问在线信息，查找相关的设备信息。

打印机文档 网络版电子说明书。

固件升级 时刻关注 HP 官方网站对此款打印机是否发布新的固件版本，更新固件主要用于修复和提升打印机的性能，需要谨慎进行。

提示 用这种方式制作校准 ICC 配置文件并不能校准所有纸张，而对喷墨打印专用的基底介质比较有效。

作业题

1. 选择一种流程方法制作纸张的ICC配置文件。
3. 对应打印机加载ICC配置文件。
4. 对比加载ICC和未加载ICC打印的照片。

第五节 专业黑白照片打印

黑白影像，在银盐胶片时代具有非常完备的专门技术，在当今仍然具有独特的魅力。在数字摄影时代，许多影像设备的设计原理是为了更好地呈现彩色影像。与此同时，黑白影像的呈现在很长一段时间缺乏独立的系统，都是通过彩色转换的方式获得，由于感光元件的设计差异，使黑白影像的制作和呈现都难以达到最佳效果。近年来，数字黑白影像设备开始受到重视，高端数码相机制造商开始陆续生产专门的设备，如飞思公司推出了 IQ2 60MP Acromatic 黑白数字后背，徕卡公司推出了 M 系列 MONOCHROM 黑白数字旁轴相机，它们的出现为更好地获取黑白影像提供了极好的条件。有了专用的采集工具，输出使用的喷墨打印机也针对高品质的黑白影像提供了解决方案。喷墨打印机生产商开始在打印机中添加更多的灰色墨水，从一个黑色到四种不同灰阶的黑色，这一方案有助于更好地表现黑白影像效果。

目前，最专业的黑白打印已经成为一个系统，由专门的硬件和软件共同组成。

专业的黑白打印，是使用各种不同灰度的墨水替代彩色墨水，这避免了打印品由点构成。黑白打印系统基本可以在任何层次的过渡上做到无点图像结构的构成，其分辨率更高，色调一致，层次过渡更均匀。在保存年限上，用于黑白打印的墨水不像彩色墨水在制造过程中需要较高比例地使用高色度着色剂，后者会影响打印品的稳定，从而影响保存年限。现在由于研磨技术的发展，相对稳定的纯碳被作为制作黑白打印墨水的原料。

Piezography 是一家出品黑白打印的墨水和配套软件生产商，能够制作出高标准的黑白打印作品。其产品于 2000 年推出，近年来不断地得到完善和壮大。

黑白打印的工作原理

近年新款的喷墨打印机都具备了 11 通道及以上的墨水通道数量，其中黑色墨水至少有三个阶梯的过渡（打印机中一般有四个黑色，但是照片黑和粗面黑不会同时使用）。

通过图 7-37，我们可以了解它们是如何工作的。

为了了解黑白打印中黑色墨水是如何工作的，图 7-37 将黑白照片中需要表现的黑色及灰色墨水过渡用色阶表示。图将色阶过渡分为五个级别。当只有一个黑色时，为了表现灰色过渡，只能减少黑色墨滴在单位面积内的数量。灰色的明度越高，黑色墨滴的数量则越少。但是这会带来一个问题，墨滴的数量不仅用于表现黑度，还有表现画面细节的作用。随着墨滴数量的减少，画面细节也因为点的数量减少而无法达到清晰的表现效果，同时层次过渡也会产生颗粒感。因此，如果只用一个黑色墨水，是无法达到黑白照片打印的基本要求的。

图 7–37　喷墨打印黑白影调示意图 –1

可以打印照片级黑白影像的墨水组合，这是黑白照片打印所需要的最基础最低要求的黑色墨水组合条件。为了在浅灰色色阶也能得到较多的墨点数量，同时保证灰色过渡能够相对平滑，除了黑色外，添加了一个淡黑色墨水，这支淡黑色墨水的黑色密度大约是黑色墨水的 1/3，这样可以保证画面中浅灰色的密度。但这种墨水组合效果仍然无法达到高质量黑白照片的要求（图 7–38）。

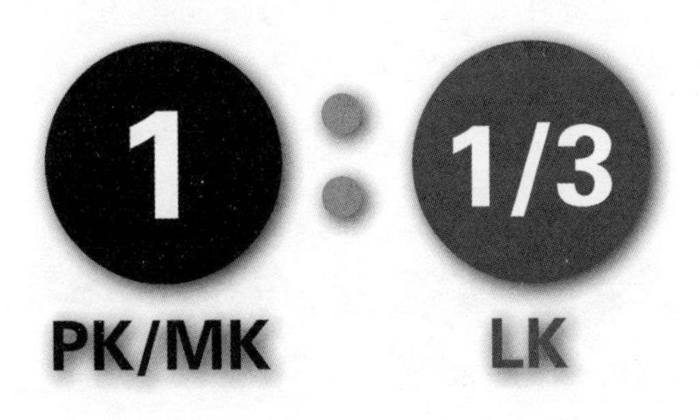

图 7–38　黑色墨水与灰度墨水示意图 –1

图 7–39 表示的是能够较好表现照片级黑白影像的墨水组合。这种墨水的组合方式是现在较为常用的黑白照片打印的黑色墨水组合。通过色阶过渡和墨滴示意图可以看出，不同灰度的墨水可以以较大的密度来表现明暗过渡。

图 7-39 黑色墨水与灰度墨水示意图 -2

但用该组合打印的作品与传统的黑白银盐冲洗的照片比较，还有较大的差距。银盐相纸的显影过程是，不论显影的是哪种色调，所在色调的点（银盐颗粒）的密度和数量是一致的，可通过不同的光照强度曝光获得不同的影调。因此，银盐显影在任何明度下的灰色中都可以呈现完美的细节，这也是银盐显影比喷墨黑白打印最具优势的地方。

提示 大部分打印机所配备的黑色和灰度墨水都不是中性灰色调，而是一种暖灰色，通过打印机原有的驱动程序，中性灰色的影调都会在灰色墨水中添加预先设置好比例的青色或浅青色来混合，以达到中性色调。当需要打印暖色调时，就会减少青色和浅青色墨水比例，甚至加入品红色或黄色墨水。

目前，可以媲美黑白银盐显影效果的黑白喷墨打印是 Piezography 黑白打印系统，由墨水和软件控制系统组成。它使用 Epson Stylus Pro 系列型号的打印机，有两组冷暖色调，每组由五个单色组成，单色墨水之间可以通过色调形成渐变色调（图 7-40）。除了黑色墨水外，还包含五个灰色过渡，这使打印的照片在各个层次过渡上都有极高的点的密度来构成所有的灰色过渡。除此之外，Piezography 墨水的碳黑颗粒使用特别的工艺对碳黑颜料颗粒进行光滑打磨，用这种工艺制造的碳黑颜料颗粒非常细腻。颗粒通过渗透式过渡，并由丙烯酸聚合物封装包裹，颗粒非常细小，可以使墨水颗粒之间会

图 7-40 黑色墨水与灰度墨水示意图 -3

聚团而造成喷头堵塞。打印时，能在纸张上产生统一的平滑度，将同色异谱现象降到最低。除了打印墨水，光亮剂的使用是一个可以为黑白打印照片增添特别效果的工具。Piezography 黑白打印系统还配置了光亮剂墨水，以更好地消除烫金效果并产生统一的反光，从光学角度使黑色的色深更加强烈。这些优点使之成为黑白照片打印的一个较好选择（图 7–41）。

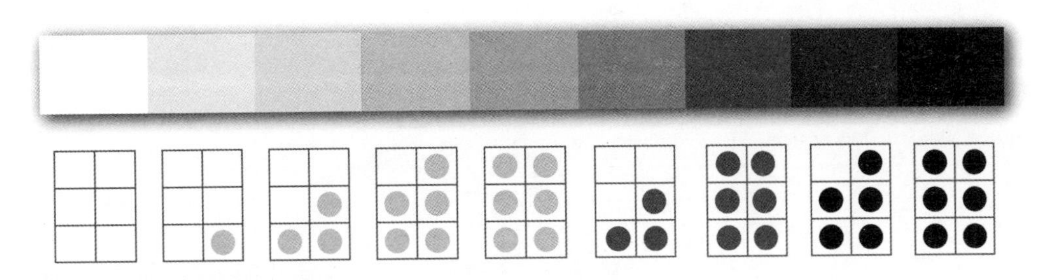

图 7–41 喷墨打印黑白影调示意图 –2

思考题

灰色墨水在喷墨打印机中起什么作用？它为黑白打印带来哪些优势？

照片文件的设置方法

图像文件的来源是制作专业黑白照片的基础，图像文件的处理通常会使用 Lightroom 和 Photoshop 软件。这两个软件在图像处理领域都很重要，但在使用上有所区分。使用 Lightroom 软件可对摄影师拍摄的 RAW 格式文件进行调整，但要注意的是，Lightroom 是对图像进行整体调整，在对图像细节的调整上，它不如 Photoshop 软件。Photoshop 软件对图像调整可以以像素为单位，可以单独控制图像文件中的 256 个灰度值。Lightroom 无法做到像素调整，在打印控制上也难以提供更多的功能和便捷性。因此，使用 Lightroom 软件进行照片管理，可调整画面的整体曝光，并对各个明度区间进行较为整体的初步修改。之后再使用 Photoshop 对图像进行精确调整，并使用 PhotoShop 完成照片打印。换句话说，我们可以在 Lightroom 中调整图像，但想看到图像文件的缺陷是有困难的，而用 Photoshop 则更容易看到画面中的缺陷。

使用驱动程序打印黑白照片（EPSON 打印机驱动）

爱普生打印机驱动程序为黑白打印提供了一个较完整的解决方案，用户可以通过简便的操作对黑白打印作相关效果的设置，操作界面简单易懂。

爱普生打印机驱动提供了一个专门用于黑白打印的选项，该选项针对黑白照片打印进行了优化，选择 Advanced B&W Photo（图 7–42）。

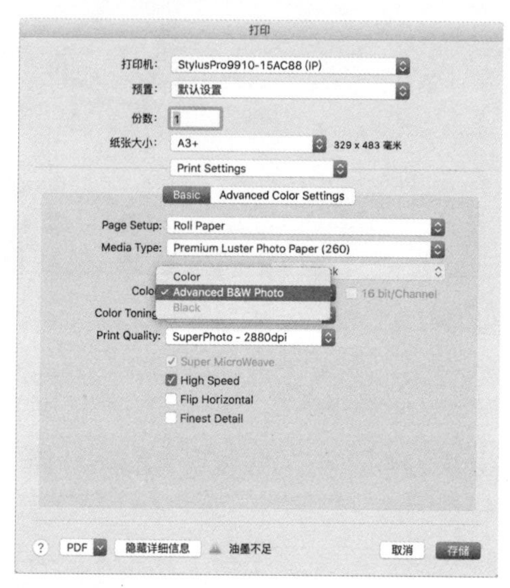

图 7–42　爱普生打印机驱动 –1

打印机驱动提供了四种预置的色调设置：Neutral（自然色调）、Cool（冷色调）、Warm（暖色调）和 Sepia（发黄旧照片），见图 7–43。

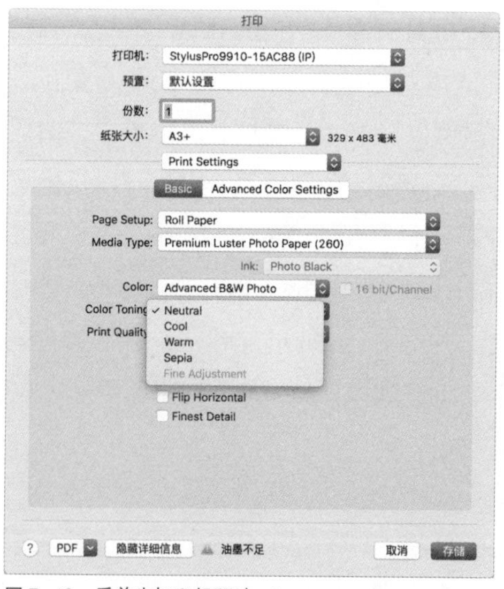

图 7–43　爱普生打印机驱动 –2

在高级设置中提供了更丰富的选项，用户可以通过观看样图对打印效果作相关设置。要注意的是，如需反复打印，则要在设置完成后将其保存为预设值，以便以后打印时使用（图 7-44）。

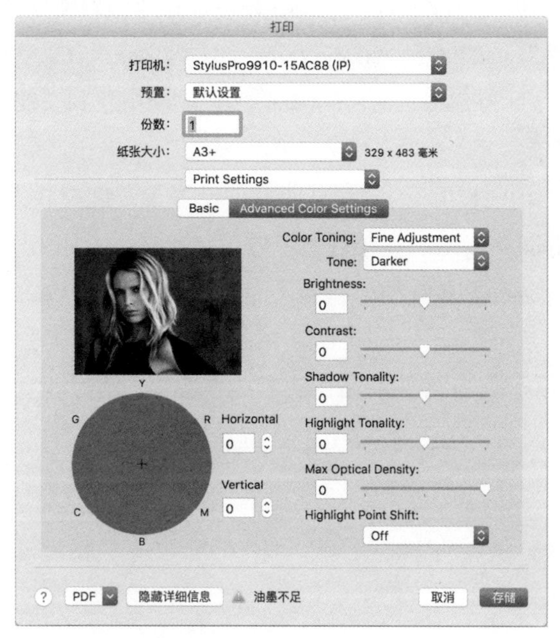

图 7-44　爱普生打印机驱动 -3

Quad Tone RIP + EPSON K3

Quad Tone RIP 软件能同时驱动爱普生原装的 K3 墨水，也可以驱动 Piezography 系列黑白专用打印墨水。这是一个开放、免费的单色 RIP 打印软件。

1. 安装软件

登录网站 http://www.quadtonerip.com/html/QTRdownload.html，下载合适版本的软件进行安装。

2. 连接打印机

完成软件安装后需要安装打印机，这一步骤需要软件与打印机相连接，可以通过 USB 或网络连接（见本书第 199 页“为 QTR 创建打印机连接”内容）。

3. 安装配置文件

所有的配置文件都在 /Applications/Quad Tone RIP/Profiles 文件夹中，找到使用的打印机型号，以及所使用墨水的指定文件夹。文件夹里有安装脚本、型号和墨水名称。要创建和安装曲线，只需双击这款打印机的脚本。例如，需要安装 EPSON Stylus Pro 7910 配置文件，可按以下程序完成：Macintosh HD > 应用程序 > Quad Tone RIP > Profiles >

4900–7900–9900–UC > Install7900.command。配置文件通常可以通过其他方式获得，如墨水供应商和其他用户。这些配置非常容易安装和使用。有三种方式可以获得配置文件，将所有的配置文件复制到 4900–7900–9900–UC 文件夹中，然后去下载文件夹 Profiles/InstallScripts，找到对应的打印机脚本，并将其拖曳到配置文件的文件夹中。用户只需双击脚本文件 Install7900.command，它会自动安装打印机，创建和安装所有的配置文件。但需要重新启动 Photoshop，才能在打印机驱动中找到安装的配置文件。

4. 文件格式要求

使用 Quad Tone RIP 打印，需要将打印文件设置为灰度模式，将色彩空间设置为 Gray Gamma 2.2。Lightroom 无法直接输出所需要的文件规格，尤其不能使用 ProPhoto 色彩空间，因为其 Gamma 值为 1.0，这是不适合图片观看的 Gamma 值。一定要选择 Adobe RGB（1998），这可以满足 Quad Tone RIP 所需要的 Gamma2.2。从 Lightroom 导出的文件格式为 RGB 模式，冲洗完的图片需要在 Photoshop 软件中打开。打开前请检查 Photoshop 的颜色设置，请按照图 7–45 进行正确设置。

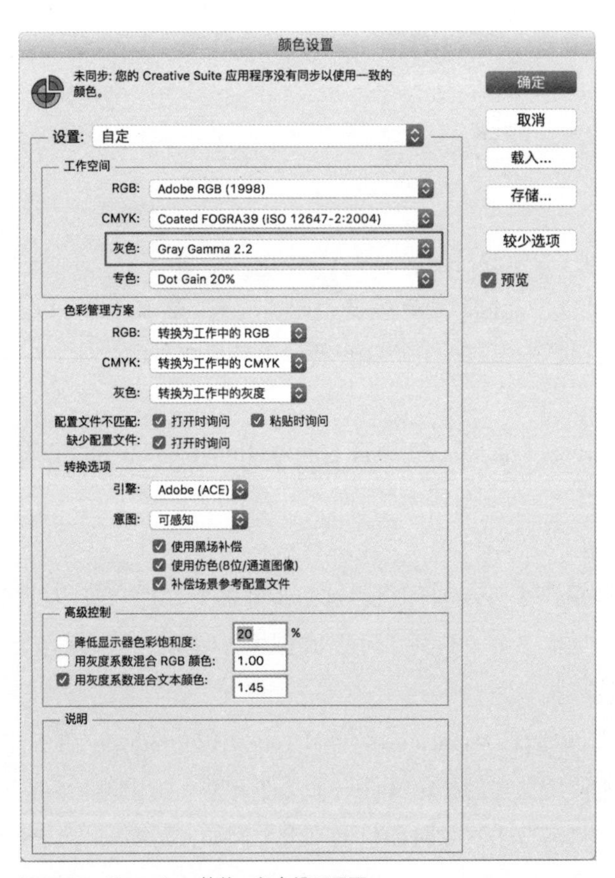

图 7–45　Photoshop 软件—颜色设置界面

从 Lightroom 这里冲洗的照片都是 RGB 色彩模式，即使在 Lightroom 中使用灰度调整冲洗后获得的同样是 RGB 色彩模式。因此，需要在 PhotoShop 中进行转换，并确保嵌入的色彩管理是 Gray Gamma 2.2。如果不转换色彩模式，打印时将会出现错误的黑白效果。使用 Quad Tone RIP 打印（图 7–46）。

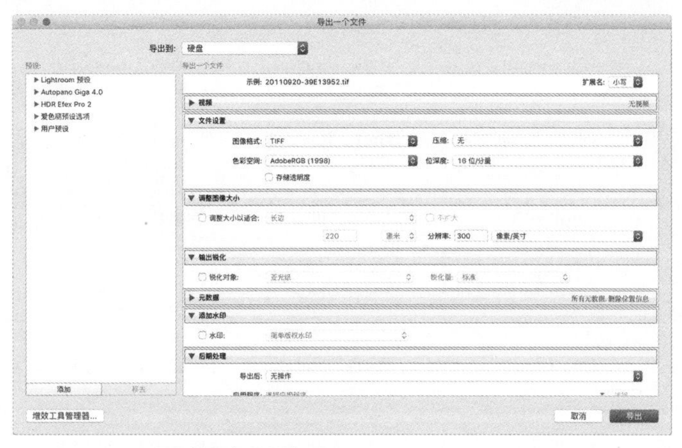

图 7–46　Lightroom 软件文件导出界面

QTR 有一个专业的打印对话框页面。除了常用选项是随时可见和可用的，还包含一些打印驱动没有的选项，有相当多的选项和滑块。经过多次练习之后，对这些滑块的功能会更加了解。当选择不当时，滑块就会变为灰色。QTR 软件提供了一些配置文件，这是软件厂家为此款打印机配合专门的纸张制作的配置文件（表 7–9）。

表 7–9　QTR 软件配置文件

介质名称	解释			
	墨水系列	墨水类型	纸张名称	色调模式
UCmk–EpsEnhMatte–Cool	UltraChrome	Matte Black	Epson Enhanced Matte	冷色调
UCmk–EpsEnhMatte–Coolse	UltraChrome	Matte Black	Epson Enhanced Matte	硒冷色调
UCmk–EpsEnhMatte–Sepia	UltraChrome	Matte Black	Epson Enhanced Matte	棕褐色色调
UCmk–EpsEnhMatte–Warm	UltraChrome	Matte Black	Epson Enhanced Matte	暖色调
UCmk–HanPhotoRag–Cool	UltraChrome	Matte Black	Hahnemuhle Photo Rag	冷色调

续表

UCmk-HanPhotoRag-Coolse	UltraChrome	Matte Black	Hahnemuhle Photo Rag	硒冷色调
UCmk-HanPhotoRag-Sepia	UltraChrome	Matte Black	Hahnemuhle Photo Rag	棕褐色色调
UCmk-HanPhotoRag-Warm	UltraChrome	Matte Black	Hahnemuhle Photo Rag	暖色调
UCmk-PmJetAlpha-Cool 1	UltraChrome	Matte Black	PermaJet Alpha 310	冷色调
UCmk-PmJetAlpha-Coolse	UltraChrome	Matte Black	PermaJet Alpha	硒冷色调
UCmk-PmJetAlpha-Sepia	UltraChrome	Matte Black	PermaJet Alpha	棕褐色色调
UCmk-PmJetAlpha-Warm	UltraChrome	Matte Black	PermaJet Alpha	暖色调
UCmk-PmJetOmega-Cool 1	UltraChrome	Matte Black	PermaJet Omega	冷色调
UCmk-PmJetOmega-Coolse	UltraChrome	Matte Black	PermaJet Omega	硒冷色调
UCmk-PmJetOmega- Sepia	UltraChrome	Matte Black	PermaJet Omega	棕褐色色调
UCmk-PmJetOmega- Warm	UltraChrome	Matte Black	PermaJet Omega	暖色调
UCpk-HmGloss-neutral	UltraChrome	Matte Black	Harman Gloss	自然调
UCpk-HmGloss-warm	UltraChrome	Matte Black	Harman Gloss	暖调
UCpk-HmGloss-warmer	UltraChrome	Matte Black	Harman Gloss	暖调增强
UCpk-raw-neutral	UltraChrome	Matte Black	Raw Warm Neutral	自然调
UCpk- raw -warm	UltraChrome	Matte Black	照片黑色原始中性暖调，用于创建新曲线	
UCpk- raw -warmer	UltraChrome	Matte Black	照片黑色原始中性暖调，用于创建新曲线	

注：表中前 8 项为常用曲线，Epson Enhanced Matte 为爱普生原装纸张增强粗面纸张，Hahnemuhle Photo Rag 为哈内姆勒照片纯棉纸

5. 自定义安装其他来源的 QTR 配置文件

配置文件通常可以通过其他方式获得，如墨水供应商和其他用户。这些配置文件也

很容易安装和使用。有三种方式可以获得配置文件，它们的扩展名由三或四个字母进行区分：".txt"或".qidf"扩展适用于创建一个配置文件的"源"代码；".quad"是二进制的配置文件格式。通过安装脚本处理所有这些格式。程序在磁盘上创建一个新的文件夹，将所有配置文件复制到该文件夹中。然后去下载文件夹 Profiles/InstallScripts，找到对应的打印机脚本，并将其拖曳到配置文件的文件夹中。用户只要双击脚本文件，它会自动连接打印机，创建和安装所有的配置文件。但是需要重新启动 Photoshop。

现在有标准目录，用户应该把自己自定义的配置文件放置在这里。"源"配置文件，即".txt"或".qidf"文件。扩展应放置在 /Applications/Quad Tone RIP/Profiles 一个现有的子文件夹或一个新的位置，将一个脚本文件安装到这个文件夹，并相应地对其重新命名，这将创建一个打印机，通过处理"源"配置文件和安装".quad"到 /Library/Printers/QTR/quadtone 文件夹，驱动程序可以访问这个位置。注意：子文件夹命名要与打印机名称相同。

6. 色调混合

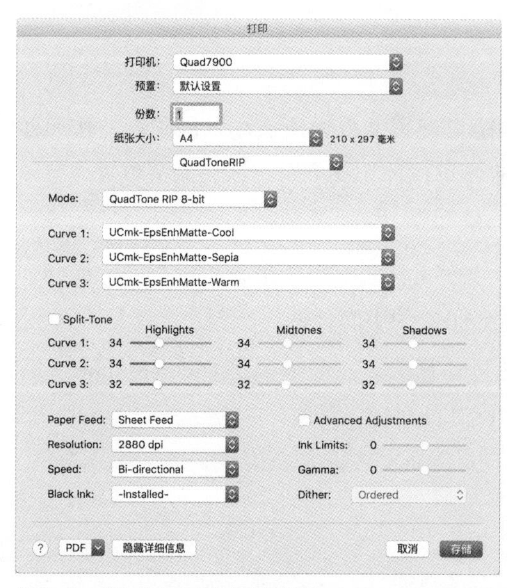

图 7-47　Quad Tone RIP 软件界面之一

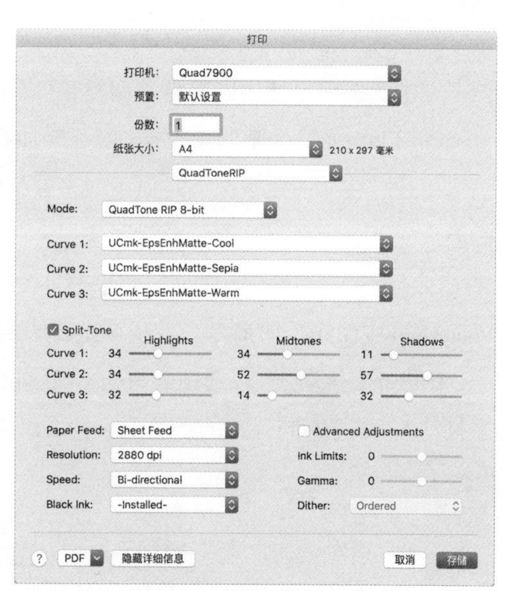

图 7-48　Quad Tone RIP 软件界面之二

这些选项是 QTR 中最重要的组成部分，用户必须选择至少一条曲线，如果不选择，打印将会出现不可预知的效果，而且在大多数情况下，这种效果都是错误的。与标准的彩色配置文件不同，QTR 允许 1、2 和 3 三条曲线（或配置文件）选择不同的色调。该混合可以让用户根据不同的打印曲线来改变色调。各个不同曲线或色调的混合百分比必须保证相加共计为 100%。如果使用不同的色调，启用它也可能会造成色调的混合。图 7-47 显示了从高光到阴影较为一致的色调变化，而图 7-48 则显示了从高光到阴影完全不同的色调变化。

当少于三条曲线混合，灰色参与会中断，如果要尝试打印，用户会得到一个警告：没有曲线打印，结果将无法预测。举一个简单的例子，通常，人们会选择暖调和冷调，依据个人的喜好对这两种颜色进行混合，既可以进行极端的色调混合，也可以按照 50 / 50 的色调进行混合。

7. 其他设置

Paper Feed　选择所需要的纸张类型。选择的纸张类型要与打印机上的纸张类型一致。

Resolution　支持的分辨率为 720、1440 和 2880，1440 有一个“super”模式。

Speed　可以分别选择 Uni-directiona（单向打印）或者 Bi-directional（双向打印）。这同打印精度相关，追求完美的用户会选择单向打印。当然，这也会让打印时间增加一倍。

Black Ink　适用于同时配备粗面黑和照片黑的打印机，针对不同的打印纸张进行设置。

Advanced Adjustments（**高级调整**）

点击此选项，使用以下特殊调整：

Ink Limit（**墨水限制**）此选项可增加和降低配置文件中所有墨水的限制，按照此系数相乘。在大多数情况下，对于大多数纸张是可以使用的，可以达到调节更多或更少的墨水配置。但是，这可能会让图像损失一些细节。

Gamma　此选项允许打印效果整体变暗或变亮，而不需要重新编辑文件。如同在 Photoshop 中使用色阶命令。此项调整将影响到 50% 的中间色调。

Dither（**抖动**）该选项允许选择不同的抖动算法。一般来说是 Ordered dither（有序抖动）。如有不同寻常的条纹现象，可以尝试其他抖动。

作业题

1. 下载Quad Tone RIP软件。
2. 熟练操作Quad Tone RIP软件。
3. 加载打印机曲线配置文件，进行常规黑白（K3）打印练习。

第六节　数字底片制作工艺

在数字摄影普及的今天，数字图像技术从采集、处理到输出已经发展成一个完整的系统。数字摄影和喷墨打印在当今摄影艺术作品的呈现中有着密不可分的关系。喷墨打印的照片精度高、色域大、承印介质多样，已经成为目前影像艺术品最常用的呈现方式之一。在大多数摄影艺术家选择使用数字摄影和数字打印技术进行艺术创作的同时，还有小部分艺术家依然坚持使用传统和古典的摄影方式进行创作。他们认为，用传统和古典的方式显影成像能产生与喷墨成像完全不一样的心理体验和视觉效果。古典影像是指使用胶片，在涂有不同显影工艺的介质上直接印相并获得影像。在传统冲洗照片或制作古典手工影像中，都必须使用胶片作为成像的母体。这样一来，胶片的密度、反差以及品质的优劣，对最终作品的呈现和影像品质就具有至关重要的作用。但是，由手工、化学工艺处理的胶片存在许多不确定性。同时，古典手工影像都使用接触印相的方式，画幅的尺寸直接影响最终作品的尺寸。制作大尺寸的作品就需要使用价格昂贵、体积庞大的大画幅相机，需要操作大画幅相机和使用大尺寸底片。由于每种工艺所需要的影调长度和反差相同，因此，一张底片只能适用一种古典影像工艺的要求。如果使用数字相机，图像十分容易获得，拍摄的照片可以使用图像处理软件进行精细化调整，这种精细密度、反差的调整程度是以像素为单位的，只要相机有足够的像素量，图像的尺寸大小可以随意调整，因此非常方便。相比使用银盐胶片，其成本也得以大大降低，而且图像的调整也更加直观。在数字技术高度发展的今天，将喷墨打印机和专用胶片相结合，使喷墨打印底片技术完全可以实现。

在此之前，将数字技术运用于传统暗房中的实验，在 20 世纪 90 年代初就有美国艺术家做过尝试。在这二十多年里，运用数字技术打印底片的方法一直在演进，用喷墨打印技术代替传统工艺胶片进行洗印照片的实验也从未停止。最早的实验来自美国克莱姆森大学的山姆·王教授，他也是第一代 Photoshop 软件的使用者。

早期的数字底片制作由于受到硬件、软件条件的限制，制作手段比较有限，一般是通过使用 Photoshop 软件中的去色、反像等功能来模拟负片效果，使用喷墨打印机在透明胶片上打印，然后结合所用的工艺显影。其过程基本是，先做一个显影的测试，这一过程是通过调整图像文件而非控制喷墨打印机来实现的。用户通过阅读显影的画面效果来进行判断，加以个人对图像的经验判断，再次对图像进行调整并经测试后打印。这是一个不断迭代的过程，直到获得满意的图像效果。这是一个完全人为控制的调整方式，是建立在大量实验和好心情的基础上的。而且每次调整的数据很难准确适用于其他图像，每做一张照片，都要经历这样一个反复调整的过程。

本章讲述的制作数字底片是一种全新的方式，整个制作过程围绕着对打印机的墨量控制与印相工艺的匹配展开，这从根本上解决了图像损失和需要反复调整的传统弊端。

数字底片的类型和发展

新的数字底片流程是不需要做迭代处理的，但还是要做反复的调整，而且这个调整过程更客观、更数据化，也更方便。分光光度计是最后加入的，它在测量反射稿的颜色值和亮度值上具有最准确的优势，但因其配合的软件发展相对滞后，再加上硬件设备价格昂贵，使其在该领域的应用稍晚一些。

数字纸片技术发展到这里，其优势和劣势是显而易见的。第一代数字底片技术是基于调整图像来适应不同古典工艺的要求，用于修正的曲线都需要做很大幅度的调整，这种调整对于图像的细节以及亮部和暗部的层次都会造成很大的损伤，从而影响图像的品质和细节。而第二代使用 PDN 制作数字底片是相对复杂的，在底片制作过程中并非每次都能获得成功。由于打印驱动的原因，有些彩色墨水的输出会在胶片上生成不自然的颜色过渡，这会严重影响最终的印相效果。在这一阶段，数字胶片本身的图像质量在影调和密度上无法与银盐胶片相比，但由于每种不同的古典手工影像需要不同反差的胶片用于印相，以获得最佳的图像质量，因此，相比较传统银盐胶片，数字胶片操作起来就相对容易得多。

我们发现，在之前的数字底片整个制作过程中，所有的调整都来源于图像本身，作为重要输出工具的打印机并没有参与其中，这也是早期的数字底片技术存在各种不足的原因。产生这一问题的原因是，打印数字胶片和纸张打印完全不同，使用喷墨打印机打印纸质照片的技术已经非常成熟，纸张打印作为作品的最终呈现结果，在色彩和影调的准确表现上已经有一套标准的方法来控制。虽然早期的方法能给古典手工影像的成像过程提供一个便捷的流程，但是从中间片的角度来说，以上方法并非真正意义上的数字底片技术，因为它获得数字胶片的方法是通过调整图像来实现的。参照纸张色彩管理的工作流程，通过修改图像信息来完成打印目标，不能称为色彩管理流程。打印数字胶片也是同样的道理。而要真正实现数字胶片打印流程化、标准化，必须具备三个重要的技术特征。

基于灰度的墨水线性化校准

这里要区分一个可能会混淆的概念，即墨水线性化校准并非ICC配置文件校准，这两者是完全不同的。ICC配置文件的创建和制作是基于准确的线性化基础。现在用于制作数字中间片的喷墨打印胶片能够承载的墨量非常高，透射最大密度测量值可以高达DMax2.9，但这个最大密度值对于古典工艺来说是没有意义的。拿铂金工艺为例，铂金印相最大所需密度在DMax1.6—1.8，如果使用过高的密度，会严重影响作品的影调层次表现。因此，需要在做墨水线性化的同时，限定墨水的最大墨水量，以达到合适的密度。

中间片的工艺适应性

数字中间片并不像照片打印，照片打印的纸张介质就是最终的呈现介质。但是数字中间片打印的胶片介质只是用于影像转换的负片。如何校准中间片，实际上要根据使用哪一种古典工艺来决定。古典影像使用手工涂布显影乳剂层，这种以手工操作的纸基、乳剂、感光药液的成分以及感光指数差异很大，有的艺术家还会根据创作目的对显影药水进行个性化配比。即便是使用完全相同的材料，在两个不同的工作室或者以不同水源、温度、湿度制作出来的最终影像，也不尽相同。

个性化调整

创作古典影像的艺术家并非任何时候都要使用完全准确的线性化设置，有的作品可能需要压缩高光部分，有的则希望压缩中间调部分，抑或压缩暗调部分。如果通过曲线等图像编辑工具调整图像文件，则只能用于某个被调整的数字图像文件，并不具备调整其他数字图像文件的通用性。而通过控制墨水通道的墨水输出量来实现调整，对图像的损伤很小，而且这种调整会成为一种预设值，可以应用在所有不同题材的数字图像文件上，并成为风格调整预设。

最新的PiezoDN是第三代数字底片技术，是集打印控制软件、专用墨水系统和线性化管理系统为一体的一个完整的工作流程。一般喷墨打印机在表现从暗到明的过渡是使用一至三种灰度墨水，通过在单位面积内减少喷墨数量来实现的，这也是前两代数字底片质量不够高的重要原因之一。PiezoDN的七个灰色梯度的墨水、六种灰度的墨水可以让胶片在任何层次上都具有较高的墨水覆盖率，大大提高了数字胶片的分辨率，特别是在表现高光和阴影部分，优势更明显。采用PiezoDN打印出来的数字胶片，与传统银盐胶片比较，效果已经十分相近了。七色灰度的墨水由一套能够适应基于灰度的墨水线性化校准、中间片的工艺适应性、个性化调整的软件及工具包组成，它从校准胶片到输出胶片的整个工作流程还是比较简单易用的。

然而，不论用哪种方法制作的数字胶片都存在一些不足之处，喷墨打印的数字胶片片基需要有专门的涂层来承载打印机的墨水，保证其不会扩散且具有足够的密度，而这个涂层会让整个数字胶片变得脆弱。而在接触印相过程中，涂层和墨水需要与化学药剂接触，容易给数字胶片造成污染，这使得数字胶片的保存十分困难，也基本上不能重复使用。但是数字底片技术的出现为古典手工影像的制作带来许多便捷性和可能性，不需要使用药水，也非常环保，但是与使用纸张的喷墨打印技术相比，还是不够成熟和完善，目前只能用于接触印相，不能用于照片放大，这是数字底片的局限性。目前，数字纸片技术还不能完全达到银盐胶片的应用范围，希望它能紧跟科技发展，成为替代银盐胶片的一种更为成熟的解决方案。

使用 K3 墨水设计数字底片

这是一个比较容易实现的方法，它以原装爱普生打印机墨水的 K3 系统为基础，操作起来比较简单，不需要添置昂贵的分光光度计或密度仪等设备，比较适合刚入门的用户。若你还没有拿定主意是否真正需要制作古典手工影像，那么学习这个流程是很合适的。我们通过使用传统的银盐手工印相来演示整个数字底片的制作流程。

这里需要区分一个可能会混淆的概念，即数字底片的制作实际上是一个对墨水线性化校准并根据不同工艺进行曲线扭曲的流程，并非是对 ICC 配置文件校准，这两者是完全不同的。ICC 的创建和制作是基于准确的线性化基础。现在用于制作数字中间片的喷墨打印胶片能够承载的墨量非常高，透射最大密度测量值可以高达 DMax2.9 以上，但这个最大密度值对于古典工艺来说是没有意义的。以铂金工艺为例，铂金印相最大所需密度在 DMax1.6—1.8，如果使用过高的密度，会严重影响作品的影调层次表现。因此，在做墨水线性化的同时，要限定最大墨水量，以达到合适的密度。

准备清单

如果你有一台爱普生品牌的大幅面系列打印机，那是最好的。如果你的打印机是桌面型号的打印机，则需要查阅一下该打印机的技术规格，最重要的是打印机的打印头要具备智能变换墨滴技术。常用设备型号 Epson Stylus Pro 3890、Epson Stylus Pro 4880、Epson Stylus Pro 7880、Epson StylusPro 9880、Epson Stylus Pro 4910、Epson Stylus Pro 7910、Epson Stylus Pro 9910、EpsonSureColor P608、Epson SureColor P808 等（截至 2017 年 7 月）。

墨水系统

UltraChrome K3、UltraChrome K3-VM、UltraChrome HDR、UltraChrome HD。

提示 最好使用颜料墨水，并且墨水的稳定性非常重要，墨水不稳定会给整个工艺带来麻烦。此方案不适用染料墨水系统。相比之下，染料墨水的整体阻光性能较差，特别是对 UV 光的阻挡效果不明显，使用染料墨水的曲线设计方法是完全不同的。

软件系统

使用 Quad Tone RIP 和 Photoshop 软件。Photoshop 软件可用于图像调整和打印的辅助工作。Quad Tone RIP 软件是一个第三方打印机光栅驱动软件，主要用于制作和执行打印机的墨水线性化设置。与打印机自带的软件不同的是，Quad Tone RIP 有更好的打印机语言，并能够独立控制打印机的每一个墨水通道，这就像使用傻瓜照相机和专业大画幅照相机，两者是完全不同的。软件提供 Win、Mac 两个版本系统。在接下来的演示中，我们使用 Win 版本。

提示　Quad Tone RIP 下载地址：www.Quad Tone RIP.com。

数字胶片介质

要选择带有白色乳剂层的喷墨打印胶片。这种胶片看起来是乳白色半透明的，特别是在打印后墨量较多的地方会完全呈现出白色。这种白色具有两个作用：①接触印相时大多使用的是点光源，白色乳剂层就起到了很好的柔光效果，能尽可能保证光线在最均匀的情况下到达墨水层，保证了胶片各处光照的均衡。②喷墨打印的胶片在中间密度会有较粗的“颗粒感”，印相时会影响到细节和平滑度，白色乳剂层的柔化效果可以减轻“颗粒感”。

最好使用 Pictorico OHP 系列的胶片，这种胶片比其他胶片可以吸收更多的墨水。

提示　几种打印胶片的官方网站：www.picrorico.com。

Quad Tone RIP 的使用

图 7-49　Quad Tone RIP 标志

Quad Tone RIP 软件是一个第三方的打印机驱动程序（图 7-49）。更准确地说，它是一个包含校准程序的打印机驱动程序。它能够单独控制和自定义设置每个墨水通道的喷墨量。说到这里，是不是已经让人有很多想法了？在数字底片的制作领域以及其他一些专业打印领域，Quad Tone RIP 确实提供了一个良好的解决方案。但是，它提供的所有解决方案只能使用爱普生打印机来完成，不能使用其他品牌的打印机。

QTR 软件（下文将 Quad Tone RIP 软件简称为“QTR”）目前在 Mac OS（图 7-50）

和 Windows System 系统（图 7–51）都有对应的版本，但是两款不同版本的软件在使用和操作上却大相径庭。以下是两个版本软件的界面。

通过对软件界面的观察可以发现几个不同之处：在 Mac OS 系统中，QTR 是安装在

图 7–50　Mac 系统下的 QTR

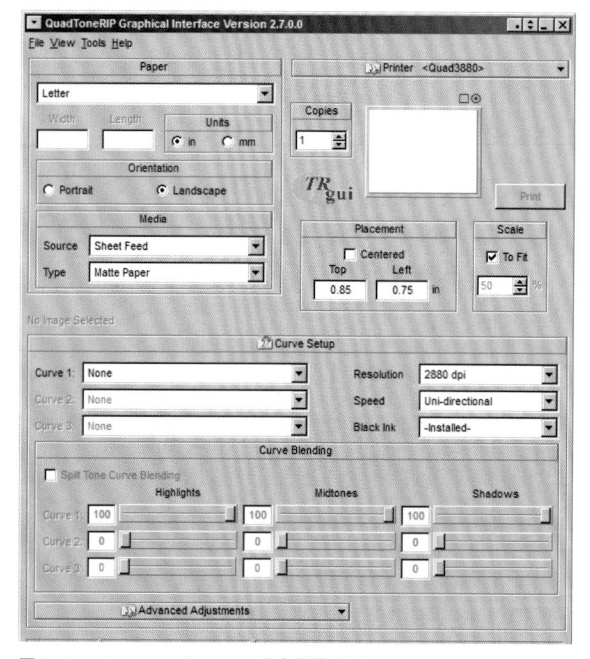

图 7–51　Windows System 系统下的 QTR

操作系统的打印机列表中，并由 Photoshop 或其他图像编辑软件发送图像进行打印的。在 Windows System 系统中，QTR 除了能够驱动打印机之外，其中也包含了向打印机发送图像的功能，它不需要嵌入任何图像编辑软件中就可以直接打印。对这两个版本一定要区分哪个更好用，是很困难的，因为两个版本都不是特别完美。Windows System 软件缺乏稳定性，出现意外退出的风险较大，而且在曲线编辑工具中对于新款打印机的支持总会出现一些问题，这会让专心工作的用户感到头痛。Mac OS 的 QTR 也并非十全十美，这款软件主要针对美国用户，我们使用的爱普生打印机是中国版本的，如果准备连接的爱普生打印机是 x910 系列之后的款式，就会遇到 USB 无法连接的问题。因为美国版本的打印机型号是 x900，除非你使用的是老款打印机。早期的打印机，中、美机器型号是相同的。对于目前而言，x910 系列打印机已经不是新款打印机了，因此，如果准备一个路由器，或者将打印机连接到路由器上，选择网络作文件的传输方式是可以使用的。如果是一个无线路由器则最好，这样可以摆脱数据线的束缚，实现无线打印。这里推荐使用 Mac OS 版本的 QTR，通过无线网驱动 Epson Stylus Pro 3890、Epson Stylus Pro 4910、Epson Stylus Pro 9910 和两台 Epson Stylus Pro 7910。如果通过 USB 连接，那么太多的数据线会让人感到不便。

Quad Tone RIP 软件的基本结构

在使用该软件之前，我们先了解一下软件的结构（图 7–52）。

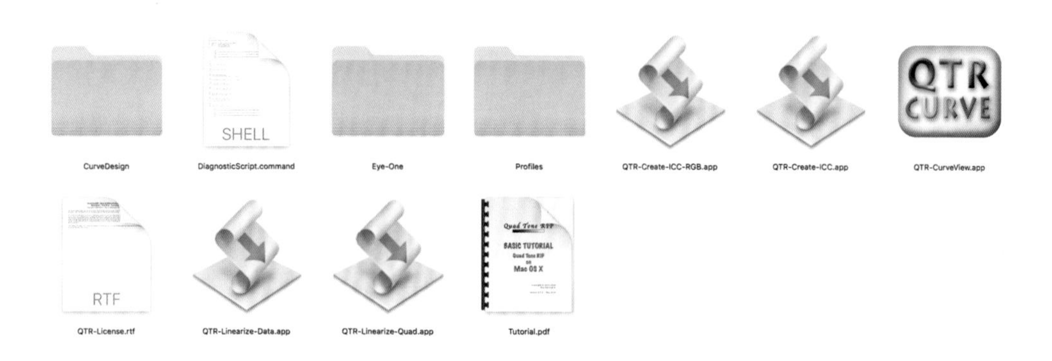

图 7–52　Quad Tone RIP 软件中的内容（Mac）

CurveDesign　用于曲线的设计工具，文件夹中提供了用于制作墨水线性化及个性化调整的工具。稍后，我们会用到这个文件夹。

Eye–One QTR　提供了一个精确校准的解决方案，基于 X–rite 的 Eye–One Pro 或 Eye–One Pro2 分光光度计，文件夹中包含所需要的图表和测量数据文件。

Profiles　各型号打印机 QTR 专用曲线的文件夹，其中还包含打印机安装和曲线安装工具。

QTR–Create–ICC–RGB.app　ICC 配置文件生成 app。

QTR–Create–ICC.app　ICC　配置文件创建 app。QTR–CurveView.app 曲线可视化阅读器，用可视化的方式阅读每条曲线中各通道墨水的出墨方式。

QTR–Linearize–Data.app　线性化数据转换 app，它的功能是将 Eye–One 测量的线性化数据转换成 QTR 专用的线性化数据。

QTR–Linearize–Quad.app　将自定义编辑的数据转生成 QTR 打印软件能够读取和执行的文件格式。

Tutorial.pdf 基础教程文档（英文）。

这里常用的工具和工具包包括 CurveDesign、Eye–One、Profiles、QTR–CurveView.app、QTR–Linearize–Quad.app。接下来，将使用 Mac OS 系统的 QTR 进行演示，首先要将 QTR 软件与打印机建立连接。

接下来，选择合适的打印机文件夹。

打开文件夹 Macintosh HD > 应用程序 > Quad Tone RIP > Profiles 文件夹（图 7–53），一共有 45 个项目文件夹。根据文件夹的命名来选择我们需要的文件夹。文件夹命名方式，前面的数字描述的是打印机的型号，如“4900—7900—9900 – UC”，指的是 Epson

图 7–53　Quad Tone RIP 软件配置文件的项目文件夹

StylusPro 4910、Epson Stylus Pro 7910 和 Epson Stylus Pro 9910，三款机型（文件夹的打印机型号都是按照美国 Epson 打印机型号命名的，所以型号名称并不完全相同，但是规律相同），尾部的英文命名对照下表。这里演示的机型是 Epson Stylus Pro 9910。这里需要选择“4900—7900—9900 - UC”文件夹。请根据自己的机型去选择正确的文件夹，并打开。

为 QTR 创建打印机连接

这里共有四种文件类型，我们只要关注两类文件即可。首先，文件类型为“.command”和“.txt”，其他两类文件在这个工作流程中是不需要的。现在需要从 Install4900.command、Install7900.command、Install9900.command 这三个文件中对应打印机选择一个你需要的。如用户需要对应的是 Epson stylus Pro 9910 打印机，就可以选择 Install9900.command 文件，然后选择一个“.txt”格式的文件，选择并拷贝这两个文件（图 7–54）。

转换页面以后来到 Macintosh HD > 资源库 > Printers > QTR > quadtone 文件夹（图 7–55），将拷贝的两个文件复制到这个文件夹中，点击 Install9900.command。

提示 在初始情况下，在文件夹中有很多文件，可以将其统统删除，因为这些文件对用户操作没有任何帮助，不是工作所需要的，并且会扰乱视线。

图 7–54 Quad Tone RIP 软件—9910 打印机配置文件夹中的文件

图 7–55 资源库中的 Quad Tone RIP 配置文件安装文件夹

这个文件夹中留下的都是真正要使用的文件夹。

系统会弹出这样一个列表，提示我们在将打印机和QTR软件建立关联的时候，USB接口无法查找到打印机需要通过网络连接的方式。此时画面要求用户输出打印机所在的IP地址（图7-56）。这可能是大多数用户都会遇到的情况，在这里请输入正确的打印机IP地址。

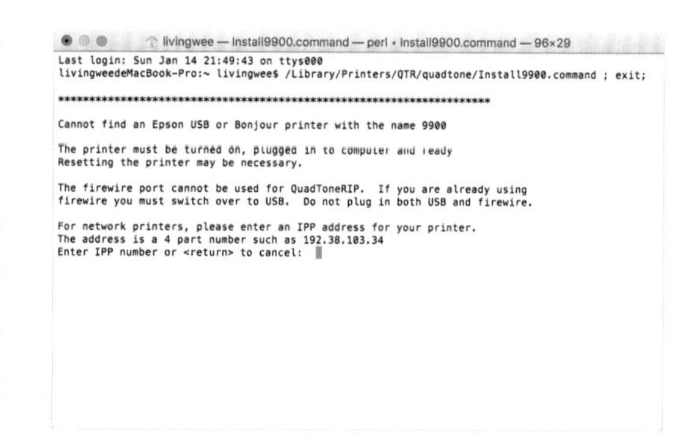

图 7-56 Quad Tone RIP 软件 - 用网络连接方式加载打印机

完成安装（图7-57）。

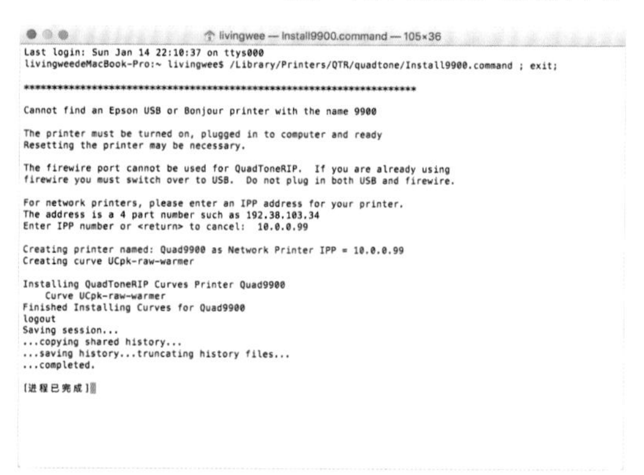

图 7-57 Quad Tone RIP 软件—完成打印机及配置文件的安装

生成新的文件夹，同时将Install9900.command文件移到Quad9900文件夹中。连接工作即告完成（图片7-58）。

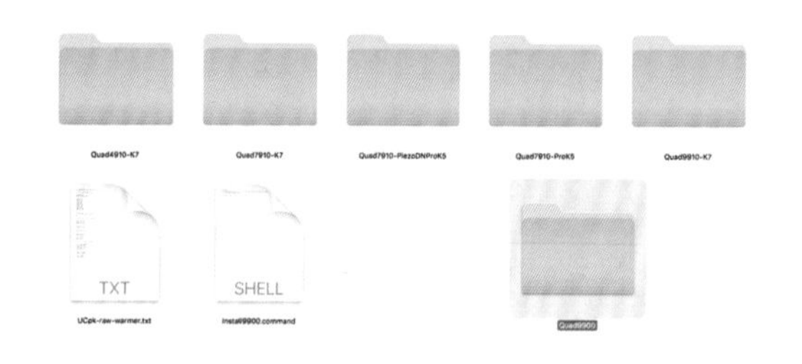

图 7-58 Quad9910 文件夹

我们可以在Mac OS系统编好设置的打印机与扫描仪中找到安装成功的打印机（图7-59）。

图 7-59 Mac OS 打印机与扫描仪界面

提示 QTR的安装必须基于相对应打印机的官方驱动。在连接QTR之前，用户的打印机必须已经安装了原装的打印机驱动程序。

思考题

Quad Tone RIP软件与普通打印机驱动软件在创建打印机连接方面有什么不同之处?

作业题

判断需要创建连接打印机的型号，为打印机创建网络或USB的Quad Tone RIP打印机连接。

打印基础校准文件

用户可以使用 Photoshop 或 PRINT-Tool 作为打印工具，驱动已经正确连接的 QTR 打印机。

先加载图像，选择与 Epson Stylus Pro 9910 墨水通道相匹配的 Inkseparation10 图像文件，文件加载位置：Macintosh HD > 应用程序 > Quad Tone RIP > CurveDesign > Images >Inkseparation10，驱动打印工具，选择正确的打印机并点击打印设置（图 7-60）。

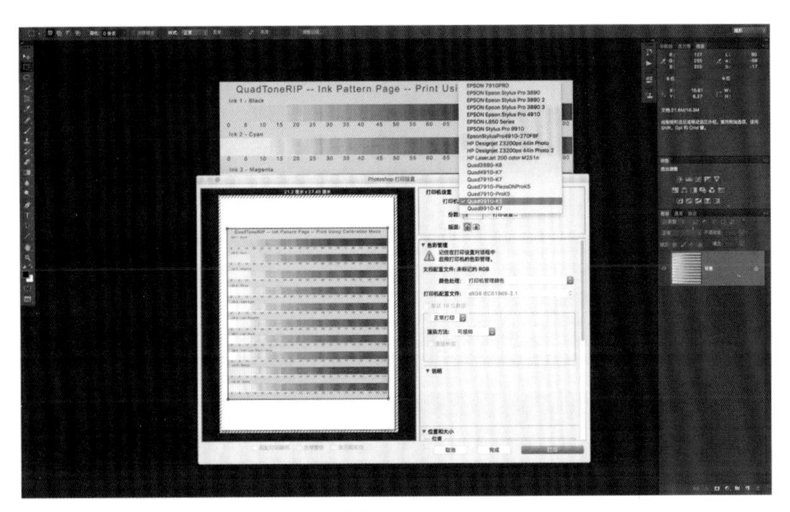

图 7-60　使用 Photoshop 软件打印校准文件

使用 Quad Tone RIP Calibration 模式来单通道打印每个喷头的墨水渐变方格。正常使用 Calibration Ink Limit=100。需要注意的是，用户使用的打印胶片要能承受所设置的最大墨量。并非所有的打印胶片都可以承受 100 的墨量，可以根据打印胶片的实际情况降低这一数值的设置。用户必须清楚记得被修改设置的数值，因为这个数值在之后的工作中将起到重要作用（图 7-61）。

提示　胶片承载墨水的涂层是由氧化硅或氧化铝制造的，可以让墨水完整停留在涂层表面。从胶片正面看，似

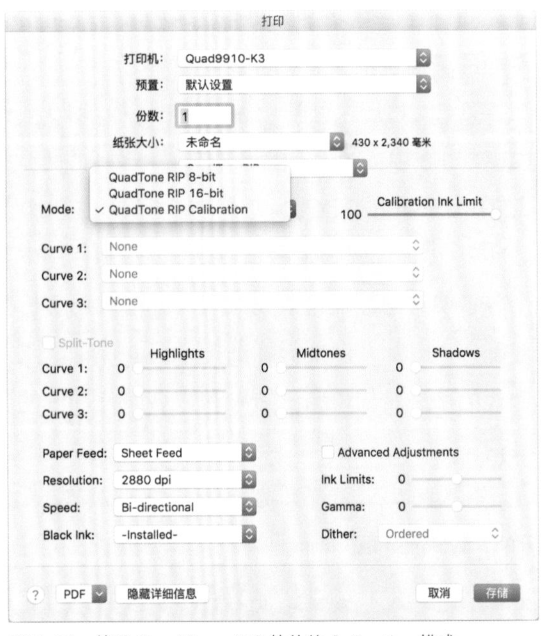

图 7-61　使用 Quad Tone RIP 软件的 Calibration 模式

乎大部分胶片都可以承受Calibration Ink Limit=100 的墨量。但这种判断标准是错误的，胶片的墨水承载量需要看胶片的背面。随着墨水量的增加，刚打印完的胶片背面会逐渐显现出乳白色，如果墨水过量，胶片背面就会出现与墨水相同的黑色墨水印记。因此，若出现这种情况，就需要调低Calibration Ink Limit=100，因为墨水的过载会使打印画面细节丢失。

思考题

为什么需要正确区分适合打印机使用的Inkseparation图像文件?

作业题

使用Quad Tone RIP Calibration 模式打印基础校准文件

制作用于测量的数据模板

数据模板是创建 Quad Tone RIP 曲线所必备的参照文件，其中包括打印着基础校准图像的胶片、需要进行匹配的古典手工影像。测量数据模板的制作方式是相同的，可以适用于绝大多数需要印相的古典手工影像。这张打印好的胶片可以长期保存，因为作为基础校准图片，可以适用绝大部分需要印相的古典手工影像的校准。

完成打印的胶片需要干燥。可以通风干燥，但所需时间较长，会大大增加校准工作的时间。我们可以用吹风机热风挡吹三至五分钟，在吹风过程中可以观察胶片背面，当湿润的乳白色消失后就可以使用了。

这里以使用明胶银盐黑白照片的印相作为演示。使用 ILFORD MGFB MULTI-GRADEFB CLASSIC 相纸，以及自制的 D72 显影液、ILFORD ILFOSTOP 停显液、ILFORD RAPID FIXER 快速定影液和 ILFORD WASHAID 水洗促进液。手工显影工艺比数字打印技术要烦琐一些，除了要正确使用电脑控制打印机和图像外，还要对工艺流程十分了解，清楚知道诸如时间、温度会给显影带来的影响。用户在做校准文件之前就要对配方、时间及温度做详细记录，并保证此工艺流程能在之后工作中被准确还原，用于照片的冲洗。如果测试结果和之后照片冲洗的数据不同，那么整个测试结果将是毫无意义的。

确定曝光时间

这在整个测试过程中是要先确定的数值。在确定曝光时间的问题上要明白，这个时间决定将来作品的最黑度。不论接下来要做什么样的校准流程，都不会对这个数据产生

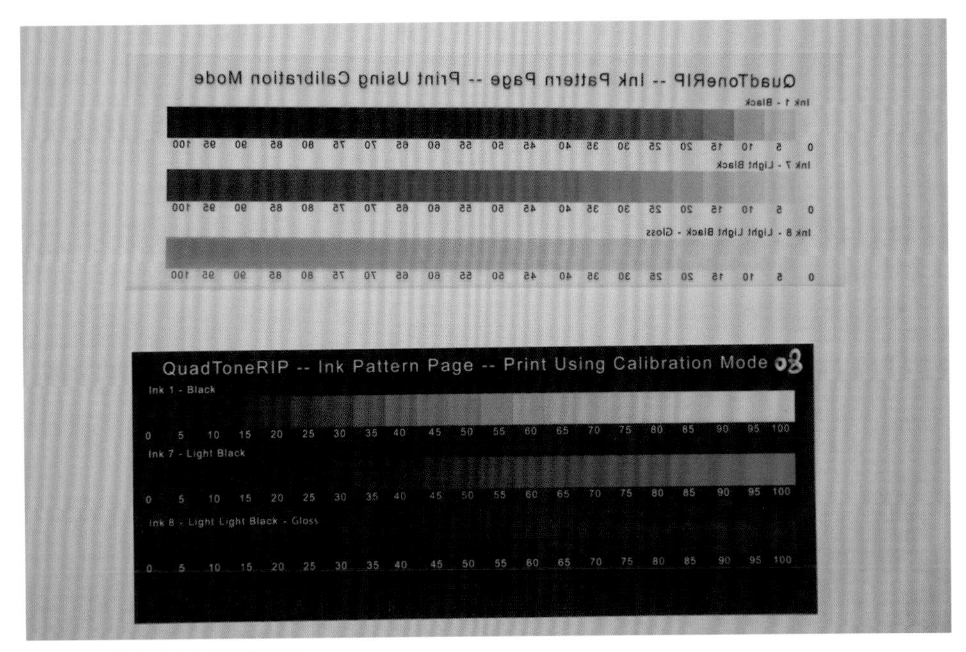

图 7–62　数字胶片和显影的相纸

任何影响，所以曝光时间非常重要。因为画面中的黑色正好是胶片的透明部分，就算是空白胶片也有一定的密度（通常在 0.03—0.07 之间），只有计算上这部分密度的时间，才是正确的曝光时间。

如果曝光时间不足，作品无法获得最黑的视觉效果，这是无法使用数字的校准技术来弥补的。

如果曝光时间过长，作品的影调长度将受到影响，这也是无法用数字的校准技术来弥补的。

这一步骤需要结合所需要的工艺来完成（图 7–62）。

挑选有用的墨水通道

并非所有的墨水通道都会被使用，使用哪些墨水通道需要由曝光光源来决定。在银盐显影工艺中，所需要的墨水通道是 K、LK 和 LLK，因为银盐相纸对光线敏感，使用的是卤素光源，曝光时间也较短。相比较而言，卤素光对颜料墨水的穿透力也不强。古典手工影像工艺中很多使用 UV 光线，UV 光线穿透力强，而且显影的基底所需要的曝光时间也很长，这对颜料墨水也是一个考验。考虑到穿透力问题，在墨水通道的选择中需要加入 Y，一共需要四个墨水通道。

提示 当然，如果直接使用K或K加Y会更容易，但这样会丢失细节。可以想象黑色墨水的密度是恒定的，在印相深色区域时，黑色墨水就只能递减其在单位面积内黑色墨点的密度，从而实现在印相后获得深色，但是单位面积点的减少犹如一台低像素的数码相机，最终会造成深色区域中的结构和细节因墨滴数量太少而无法表现。这一问题引起的视觉现象，往往是画面暗部没有细节或结构模糊不清。这一问题常被误认为是打印时明亮区域影调过渡不均匀造成的，但是重新校准打印机，依然无法改善这一问题。那么，用户就需要重新查找问题的原因了，这种情况很有可能是因为没有正确使用LK和LLK所造成的。LK墨水的黑度大约是K墨水黑度的55%，LLK墨水的黑度大约是LK墨水黑度的39%，所以用LK和LLK在打印胶片较浅色区域时，依然可以保持更高的单位面积内的墨点的密度，这样在之后的印相过程中就可以保留暗部更多的细节。

因此，能够学会控制LK和LLK是做好数字底片的重要一环。我们需要清楚地知道，在整个影调范围内，LK和LLK从哪里开始介入，并在什么时候结束介入。这也是使用QTR软件的重要原因之一。如果你使用打印机的原始驱动程序，就无法对这一重要环节进行控制。

思考题

1. 为什么制作数字底片需要详细记录曝光时间?
2. 为什么在制作数字底片校准及使用数字底片制作作品时，需要保持包括时间、药水、温度及显影时间在内各项数据的一致性?
3. 当更换其他品牌或型号的相纸或数字胶片时，是否需要重新进行校准?

作业题

1. 选择相纸显影的一种工艺，这种工艺可以是购买现成的显影液、定影药水，也可以是自己配置的药水。
2. 选择能够长期使用的数字打印胶片产品及银盐相纸产品。
3. 制作一张用于校准的银盐相纸。

结合工艺流程填写曲线文本数据

这是使用打印的数字胶片在ILFORD MGFB MULTIGRADE FB CLASSIC相纸上显影的色阶条，文本数据将依据以下这三条内容填写。

Ink1-Black 衔接色块的标注

首先在 Ink1-Black 色阶条上找到一个最白色，这个白色色块将决定底片的最大密度，也就是胶片上最黑的那部分。你可以将该色块和相纸周边没有被曝光的部分做比较，颜色一致的就是需要标注的色块。在这一过程中，有可能出现 80、85、90、95、100 这些色块都是白色，那么需要标注的是 80。不要选择错误，如果在这一过程中错误地选择了 70 或 75，最终印相的作品中有的白色区域会变为灰色。也不要错误地选择 85、90，这会将印相中的浅灰色变成白色，导致在高光区域损失层次（图 7-63）。

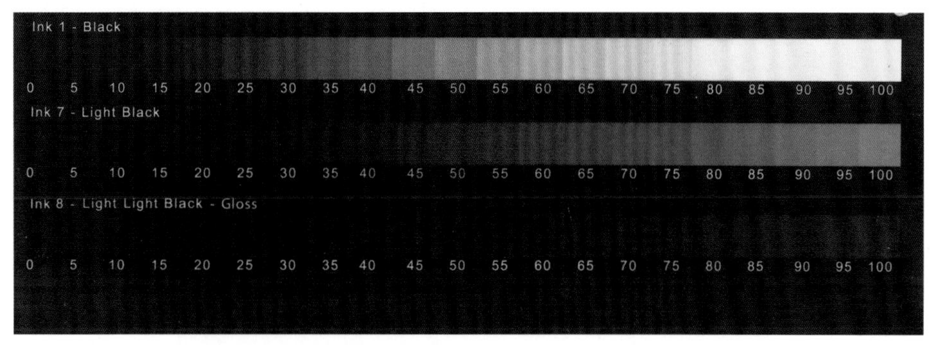

图 7-63　用于制作校准数据的色阶条

Ink7-Light Black 衔接色块的标注

使用相应的测量方法（参阅本页开始的“目测填写数据、使用扫描仪读取数据、使用分光光度计读取数据”内容）在 Ink1-Black 上找到与 Ink7-Light Black 100 色块最接近的色块，可以得出 100% LightBlack=50% Black。

Ink8-Light Light Black 衔接色块的标注

使用相应的测量方法（参阅本页开始的“目测填写数据、使用扫描仪读取数据、使用分光光度计读取数据”内容）在 Ink1-Black 上找到与 Ink8-Light Light Black 100 色块最接近的色块，可以得出 100% LightLightBlack=20% Black。

目测填写数据

这是一种最简单的方式，不需要借助任何设备，只需将我们要进行数据填写的色块条剪下来，并且尽可能不留黑边，这样便于之后在色块比较时不受干扰。按照上一节介绍的流程将 Ink7-Light Black 100 和 Ink8-Light Light Black 100 的色块放到 Ink1-Black 上进行比较，如果在这两个色块上都无法找到接近的色块，那么选择较深色的那个即可。

使用扫描仪读取数据

如果你正好有一台扫描仪，就可以用扫描仪读取数据。相对于目测，使用扫描仪读取数据更为准确，由于扫描仪是做比对工作的，所以，只要不是性能太差的扫描仪，都可以完成这个工作。并且，扫描仪必须要进行校准。将色块样张做高精度扫描，并在 Photoshop 中打开。

选择吸管工具并设置取样大小为 11 × 11 平均（图 7-64），点击需要测量的色块，并对照 Lab 信息的 L 值（图 7-65、图 7-66）。

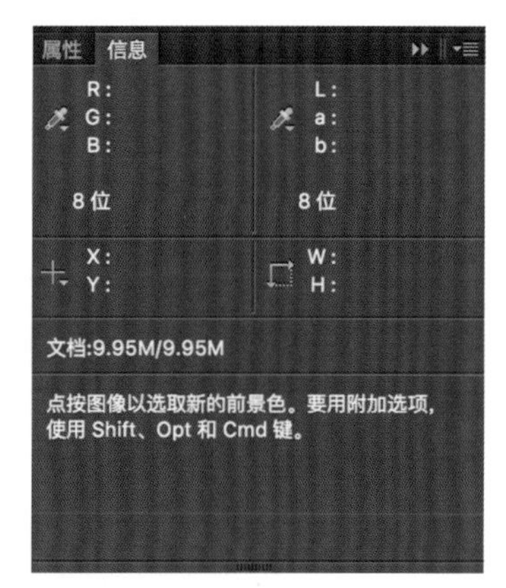

图 7-64　Photoshop 软件—设置采样点的方法

图 7-65　Photoshop 软件—使用吸管工具采样之一

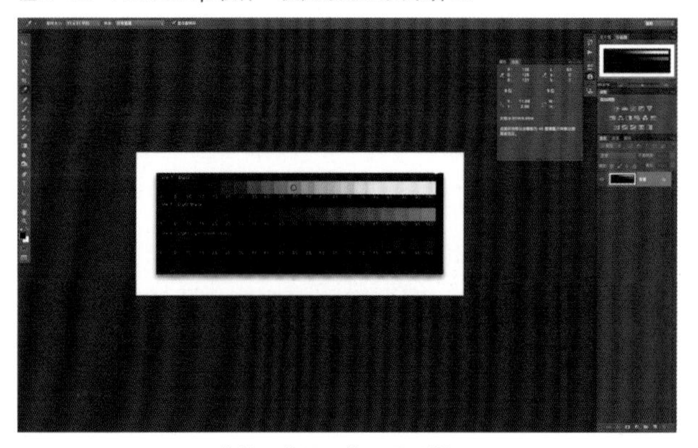

图 7-66　Photoshop 软件—使用吸管工具采样之二

使用分光光度计读取数据

使用分光光度计作为数据采集工具将更为准确。分光光度计需要配合 ProfileMaker5 进行数据测量，启用 ColorPicker 加载分光光度计进行单点测量，以获得 L 值数据（图 7-67）。

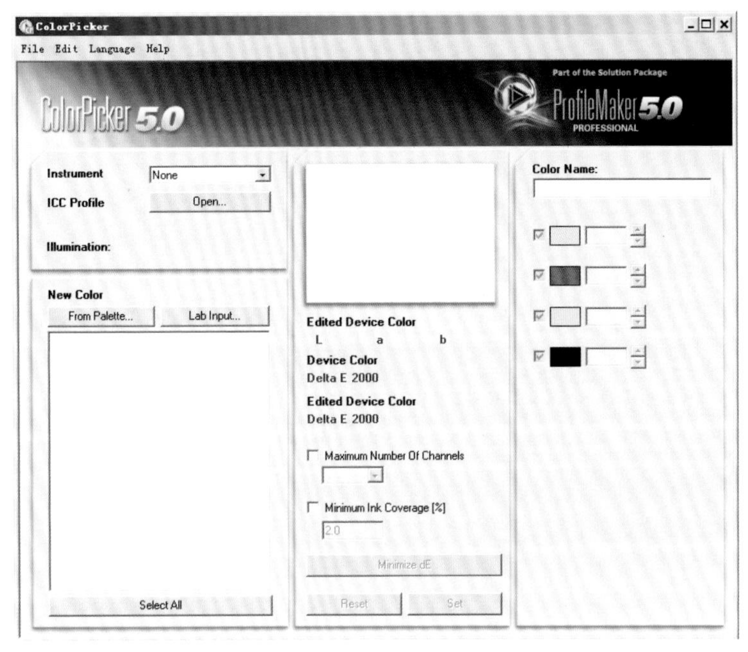

图 7-67 ColorPicker 软件界面

根据测量数据填写脚本

Quad Tone RIP 使用的曲线，也就是我们通常所说的特性配置文件，是通过 Drop-Script 这种脚本的方式加载的。因此，首先要用文本的方式编写一个可被识别的文本文件，并将所需要的数据填写到文本文件中，经过 Drop-Quad-Profile 生成 Quad Tone RIP 专用的曲线配置文件。在填写数据之前，我们要对文本文件的结构稍作介绍。

Quad Tone RIP 文本文件的结构

图 7-68 是一个标准格式的用于生成数字底片配置文件的 .txt 文件。首先，需要对文件中的有效和无效数据做一个区分，观察每行文件的开头部分，可以分为有 # 标识和没有 # 标识的两类文件。带有 # 标识的被称作无效文件，只要在文件开头带有 #，这行数据就不会被进行计算。当然，它并不是无用的，用户可以在 # 后面留下这个文件编写的特性信息等资料，方便以后辨认。如果数字底片用于古典手工影像的制作，那么用户在这里可以将工艺名称、药水配方、曝光时间、显影时间等信息写进来，这是一个好习惯。有效的文件是顶头编写的，不可以有空格存在，否则无法进行计算。

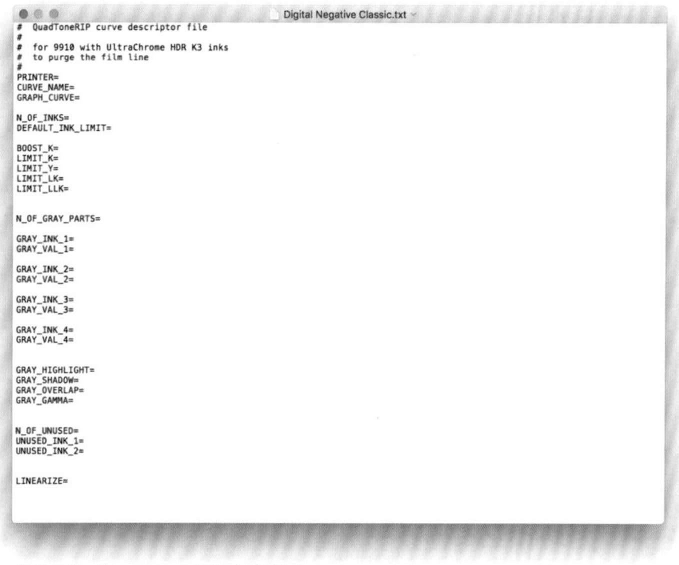

Digital Negative Classic.txt

```
#  QuadToneRIP curve descriptor file
#
#  for 9910 with UltraChrome HDR K3 inks
#  to purge the film line
#
PRINTER=
CURVE_NAME=
GRAPH_CURVE=

N_OF_INKS=
DEFAULT_INK_LIMIT=

BOOST_K=
LIMIT_K=
LIMIT_Y=
LIMIT_LK=
LIMIT_LLK=


N_OF_GRAY_PARTS=

GRAY_INK_1=
GRAY_VAL_1=

GRAY_INK_2=
GRAY_VAL_2=

GRAY_INK_3=
GRAY_VAL_3=

GRAY_INK_4=
GRAY_VAL_4=


GRAY_HIGHLIGHT=
GRAY_SHADOW=
GRAY_OVERLAP=
GRAY_GAMMA=


N_OF_UNUSED=
UNUSED_INK_1=
UNUSED_INK_2=


LINEARIZE=
```

图 7-68　Quad Tone RIP 文本文件

PRINTER=

此处需要填写安装打印机的名称（见本书第 199 页“为 QTR 创建打印机连接”内容）。

CURVE_NAME=

此处可以不填写

GRAPH_CURVE=

填写“YES”，在曲线生成和安装后显示 txt 格式的示意图表。

填写“NO”，在曲线生成和安装后不显示 txt 格式的示意图表。

N_OF_INKS=

此处填写数字，即填写需要使用墨水的数量：如果使用 K、LK 和 LLK 三种墨水，就填写 3；如果再使用 Y 墨水，这里就填写 4。

DEFAULT_INK_LIMIT=

总墨量限制，此项数值将用于所有被使用的墨水通道，可以关闭、添加或减少每个墨水通道的出墨数量。数值设置范围 0（关闭）、1—100（随数值的增加，墨水量也增加）。

BOOST_K=

黑色增益指令，可以单独控制 K 墨水通道墨水量的增减，有增强画面对比度的作用。此项数值如为空白，此指令为关闭状态。设置数值后，K 墨水会依据设置的数值执行，但不会参与其他墨水的计算，也不会改变其他通道墨水曲线的形态。要注意的是，此指令的设置没有具体规则，但如果填写过高的值，可能会造成打印时黑色墨水的溢出。

LIMIT_K=

LIMIT_Y=

LIMIT_LK=

LIMIT_LLK=

这是精确的单通道墨水总量设置指令，可以对参与使用的墨水作更低于“DEFAULT_INK_LIMIT=”的设置，数值范围 0（关闭）、1—100（随数值的增加，墨水量也增加）。

N_OF_GRAY_PARTS=

此处填写的数值为黑色及灰色墨水将被分隔成灰度的数量，例如，如果使用 K、LK、LLK，那么这个数值应该填写“3”。

GRAY_INK_1=

GRAY_VAL_1=

GRAY_INK_2=

GRAY_VAL_2=

这两行指令用于设定从最暗到最亮的每一个灰度墨水的分配方法。

“GRAY_INK_1=”填写需要参与的墨水通道的名称（如，K、LK、LLK、Y 等），每个等号后填写一个墨水通道名称，这行指令可以同时使用 10 个，只要增加数字编号即可（GRAY_INK_1=、GRAY_INK_2=、GRAY_INK_3=……GRAY_INK_10= 等）。

“GRAY_VAL_1=”对应深度墨水的密度（数据来源于 QTR 的 Calibration Ink Limit 模式下打印的 Inkseparation），此行数据的使用必须配合“GRAY_INK_1=”指令行使用，这行指令可以同时使用 10 个，只要增加数字编号即可（GRAY_VAL_1=、GRAY_VAL_2=、GRAY_VAL_3=……GRAY_VAL_10= 等）。

GRAY_HIGHLIGHT=

GRAY_SHADOW=

这是变量控制器，用于控制最终灰度阶梯的形状。这两行指令所涉及的调整类似于点增益的效果。它们是一个特别的控制器，可以单独对高光和阴影进行微调。常用数值设置范围为 1—10，两个数值越大，输出的影调表现就越亮。

GRAY_GAMMA=

也是变量控制器之一，其呈现效果类似于 Photoshop 中的色阶工具对灰场的设置，一般情况下不使用。数值通常设置为“1”，表示为无变化，“>1”为变亮、“<1”为变

暗，这种调整会产生非常强烈的效果。

LINEARIZE=

这是在创建完成基本校准的基础上，为了追求更平滑的过渡所使用的精确调整指令。此指令的填写需要使用加载了基础校准曲线文件的 QTR 打印 Step-21-gray，并使用分光光度计或密度仪测量，再按照从最低密度 0 至最高密度 100 的顺序编写。例如：LINEARIZE="0 0.03 0.09 0.14 0.18 0.25 0.3 0.35 0.42 0.5 0.55 0.6 0.7 0.8 0.89 1.00 1.05 1.15 1.3 1.4 1.55 "。

测量数据的填写

测量数据的填写分为两部分：一部分是墨水通道衔接的数据填写（见本书第 204 页“结合工艺流程填写曲线文本数据”内容）；另一部分是 LINEARIZE 校准的填写。LINEARIZE 校准是在墨水通道衔接的数据所生成的基础校准文件的基础上，做更精确的线性化调整。所以首先需要制作曲线文本数据。

笔者将文件名命名为 Quad9910-K3-D72-ILFORD-MG4FB，该文件名包含所使用和加载的打印机序列、工艺要求和显影介质（图 7-69）。

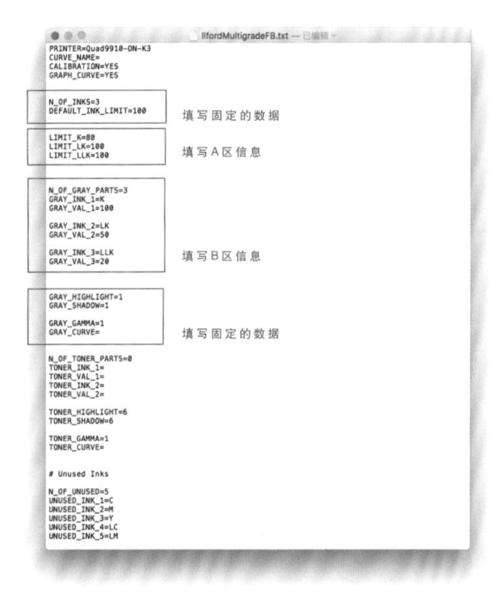
IlfordMultigradeFB.txt

```
PRINTER=Quad9910-DN-K3
CURVE_NAME=
CALIBRATION=YES
GRAPH_CURVE=YES

N_OF_INKS=3
DEFAULT_INK_LIMIT=100

LIMIT_K=80
LIMIT_LK=100
LIMIT_LLK=100

N_OF_GRAY_PARTS=3
GRAY_INK_1=K
GRAY_VAL_1=100

GRAY_INK_2=LK
GRAY_VAL_2=50

GRAY_INK_3=LLK
GRAY_VAL_3=20

GRAY_HIGHLIGHT=1
GRAY_SHADOW=1

GRAY_GAMMA=1
GRAY_CURVE=

N_OF_TONER_PARTS=0
TONER_INK_1=
TONER_VAL_1=
TONER_INK_2=
TONER_VAL_2=

TONER_HIGHLIGHT=6
TONER_SHADOW=6

TONER_GAMMA=1
TONER_CURVE=

# Unused Inks

N_OF_UNUSED=5
UNUSED_INK_1=C
UNUSED_INK_2=M
UNUSED_INK_3=Y
UNUSED_INK_4=LC
UNUSED_INK_5=LM
```


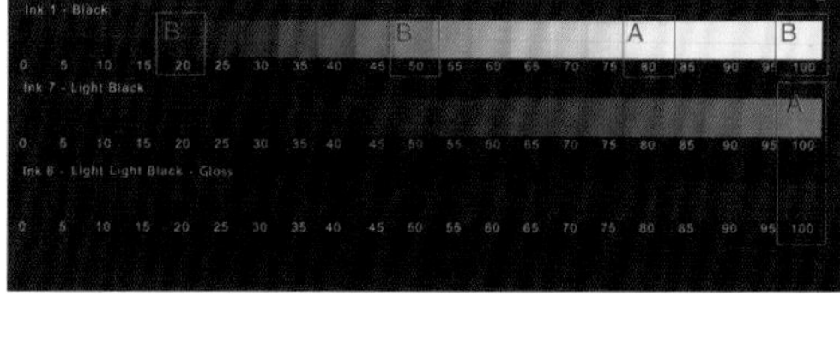

图 7-69 结合测试条填写 Quad Tone RIP 文本文件

Quad 曲线的生成方法

将 Quad9910-K3-D72-ILFORD-MG4FB.txt 文件拖曳到 Drop-Quad-Profile.app，程序会自动进行计算。这里分为两个部分：一是将文本文件生成为 quad 曲线文件；二是将生成的曲线文件自动加载到所在的 Quad 打印机的文件夹中，并按照文本文件中所描写的打印机型号对生成的文件进行自动安装（图 7–70）。

在安装过程中会出现提示窗口，提示用户是否正确安装。

在加载完成后若出现这样的提示窗口，表示文件已经正确生成和加载（图 7–71）。

在加载后若出现这样的提示窗口，表示文件没有成功安装，因为打印机填写错误，或者在电脑中还没有建立属于这个打印机的文件夹（图 7–72）。

提示窗口会根据不同的错误类型给出文字描述，在此不再一一列举，因为出现问题的可能性是多方面的，所以在创建文本文件

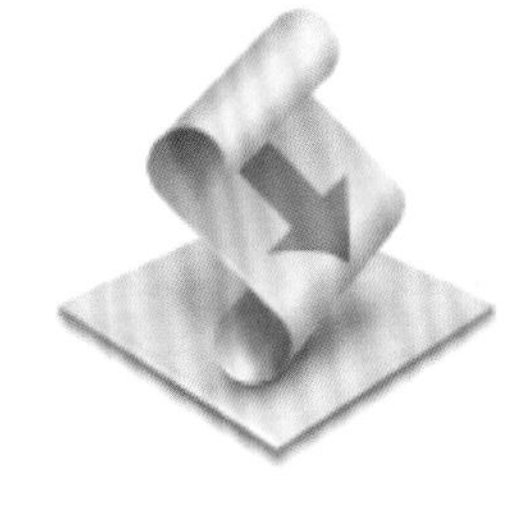

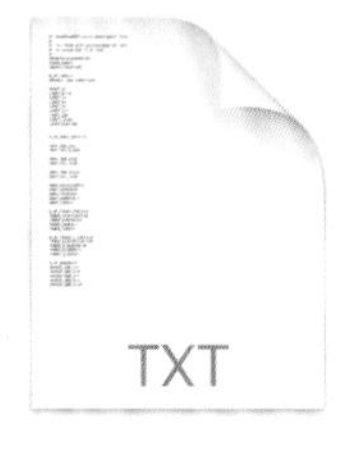

图 7–70　Quad Tone RIP 自动计算工具及需要计算的文件

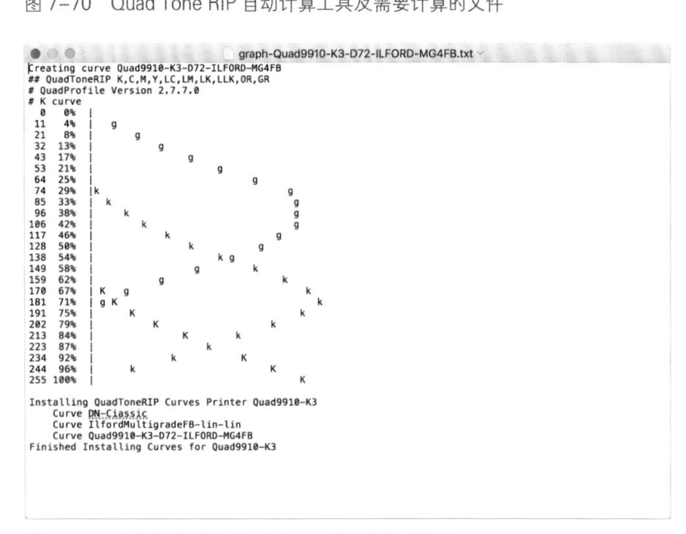

图 7–71　正确计算后的 Quad Tone RIP 曲线对话框

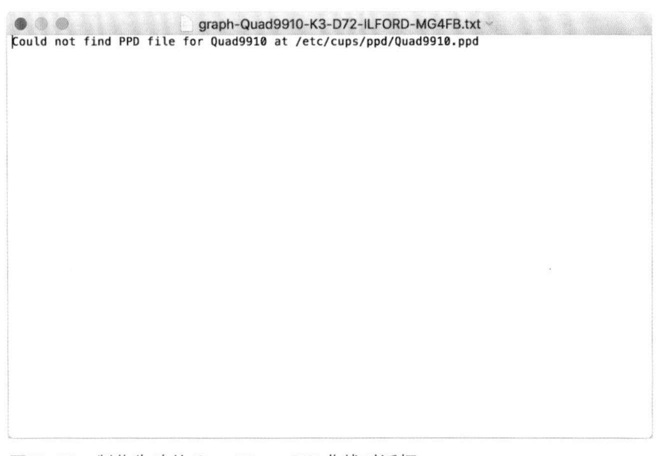

图 7–72　制作失败的 Quad Tone RIP 曲线对话框

的过程中一定要仔细填写。如果出现加载错误的提示窗口，可以依据提示内容对文本文件内容做相应的修改。

提示 Drop-Quad-Profile.app 文件夹位置：Macintosh HD > 应用程序 >Quad Tone RIP >CurveDesign。

查阅已经加载的 Quad 曲线文件

完成了加载的 Quad9910-K3-D72-ILFORD-MG4FB.txt 文本文件会以 Quad9910-K3-D72-ILFORD-MG4FB.quad 的文件格式出现在相对应的文件夹中。QTR 软件提供了一个可视化阅读 quad 格式文件的阅读器 QTR-CurveView.app。一般不需要单独启动它，因为只要双击带有 .quad 的文件，就可以自动识别并加载。双击 Quad9910-K3-D72-ILFORD-MG4FB.quad 文件（图 7-73）。

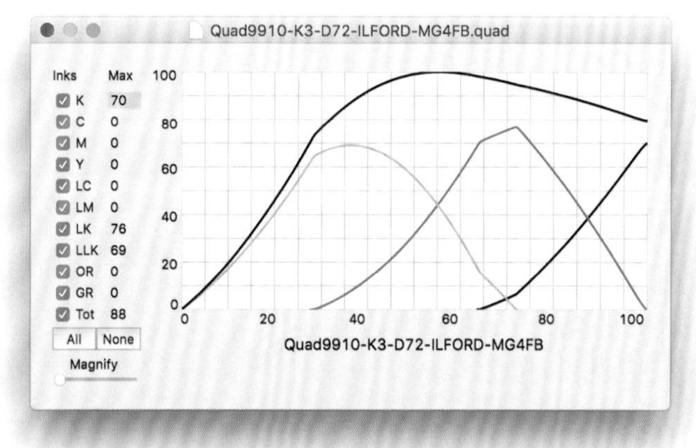

图 7-73 Quad Tone RIP 曲线阅读器之一

QTR-CurveView 的窗后尺寸是固定的，不要去拖曳，因为拖曳会使比例尺变形。如果觉得实在太小，只能通过降低显示器分辨率来获得较大的窗口效果。

关于阅读曲线的方法，主要是识别 x 和 y 所代表的含义，图中 x 轴的 0—100 是指图像中的亮度值，0 端为最亮，而 100 端为最暗。图中 y 轴的 0—100 所代表的是墨水总量，0 端代表不出墨水，100 代表在 QTR 控制下的最大出墨量，并等分。在画面中可以看到四条曲线，有两条黑色曲线，一条贯穿 x 轴的 0—100，另一条则表示 K 墨水用量，颜色较深的灰色表示 LK、最浅的是 LLK 的墨水曲线。这是一个常规的使用爱普生 K3 墨水制作数字底片用的曲线样式（图 7-74）。

提示 Quad 曲线安装文件夹位置：Macintosh HD > 资源库 > Printers > QTR > quadtone >Quad9910-K3。

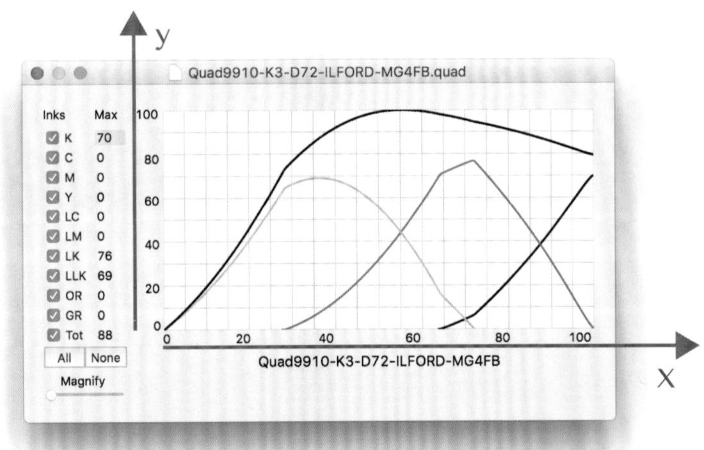

图 7-74　Quad Tone RIP 曲线阅读器之二

打印数字底片

只要完成了曲线的安装，便完成了初始校准的流程。接下来需要用这条曲线制作数字底片打印 Step-21-gray.tif 文件。Step-21-gray.tif 文件将用于初始基础上对曲线进行精细化校准。Photoshop 和 Print-Tool 都可以打印文件，但使用 Photoshop 时需要进行一些规范的设置。

用于 QTR 打印的 Photoshop 设置

正确设置 Photoshop 颜色设置中的工作空间和色彩管理方案中的灰色，使用 QTR 一定要使用 Gray Gamma 2.2，并转换为工作中的灰度（图 7-75）。

颜色处理需要选择“打印机管理颜色”（图 7-76）。

Print-Tool 软件使用起来相对简单，不需要进行设置，直接使用就可以了。对于照片的处理方法，请参考

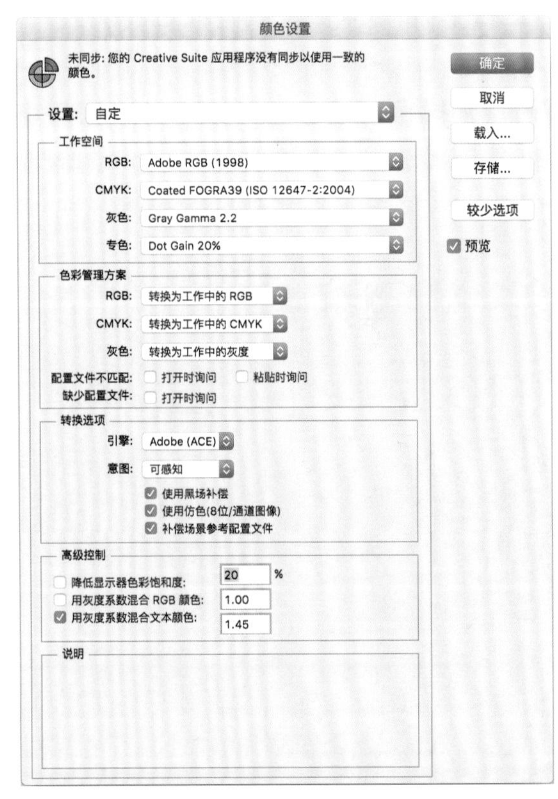

图 7-75　Photoshop 软件—颜色设置

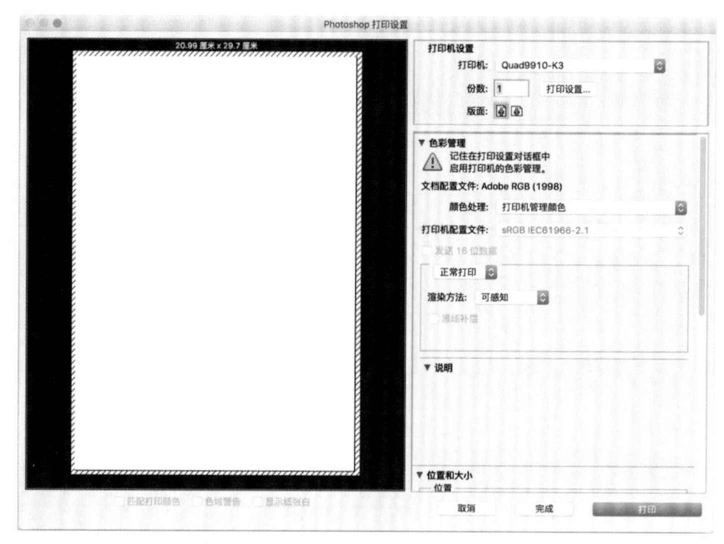

图 7-76　Photoshop 软件—打印设置

本书第 217 页“数字底片打印注意事项”内容。

提示　Step-21-gray.tif 文件位置：Macintosh HD > 应用程序 > Quad Tone RIP > Eye-One。

笔者使用 Print-Tool 打印 Step-21-gray.tif 文件，同时还会打印一张自己比较了解的照片，先用于验证初始校准时设置的墨水曲线是否正确。之后，还可以用于比较精细校准和初始校准的差异。打印一张照片的好处是可以直观地发现问题。如果只打印色块的话，只有流程上出现很大的错误，才会从色块上反映出来。而图像可以反映出比较细微的错误，做校准流程时若有错误，还是尽早发现比较好。

Print-Tool 打印流程

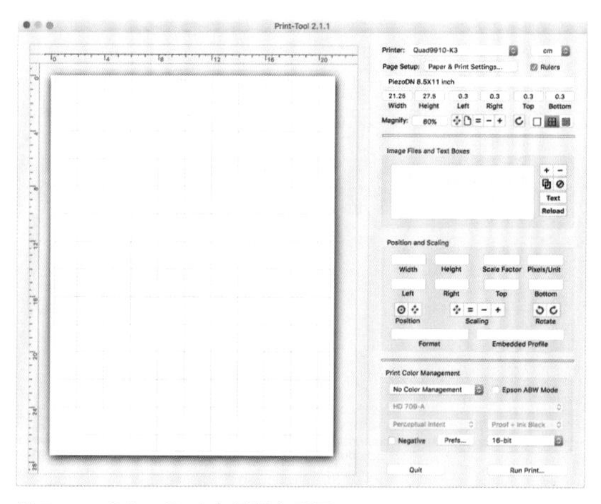

图 7-77　Print-Tool 应用程序界面

1. 选择打印机。

打开 Print-Tool 应用程序，先在 Printer 选框中选择使用的打印机（Quad9910-K3）。一定要选择加载曲线的打印机，否则之后将无法找到加载的曲线文件（图 7-77）。

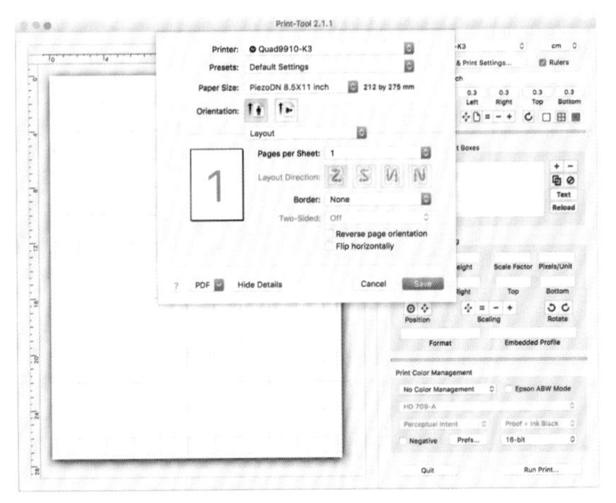

图 7-78　Print-Tool 设置纸张尺寸

2. 设置纸张。

点击 Paper & Print Settings... 进行 Paper Size 的设置。笔者使用的是一张单张 8.5inch × 11inch 的胶片，完成设置后点击 Save（图 7-78）。

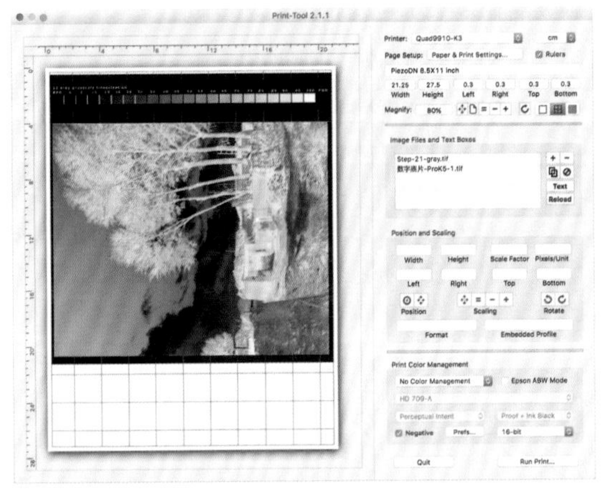

图 7-79　Print-Tool 导入图像

3. 导入图像并拼版。

Print-Tool 的图像导入流程和拼版流程非常方便，用户可以通过拖曳图像到纸张页面，也可以点击 Image Files and Textboxes 右侧的 + 来完成图像导入。图像导入后可以自由排版，因为打印的是数字底片，所以同时还需要勾选菜单最底部的 Negative（图 7-79）。

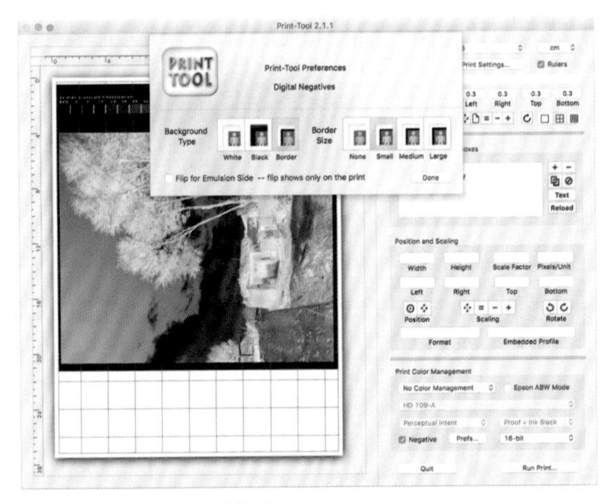

图 7-80　Print-Tool 边框设置界面

4. 边框的选择。

点击 Set Preferences 按钮，挑选合适的边框方式，这里选择了较为节约墨水的边框方式，因为这只是一个测试（图 7-80）。

图 7-81　Print-Tool 打印设置选项之一

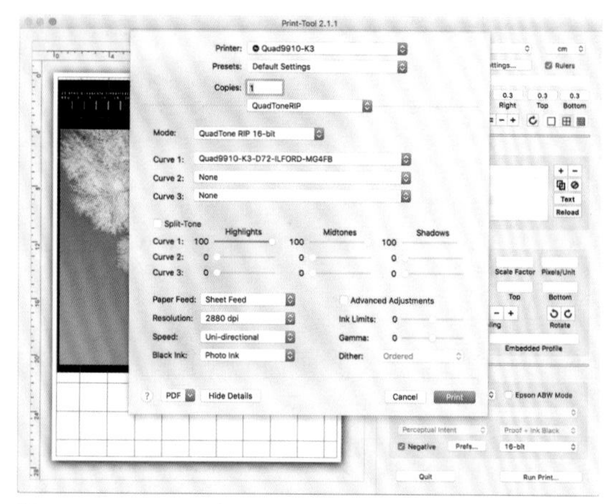

图 7-82　Print-Tool 打印设置选项之二

5. 设置 QTR 打印选项。

确认拼版完成后点击 Run Print...，并在下拉菜单中选择 Quad Tone RIP 选项。进入界面后，如果之前加载图像是 16bit，这里就选择 Mode：Quad Tone RIP 16-bit，在 Curve 1 的下拉菜单中找到需要使用的 quad 曲线名称。Curve 2 和 Curve 3 不需要选择（图 7-81）。

Paper Feed：Sheet Feed

Resolution：2880 dpi

Speed：Uni-directional

Black ink: Photo Ink

检查完所有的设置之后，点击 Print，就可以开始打印了（图 7-82）。

提示　有可能在 Curve 1 中找不到任何文件，显示为 None。这在初期使用 QTR 时很有可能，发生的问题，你需要做以下几方面的检查：

（1）检查窗最上端的 Printer 选择是否正确。正确与否的判断方法是这里的名称是否和编写文本文件中所写的打印机名称相同（见本书第 207 页“根据测量数据填写脚本”内容）。

（2）重复生成一次曲线文件（见本书第 211 页“Qaud 曲线的生成方法”内容），并注意观察加载后的文本提示框是否提示加载正确，如果不正确，请根据文本提示进行修改。

（3）打开曲线安装的文件夹 Macintosh HD > 资源库 > Printers > QTR > quadtone > Quad9910-K3 文件夹，检查曲线是否在文件夹中。如果文件不在文件夹中，则说明是文件曲线加载出现问题，需要重新检查文本文件。

（4）如果曲线文件在这个文件夹中，说明打印机没有与这个文件夹关联，可以点击 InstallXXX.connand 文件进行手动安装。注意观看连接列表所提示的信息，如果 Installing Quad Tone RIP Curves Printer Quad9910-K3 下方没有任何曲线，请在系统中删除这个打印机并重新操作（见本书第 199 页“为 QTR 创建打印机连接”内容）。

（5）如果 Installing Quad Tone RIP Curves Printer Quad9910-K3 下方有其他曲线被加载，而没有你编辑的曲线名称，请检查曲线的文件名。文件名中可能会包含不可识别的字符、空格或太长的文件名，请重新正确编辑文件名称后再安装。

数字底片打印注意事项

使用 QTR 打印程序打印数字底片的注意事项：

1. 打印文件颜色模式必须为灰度模式。
2. 打印文件加载的配置文件必须为 Gray Gamma 2.2。
3. 照片文件最好使用 16bit 色位深度。

表 7–10　Photoshop 与 Print–Tool 打印功能对比

Photoshop	Print–Tool
水平翻转需要打印的照片	在 Photoshop 中完成水平翻转
使用反向工具将照片处理成负片效果	点击界面中的 Negative
对边框的处理	通过设置画布大小
增加白色边框：印像获得黑色边框效果	
增加黑色边框：印像获得白色边框效果	点击 Set Preferences，共提供了三种不同的边框样式
	White：印像后获得黑色边框
	Black：印像后获得白色边框
	Border：可以选择小、中、大三种边框

作业题

1. 创建一个自定义曲线配置文件。
2. 安装配置文件。

精确曲线的测量与校准流程

完成 QTR 的初始校准，即分割灰色墨水，创建三个墨水之间的过渡。如果有一个平滑的曲线，最终的目标文件将形成一个最终的理想密度。加载曲线的目的是可以更好地看到高光处和阴影处的差异，但不能通过曲线增加密度值。QTR 可以使用密度校准列表，创建一个校正曲线，进而产生理想的密度，作为最后的曲线。这就是所谓的线性化过程。分光光度计、密度计和扫描仪可以用于该过程。

使用数字底片，结合印像工艺制作样张。先看一下印相的照片，如果照片看起来正常，明暗关系正确，就可以放在一边，等做完精确校准后再进行比较。如果照片的画面效果看起来不正常，或明暗关系错误，就要停止校准流程并重新检查（见本书第 207 页“根据测量数据填写脚本”内容）。这里测量的是印相文件而非胶片，将 Step-21-gray.tif 文件反向后进行打印，再做印相文件，准备用于测量（图 7-83）。

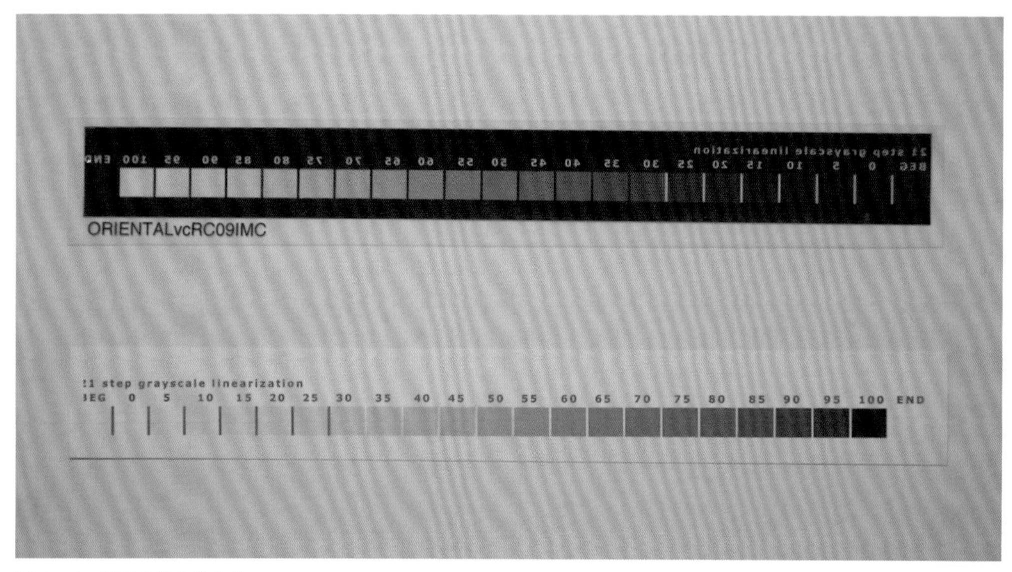

图 7-83 精确曲线校准文件

使用扫描仪进行测量

这是一种比较简易的方法，但笔者并不推荐这种方式，因为它不能准确获得测量数据。只是扫描仪相对比较常见，价格便宜，所以也是一种选择。如果使用扫描仪，需要将扫描文件导入 Photoshop，并将文件格式转换成 Lab 文件模式，选择 5 × 5 的吸管模式对每个点进行测量，步骤是从左（0%）到右（100%）逐一测量。在这种情况下，值会从 100（白色）降到 0（黑色），数据可以直接填写。QTR 可以识别 Lab 值的相反数据。

使用分光光度计测量（推荐）

使用 ProfileMaker5 软件中的 Measure Tool 组件进行测量（图 7–84）。点击 Configuring 按钮，启动 Instrument Configuration（图 7–85）。

Insturment：选择使用的测量设备。

Reflection：使用反射式测量模式。

Spectral：取消勾选点击。

Instument 从中挑选所使用的设备，i1Pro 1 和 i1Pro 2 两个设备都可以使用。

点击 Measuring 在测试图表模式下加载参考文件 QTR–21–gray.txt（Macintoshi > 应用程序 > Quad–ToneRIP > Eye–One > QTR–21–gray.txt），准备测量。

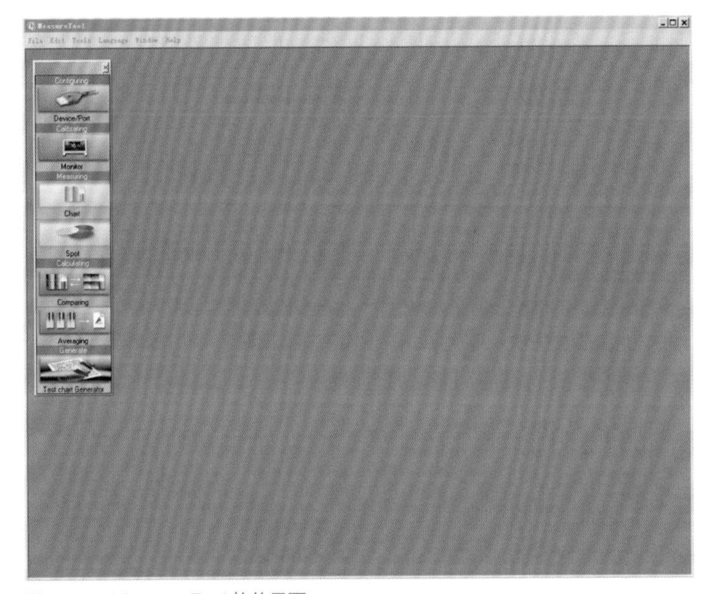

图 7–84　Measure Tool 软件界面

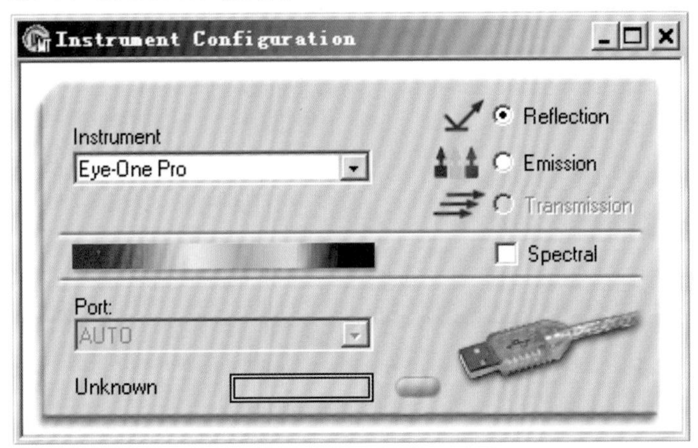

图 7–85　Measure Tool 软件界面—设备连接界面

点击开始，并将仪器放置在带有白板的底座上完成自动校准。

打开测量窗口，可以选择测量模式。

使用密度计测量

如果使用密度计测量，那么 0% 将是最小读数，100% 将是最大读数。将测量的数据填写到 Quad9910-K3-D72-ILFORD-MG4FB.txt 文本文件的最后一行中，格式为：LINEARIZE="0 0.03 0.09 0.14 0.18 0.25 0.3 0.35 0.42 0.5 0.55 0.6 0.7 0.8 0.89 1.00 1.05 1.15 1.3 1.4 1.55"。每个测量的数据之间需要一个空格，在最后一个填写的数据与双引号之间要有一个空格。这行数据可以写到 Quad9910-K3-D72-ILFORD-MG4FB.txt 文件的最后一行（图 7-86）。

Quad9910-K3-D72-ILFORD-MG4FB.txt

```
#  QuadToneRIP curve descriptor file
#
#  for 9910 with piezography K3 inks
#  to purge the film line
#
PRINTER=Quad9910-K3
CURVE_NAME=
GRAPH_CURVE=YES

N_OF_INKS=3
DEFAULT_INK_LIMIT=100

BOOST_K=85
LIMIT_K=75
LIMIT_C=
LIMIT_M=
LIMIT_Y=
LIMIT_LC=
LIMIT_LM=
LIMIT_LK=85
LIMIT_LLK=100


N_OF_GRAY_PARTS=3

GRAY_INK_1=K
GRAY_VAL_1=100

GRAY_INK_2=LK
GRAY_VAL_2=50

GRAY_INK_3=LLK
GRAY_VAL_3=20

GRAY_HIGHLIGHT=4
GRAY_SHADOW=4
GRAY_OVERLAP=
GRAY_GAMMA=0.5
GRAY_CURVE=

N_OF_TONER_PARTS=0
TONER_HIGHLIGHT=10
TONER_SHADOW=10
TONER_GAMMA=1
TONER_CURVE=

N_OF_TONER_2_PARTS=0
TONER_2_HIGHLIGHT=10
TONER_2_SHADOW=10
TONER_2_GAMMA=1
TONER_2_CURVE=

N_OF_UNUSED=5
UNUSED_INK_1=C
UNUSED_INK_2=M
UNUSED_INK_3=Y
UNUSED_INK_4=LC
UNUSED_INK_5=LM
```

Quad9910-K3-D72-ILFORD-MG4FB.txt — 已编辑

```
#
#  for 9910 with piezography K3 inks
#  to purge the film line
#
PRINTER=Quad9910-K3
CURVE_NAME=
GRAPH_CURVE=YES

N_OF_INKS=3
DEFAULT_INK_LIMIT=100

BOOST_K=85
LIMIT_K=75
LIMIT_C=
LIMIT_M=
LIMIT_Y=
LIMIT_LC=
LIMIT_LM=
LIMIT_LK=85
LIMIT_LLK=100


N_OF_GRAY_PARTS=3

GRAY_INK_1=K
GRAY_VAL_1=100

GRAY_INK_2=LK
GRAY_VAL_2=50

GRAY_INK_3=LLK
GRAY_VAL_3=20

GRAY_HIGHLIGHT=4
GRAY_SHADOW=4
GRAY_OVERLAP=
GRAY_GAMMA=0.5
GRAY_CURVE=

N_OF_TONER_PARTS=0
TONER_HIGHLIGHT=10
TONER_SHADOW=10
TONER_GAMMA=1
TONER_CURVE=

N_OF_TONER_2_PARTS=0
TONER_2_HIGHLIGHT=10
TONER_2_SHADOW=10
TONER_2_GAMMA=1
TONER_2_CURVE=

N_OF_UNUSED=5
UNUSED_INK_1=C
UNUSED_INK_2=M
UNUSED_INK_3=Y
UNUSED_INK_4=LC
UNUSED_INK_5=LM

LINEARIZE="0 0.03 0.09 0.14 0.18 0.25 0.3 0.35 0.42 0.5 0.55 0.6 0.7 0.8 0.89
1.00 1.05 1.15 1.3 1.4 1.55 "
```

图 7-86　Quad Tone RIP 软件—文本文件

提示　指令行格式为：LINEARIZE="0 空格 0.03 空格 0.09 空格 0.14 空格 0.18 空格 0.25 空格 0.3 空格 0.35 空格 0.42 空格 0.5 空格 0.55 空格 0.6 空格 0.7 空格 0.8 空格 0.89 空格 1.00 空格 1.05 空格 1.15 空格 1.3 空格 1.4 空格 1.55 空格 "。

添加完成后，重新执行计算并安装文件，双击 Quad9910-K3-D72-ILFORD-MG4FB.quad 文件，通过可视化的方式进行检查（图 7-87）。

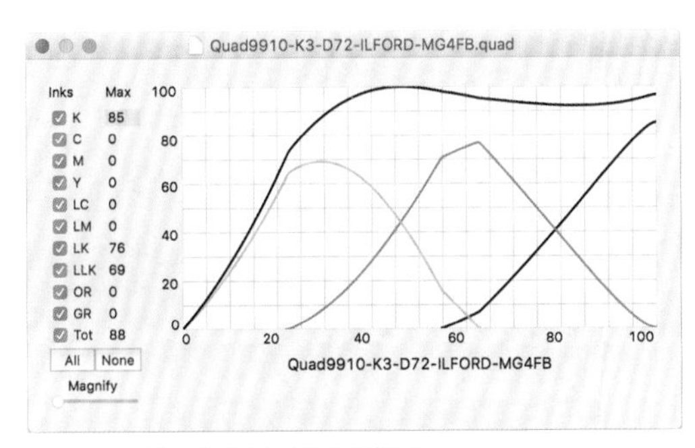

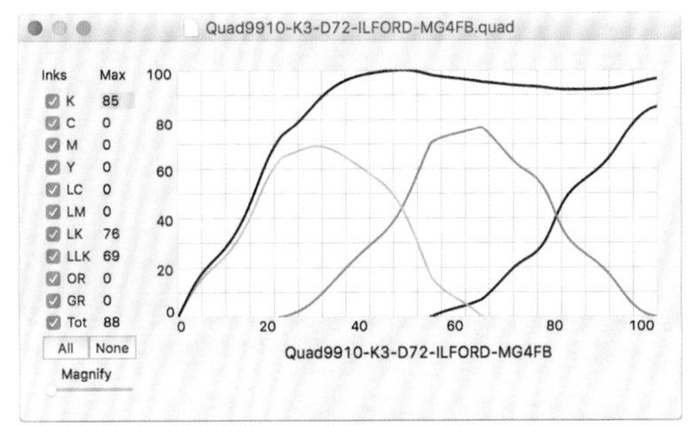

图 7-87 精确校准前后的曲线样式

提示 精细调整能否成功是有条件的，如果 Step-21-gray 中有太多相似密度的色块存在，那么精确曲线校准就可能无法进行。所以脚本的填写非常重要，初次使用者有可能需要多次反复尝试，这是正常的。

作业题

1. 创建一个基于自定义的精确校准曲线。
2. 使用基础曲线和精确校准曲线同时打印相同文件，并比较其中差异。

Y 墨水通道的使用方法

许多古典手工影像的感光药水曝光很慢，为了加速这一过程，现在使用 UV 光来进行感光。UV 光具有较高的穿透性，这让 K 墨水的阻光能力大大降低，只有增加墨水量，才能起到遮蔽效果。但过多的墨水量会让墨水扩散，影响画面的细节，特别是一些质量不太好的胶片，其墨水承载量更有限。这时，使用较少的墨水量并起到有效的 UV 光阻隔效果，就显得非常重要，Y 墨水正好起到这样的作用。在所有颜色的墨水中，黄色的 UV 光阻隔效果是最强的（图 7-88）。因此，如果使用 K、LK 及 LLK 墨水无法获得良好的遮蔽效果，那么可以按照以下方法在编辑的文本文件中添加 Y 墨水（图 7-89），方法如下。

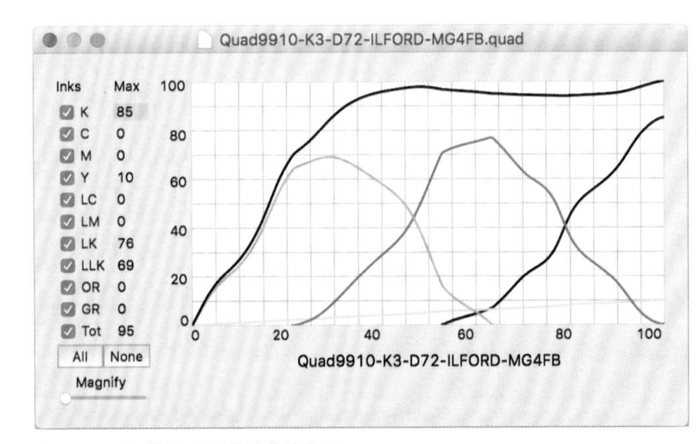

图 7-88 加载了 Y 通道的曲线文件

```
Quad9910-K3-D72-ILFORD-MG4FB.txt
#  QuadToneRIP curve descriptor file
#
#  for 9910 with piezography K3 inks
#  to purge the film line
#
PRINTER=Quad9910-K3
CURVE_NAME=
GRAPH_CURVE=YES

N_OF_INKS=3
DEFAULT_INK_LIMIT=100

BOOST_K=85
LIMIT_K=75
LIMIT_C=
LIMIT_M=
LIMIT_Y=10
LIMIT_LC=
LIMIT_LM=
LIMIT_LK=85
LIMIT_LLK=100


N_OF_GRAY_PARTS=3

GRAY_INK_1=K
GRAY_VAL_1=100

GRAY_INK_2=LK
GRAY_VAL_2=50

GRAY_INK_3=LLK
GRAY_VAL_3=20

GRAY_HIGHLIGHT=4
GRAY_SHADOW=4
GRAY_OVERLAP=
GRAY_GAMMA=0.5
GRAY_CURVE=

N_OF_TONER_PARTS=0
TONER_HIGHLIGHT=10
TONER_SHADOW=10
TONER_GAMMA=1
TONER_CURVE=

N_OF_TONER_2_PARTS=0
TONER_2_HIGHLIGHT=10
TONER_2_SHADOW=10
TONER_2_GAMMA=1
TONER_2_CURVE=

N_OF_UNUSED=4
UNUSED_INK_1=C
UNUSED_INK_2=M
UNUSED_INK_3=
UNUSED_INK_4=LC
UNUSED_INK_5=LM

COPY_CURVE_Y=K

LINEARIZE="0 0.03 0.09 0.14 0.18 0.25 0.3 0.35 0.42 0.5 0.55 0.6 0.7 0.8 0.89
1.00 1.05 1.15 1.3 1.4 1.55 "
```

图 7-89　在 Quad Tone RIP 文本文件中加载 Y 墨水通道

提高数字底片的高密度区域

这种方式只增加 K 墨水参与的黑阶区域，不会参与到 LK 墨水和 LLK 墨水中。观察印相的 Step-21-gray 色阶，其用途是高光和亮调区域缺乏细腻的过渡效果（如 Step70—Step 95 均显示为白色或色阶的递进关系不正确），而印相文件的中间调和暗调没有问题，那就在数字底片高密度部分加入 Y 墨水，以增加光线阻隔。

首先添加一行指令 COPY_CURVE_Y=K，同时需要填写 LIMIT_Y= ，这个值可以按照 10% 的 K 墨水值填写。这个值可以有小数点，但并非 10% 就是十分准确的数字，是否使用合适，需要再次打印 Step-21-gray 并印相后确定，Y 值可以根据实际情况进行增减。

提高数字底片的整体密度

与之前的方式不同，这条 Y 曲线以线性的方式贯穿整个墨水曲线。观看 Step-21-gray 色阶，其用途主要是在整个色阶无法遮蔽（图 7-90）。

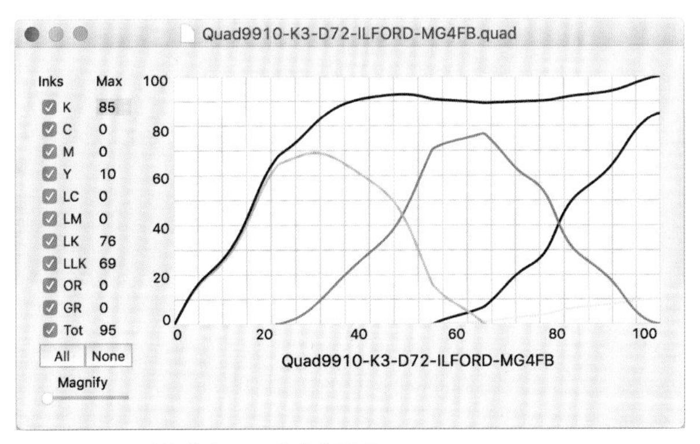

图 7-90　经过校准的 Y 通道曲线样式

首先添加指令行 CURVE_Y="0;0 100;100"，同时需要填写 LIMIT_Y=。这个值可以按照 10% 的 K 墨水值填写，这个值可以有小数点，但并非 10% 就是十分准确的数字，是否合适，需要再次打印 Step-21-gray 并印相后确定，Y 值可以根据实际情况进行增减（图 7-91）。

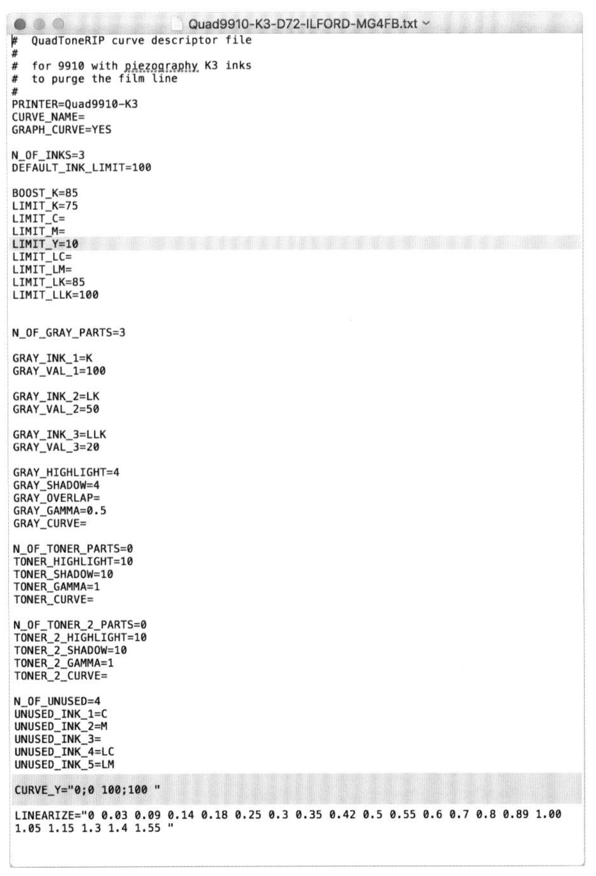

```
Quad9910-K3-D72-ILFORD-MG4FB.txt
#  QuadToneRIP curve descriptor file
#
#  for 9910 with piezography K3 inks
#  to purge the film line
#
PRINTER=Quad9910-K3
CURVE_NAME=
GRAPH_CURVE=YES

N_OF_INKS=3
DEFAULT_INK_LIMIT=100

BOOST_K=85
LIMIT_K=75
LIMIT_C=
LIMIT_M=
LIMIT_Y=10
LIMIT_LC=
LIMIT_LM=
LIMIT_LK=85
LIMIT_LLK=100


N_OF_GRAY_PARTS=3

GRAY_INK_1=K
GRAY_VAL_1=100

GRAY_INK_2=LK
GRAY_VAL_2=50

GRAY_INK_3=LLK
GRAY_VAL_3=20

GRAY_HIGHLIGHT=4
GRAY_SHADOW=4
GRAY_OVERLAP=
GRAY_GAMMA=0.5
GRAY_CURVE=

N_OF_TONER_PARTS=0
TONER_HIGHLIGHT=10
TONER_SHADOW=10
TONER_GAMMA=1
TONER_CURVE=

N_OF_TONER_2_PARTS=0
TONER_2_HIGHLIGHT=10
TONER_2_SHADOW=10
TONER_2_GAMMA=1
TONER_2_CURVE=

N_OF_UNUSED=4
UNUSED_INK_1=C
UNUSED_INK_2=M
UNUSED_INK_3=
UNUSED_INK_4=LC
UNUSED_INK_5=LM

CURVE_Y="0;0 100;100 "

LINEARIZE="0 0.03 0.09 0.14 0.18 0.25 0.3 0.35 0.42 0.5 0.55 0.6 0.7 0.8 0.89 1.00
1.05 1.15 1.3 1.4 1.55 "
```

图 7-91　Quad Tone RIP 文本文件

CURVE_Y="0;0 100;100" 这个指令的描写方式，需要注意数字和引号的输入格式，" " 这个符号并非 Mac 键盘上的引号，如果在这里使用引号，文本在计算和加载时会显示错误。选择 Mac 系统自带的英文输入法，并点击输入法图表下拉菜单中的显示表情与符号选项中的 QUOTATION MARK 符号（图 7-92）。数字与数字的间隙为 "0;0 空格 100;100 空格 "。

图 7-92　Mac 字符界面

Piezography 数字底片解决方案

Piezography 是一个针对制作数字底片而设计的软硬件解决方案，它推出了专门的墨水系统和校准软件系统，使用起来非常便捷。Piezography 与原装 K3 的区别在于，它由七个不同的黑色梯度组成，多于原装三个梯度的黑色，这大大增加了墨水在胶片上的覆盖密度，使胶片上不论深浅的色阶过渡都拥有很高的覆盖密度。Piezography 墨水由众多系列组成，是专业黑白照片打印的首选。用于打印数字底片一共有两种解决方案。

图 7-93　Piezography DN 墨水系统

Piezography Digital Negatives（图 7-93）

简称 PiezoDN 恒定色调解决方案，这一系列墨水由七个不同黑色梯度和五个不同色调（分为 Carbon、Neutral、Selenium、Special Edition 和 Warm Neutral）组成，可以同时用于制作黑白照片和打印数字底片。对于既要打印数字底片又要制作照片的用户，就需要慎重选择。当用户安装了这套墨水系统后，墨水的色调是无法改变的，除非冲洗掉现有的墨水，再重新购买新的其他色调的墨水，否则，用户将在一段时间内持续使用同一色调打印照片。

Piezography Pro

这是一种最新的解决方案（图 7–94），该方案同样可以制作黑白照片和打印数字底片。这套墨水系统特别的地方在于，它是由四个暖色调和四个冷色调组成，通过混调系统获得不同的色调，并可以对不同明度阶段的色调进行精细的设置，属于全功能的墨水系统。但是相比较 Piezography Digital Negatives，这一方案缺少两个专属黑色梯度墨水。

图 7–94　Piezography Pro 墨水系统

使用 PiezoDN 打印数字底片

使用 PiezoDN 也要从校准开始，与使用 K3 打印的数字底片相比，PiezoDN 提供了已经编辑好的预设值文件，只要结合工艺进行一次线性化管理，就可以使用。PiezoDN 具有六种不同灰度的墨水，可以大大提高底片的清晰度。能够适应各类古典工艺，既能够适应放大机的常规光源，也能对紫外光产生足够的阻隔，因此，可以将数字摄影与传统摄影很好地结合在一起，是目前能够与传统银盐底片冲印技术相媲美的工艺之一。

安装 PiezoDN 工具包

PiezoDN 是一个需要支付费用的工具包，工具包中由预置曲线（Curves）、说明书（Documentation）、预置 ICC 配置文件（ICCs）、测试图像文件（Images）、打印机安装文件（Printer_Installers）及工具（Tools）等组成。它不能单独使用，需要配合 Quad Tone RIP 软件一起使用（图 7–95）。

提示　PiezoDN下载地址：https://piezography.com/downloads/piezodn/。

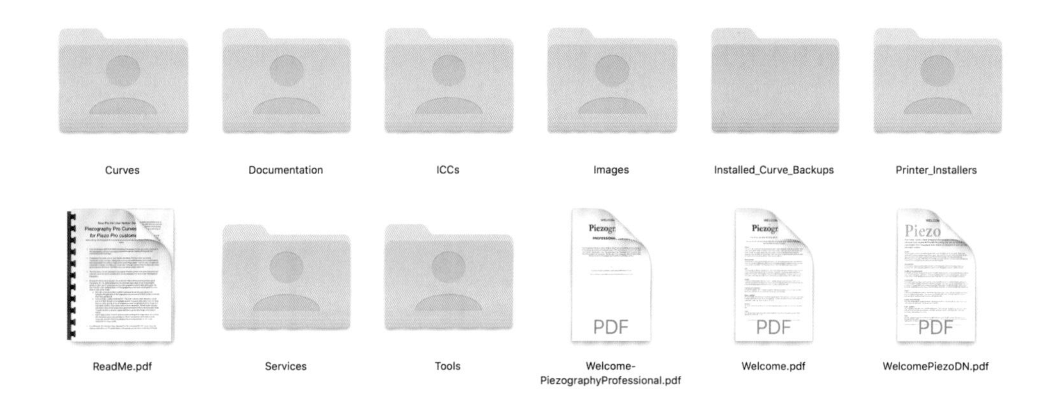

图 7-95 PiezoDN 工具包

选择打印文件

打开工具包所在的文件包，选择 Images 文件夹，打开 PiezoDN_Targets 文件夹，将用于校准的文件设置成能被多种分光光度计读取的格式。挑选与分光光度计匹配的打印文件，如果不匹配，打印出来的文件将无法测量。

较为常用的分光光度计是 X-rite EyeOne，文件包中提供了 i1Pro1（由格林达较早生产的分光光度计型号）和 i1Pro2（由爱色丽生产的新款分光光度仪型号，见图 7-96。色块的数量从 21 级至 129 级，色阶数量越多，校准就越准确。一般建议选择 129 级的色块。（PiezoDN-129step-i1Pro2 或 PiezoDN-129step-i1Pro1，图 7-97）。

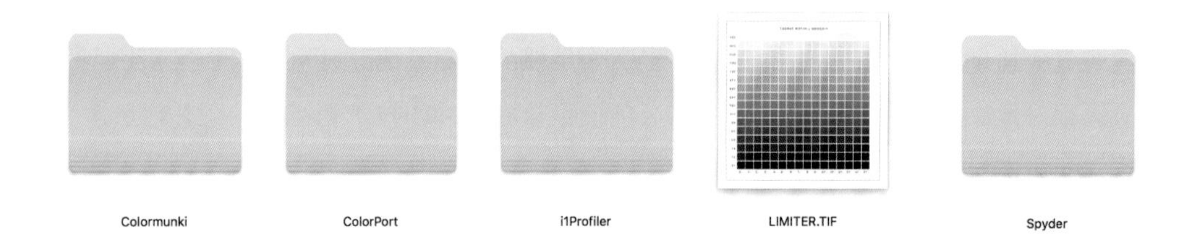

图 7-96 PiezoDN-Targets 校准文件文件包

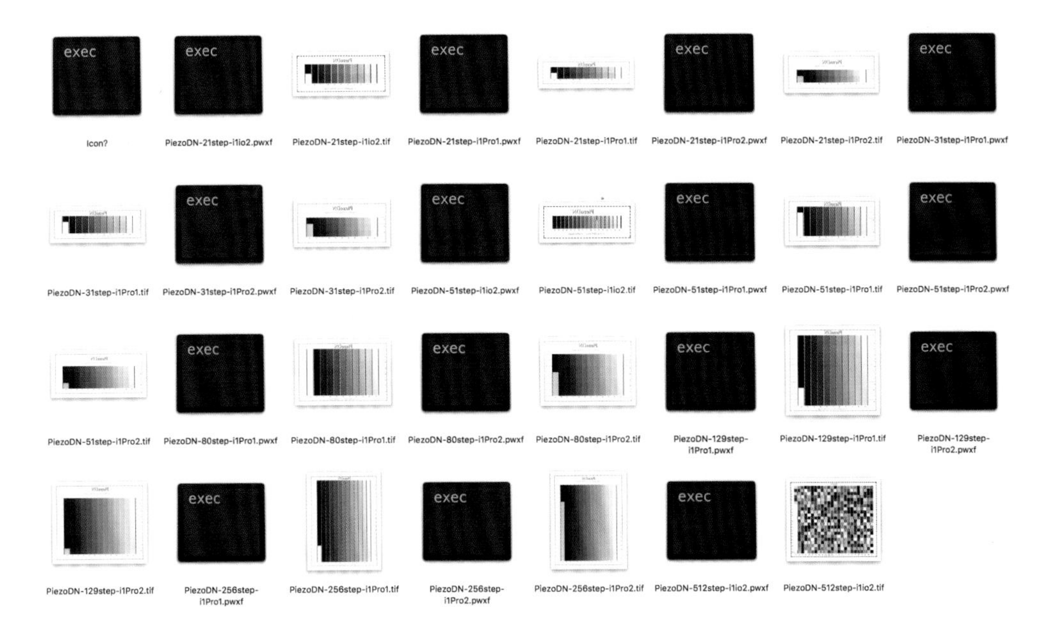

图 7-97　校准文件图片及数据文件

打印校准文件

将文件在 Print-Tool 软件中打开，点击 RUN-Print。启动打印设置（图 7-98）。

选择用于打印的曲线（图 7-99），按照不同的工艺选择合适的曲线文件（表 7-11）。

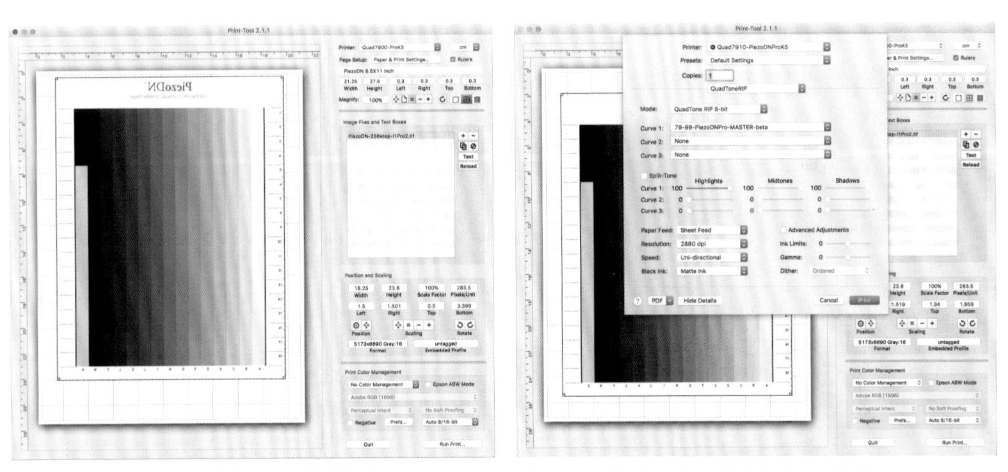

图 7-98　在 Print-Tool 软件中导入校准图片文件

图 7-99　在 Print-Tool 软件中启动打印界面

表 7-11　Piezo 曲线文件描述

墨水类型	曲线名称	曲线描述
Piezography Pro K5	79-99-PiezoDNPro-MASTER-beta.quad	这是一个通用型的曲线文件，不论用户将底片匹配哪种工艺，都可使用这个曲线文件打印
PiezoDN	PiezoDN-Master.quad	负片打印通用曲线
	PiezoDN-Pos-Master.quad	正片打印通用曲线
	PiezoDN-80pd20pt-AC.quad	针对铂金古典工艺的负片打印曲线。这是一条针对 80% 钯、20% 铂，显影药水使用柠檬酸铁铵配方设计的校准曲线
	PiezoDN-80pd20pt-Ox.quad	针对铂金古典工艺的负片打印曲线。这是一条针对 80% 钯、20% 铂，显影药水使用柠檬酸铁铵配方设计的校准曲线
	PiezoDN-Pd-Ox-IJM.quad	使用 InkjetMall 配置的铂金古典工艺药水、草酸钾显影配方而设计的校准曲线
	PiezoDN-Pd-Ac-IJM.quad	使用 InkjetMall 配置的铂金古典工艺药水、柠檬酸铁铵显影配方而设计的校准曲线
	PiezoDN-Cyanotype.quad	蓝晒古典工艺校准曲线
	PiezoDN-Ziatype.quad	
	PiezoDN-salt.quad	银盐相纸古典工艺校准曲线
	PiezoDN-Sliver.quad	银盐相纸工艺校准曲线

提示　不建议使用 Photoshop 进行文件打印，由于内嵌色彩管理功能的原因，很可能会造成打印文件呈现错误的颜色。采用 Print-Tool 的打印及色彩管理更为直观，且不会出现错误打印，影响整个打印效果。

制作校准曲线文件

打印出的底片需要配合工艺进行一次线性化校准后，才能真正开始制作古典影像照片。需要校准是因为，线性化的数据只有来源于最终呈现的显影工艺，才有意义。但要注意的是，色阶底片的显影数据在未来使用的一段时间内必须是恒定的，包括药水配比、显影时间、UV 光强度、水洗时间等各个环节。如果数据改变了，就需要重新校准。底片在一次使用以后可以编号保存，重复使用。

读取数据并保存

当选择 PiezoDN-129step-i1Pro2.tif 文件的同时，旁边会伴随一个 PiezoDN-129stepi-1Pro2.pwxf。每个 TIFF 文件的旁边都会伴随一个 PWXF 文件，这是用于 i1Profiler 软件计算并制作线性化补偿的文件。打开软件，在左侧的工作流程过滤器窗口中选择打印机菜单中的色彩管理选项，点击操作界面右下角的加载工作流程，并将匹配的文件点击加载到软件中。按照 i1Profiler 中的提示进行扫描，扫描可以使用专色（单点式扫描，这种扫描方式是对每个色块单独点击并测量，这样可以获得更准确的数据）或单扫描（一次扫描一整行数据，很有效率，可以快速完成扫描工作），完成扫描，点击保存。

在保存选项中，选择 M0（UV Included）作为需要保存的数据类型。在众多的测量方式中只要保存 L*a*b 数据，点击 OK，便会获得一个 .txt 格式的数据文件。

编辑修正数据

使用 Excel 软件打开 .txt 文件，并复制所有测量数据。打开 129STEP_PIEZODN_CGATS_SMOOTHER.xlsb 工具（Macintosh HD > 应用程序 > Piezography > Tools），将复制的 .txt 数据粘贴到 L*a*b 单元格中。完成后一定要检查 L*Falses 中的数值，所有数值应该保证均为 0，如果出现其他数值，就要对 L* 值进行修改。因为数据只有在递减的情况下才能被计算，如果数据不是递减，就需要手动修改（图 7-100）。

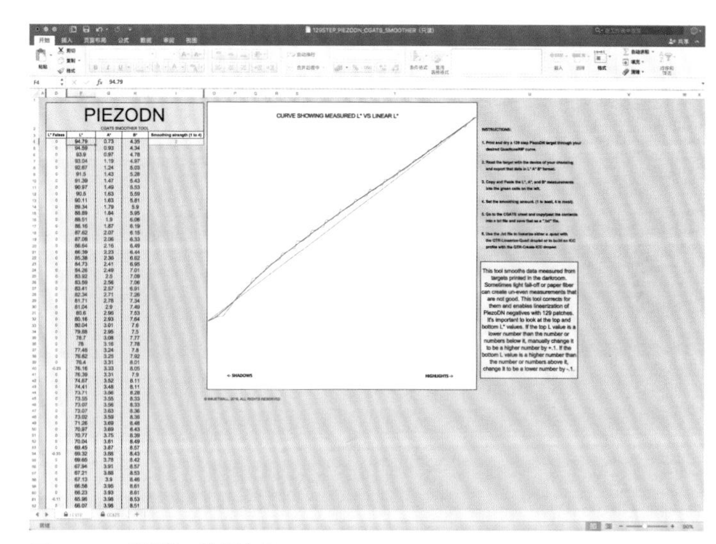

图 7-100　编辑修正数据文档

完成修改后点击左下方 CGATS 选框，并另存文件，将文件格式保存为 UTF-16Unicode 文本（.txt），见图 7-101。

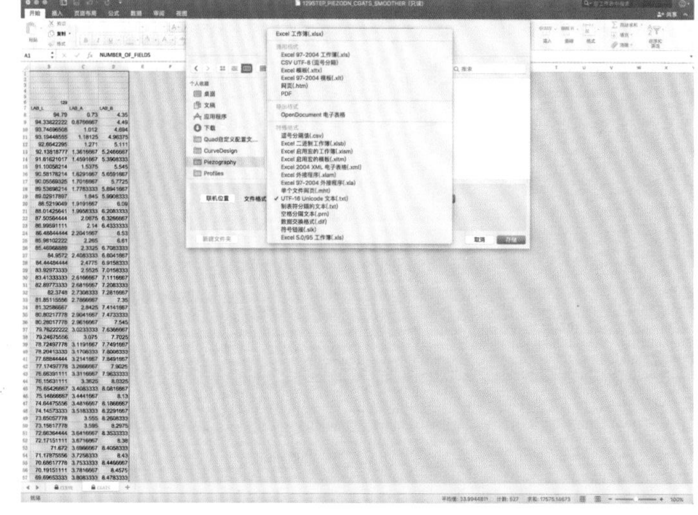

图 7-101　保存编辑修正数据

匹配修正数据

这里需要用到两个数据，一个是用于打印的 .quad 曲线文件，另一个是保存为 UTF-16

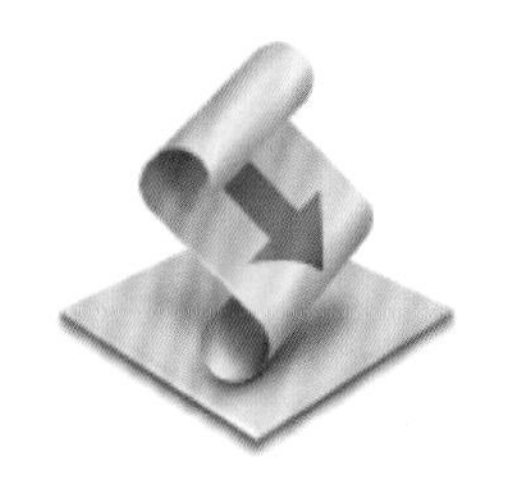

图 7–102　用于匹配修正的软件

Unicode 文本（.txt）格式的修正数据。同时选中这两个数据，拖曳到 QTR–Linearize–Quad.app（Macintosh > 应用程序 >Quad Tone RIP）生成一个新的 .quad 文件，重新命名并安装。这就完成了数字底片的校准，之后制作古典工艺照片需要打印数字底片，就可以使用新生成的曲线进行打印（图 7–102）。

提示　Piezography 对数字底片的选择是有要求的，一定要使用 Pictorico Pro Ultra Premium OHP Transparency Film 打印数字底片。目前还没有可以替代的其他胶片，因为它有足够的墨水承载量。

第八章 影像作品的收藏和装裱工艺

第一节　影像作品的收藏

首先，我们需要确定什么是值得收藏的打印作品。在这里，我们不讨论作品内容的收藏价值，而是从承印方式和承印介质的角度讨论作品的收藏。收藏家是不会为了几年就变色的照片埋单的。我们知道，在胶片摄影时代，银盐照片在冲洗前先要确定冲洗流程，明确是显影普通照片，抑或用于收藏和拍卖的照片。伊尔福就对收藏级银盐照片的冲洗方法做出过明确规定，一般用途的涂塑相纸定影液中的含银量允许 8—10g/L，但如果用于收藏，定影液中银的含量就必须低于 2g/L。而艺术家常用的明胶银盐纸基相纸的定影液中的含银量则不能超过 0.5g/L。

对于数字影像作品的输出来说，刚完成的打印作品是不能直接处理的，要求在无尘的开放环境中放置八小时，才能保证墨水彻底干燥，同时在这一段时间内，墨水干燥还会释放出气体。即使作品表面需要类似于喷涂保护剂的二次加工，也需要等待八小时时间。无尘环境是为了保证在八小时的放置过程中，画面上不会落下灰尘，避免影响画面后续的工艺处理。

第二节　影像作品的装裱工艺

先进的打印科技和纸张工艺能够彻底解决打印作品的保存年限问题。然而，大部分人却忽视了装裱工艺对打印作品的影响，不规范和错误的装裱工艺往往在几年内就会使作品损坏。英国艺术品贸易公司将装裱规范分为五个等级，这五个等级对标准进行了量化。在了解分类等级之前，先通过示意图了解一下影像作品是如何装裱的。该示意图描述了较高的三个等级的装裱方式，较低的两个等级会省略示意图中使用的部分装裱材料。因此，这里不推荐影像作品装裱的低等级方式（图 8–1）。

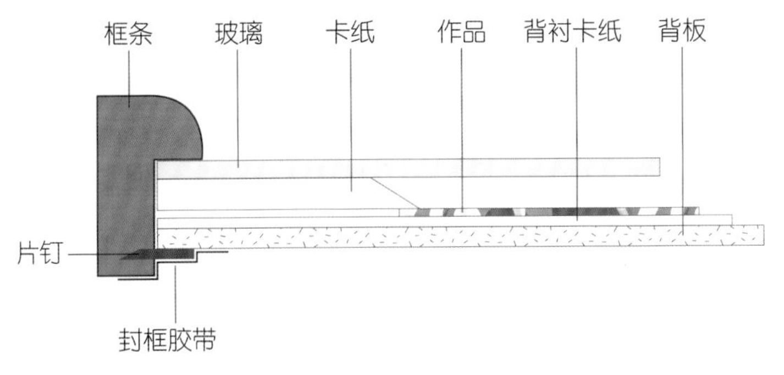

图 8–1　画框侧面示意图

博物馆级（推荐）

该级别主要针对高价值作品或有潜在价值的作品。最高等级的装裱方式可以给艺术品提供长达三十五年的保护。同时，这一级别的装裱难度在于，所有使用的装裱工艺都是可以逆转的。由于使用了最高级别的装裱材料，所以装裱所需要的费用也是昂贵的（表 8–1）。

表 8–1　博物馆级作品装裱工艺要求

玻璃要求	需要与艺术品有间隔，便于内部的空气流通。如果装裱了贵重的作品且被安放在公共空间，则需要考虑紫外光对艺术品可能产生的不良影响，从而需要使用防紫外线玻璃 纸质艺术品：玻璃厚度大于 1.1mm 色粉画：玻璃厚度 5—6mm

续表

卡纸要求	贵重的影像艺术品及任何艺术品在安装玻璃的画框中是不可以接触玻璃的，所以必须使用卡纸。卡纸在这里有美观和保护的双重作用。卡纸只能选用博物馆级的。如果使用双层卡纸或其他工艺需要粘贴卡纸，那么黏合剂只能使用糨糊或符合规格的 EVA 胶水，其他黏合剂均不可以使用
背衬卡纸要求	使用相同的卡纸
封边要求	需要将玻璃、卡纸、背衬卡纸一起用沾水的保护性纸胶带封边处理，这有利于作品与外界的完全隔绝，使画面获得最佳保护
背板	使用平整坚硬且 pH 值为中性的板材，厚度大于 1.5mm（最低要求，装裱作品越大，应选择越厚的背板）
其他	使用硬质片钉固定，固定后用沾水的牛皮纸胶带对背面封边处理。同时在画框下部安装两个 3mm 缓冲垫

保护级（推荐）

在提升作品美学价值的同时，也可以隔绝大气污染和环境对艺术品可能造成的损伤。这一级别的装裱方式可以提供长达二十年的作品保护。装裱工艺是可逆的（表 8–2）。

表 8–2　保护级作品装裱工艺要求

玻璃要求	需要与艺术品有间隔，便于内部空气流通。如果装裱了贵重的作品且被安放在公共空间，则需要考虑紫外光对艺术品可能产生的不良影响，因而需要使用防紫外线玻璃 纸质艺术品：玻璃厚度大于 1.1mm 色粉画：玻璃厚度 5—6mm
卡纸要求	卡纸的使用可以根据艺术品的类型进行选择 具有价值的书画作品：贵重的影像艺术品及任何艺术品在安装玻璃的画框中是不可以接触玻璃的，所以必须使用卡纸，卡纸在这里有美观和保护的双重作用，且只能使用博物馆级的卡纸。如果使用双层卡纸或其他工艺需要粘贴卡纸，黏合剂只能使用糨糊或符合规格的 EVA 胶水，其他黏合剂均不可以使用。影像艺术品：使用去除木质素的纯木浆纸或棉质卡纸，纸面和底纸的阿尔法纤维不低于 84%。厚度大于 1.1mm，可使用 ATG 双面胶进行卡纸工艺的制作
背衬卡纸要求	具有价值的书画作：使用博物馆级的卡纸 摄影作品：可使用保护级卡纸（不含木质素）或棉质卡纸。卡纸厚度大于 1.1mm。如果装裱过程中使用了 ATG 双面胶或任何一种黏合剂，则需要与作品保持 12mm 以上的距离
封边要求	需要将玻璃、卡纸、背衬卡纸一起用沾水的保护性纸胶带封边处理，这有利于作品与外界完全隔绝，使画面获得最佳保护
背板	使用平整坚硬且 pH 值为中性的板材，厚度大于 1.5mm（最低要求，装裱作品越大，应选择越厚的背板）
其他	使用硬质片钉固定，固定后用沾水的牛皮纸胶带对背面封边处理。同时在画框下部安装两个 3mm 缓冲垫

鉴赏级（推荐）

这是有助于提升艺术品美感的中等级装裱方式，在正常条件下可以提供长达五年的保护。这种装裱方式常用于展览和展示悬挂，但不推荐装裱具有收藏价值的作品（表 8–3）。

表 8–3　鉴赏级作品装裱工艺要求

玻璃要求	需要与艺术品有间隔，便于内部的空气流通 纸质艺术品：玻璃厚度大于 1.1mm 色粉画：玻璃厚度 5—6mm 考虑到作品需要在公共空间展示，出于安全考虑，可能要将玻璃替换成亚克力
卡纸要求	这个级别使用 1.1mm 厚度的标准卡纸即可
背衬卡纸要求	使用与前者相同等级的卡纸，为艺术品提供支撑和环境保护
封边要求	需要将玻璃、卡纸、背衬卡纸一起用沾水的保护性纸胶带封边处理，这有利于作品与外界完全隔绝，使画面获得最佳保护
背板	使用平整坚硬、不易损坏的普通板材
其他	使用硬质片钉固定，固定后用沾水的牛皮纸胶带对背面封边处理，同时在画框下部安装两个 3mm 缓冲垫

经济级（不推荐）

该级别装裱工艺在价格便宜的同时可提升作品的视觉效果，但无法提供长久的保存年限，主要用于批量印刷品（表 8–4）。

表 8–4　经济级作品装裱工艺要求

玻璃要求	浮法玻璃或亚克力，可与装裱作品直接接触
卡纸要求	卡纸起到美观作用，对卡纸的级别不做任何要求，整洁、干净即可
背衬卡纸要求	不需要
封边要求	不需要
背板	木浆纸和硬纸板
其他	确保装裱过程中没有灰尘

低级（不推荐）

该级别装裱工艺是用最低成本的方式制作画框，这种装裱方式以低成本为优先考虑（表 8–5）。

表 8-5　低级作品装裱工艺要求

玻璃要求	透度好的玻璃即可，可与装裱作品直接接触
卡纸要求	可以不用卡纸，对卡纸的级别不做任何要求，整洁、干净即可
背衬卡纸要求	不需要
封边要求	不需要
背板	木浆纸和硬纸板
其他	确保装裱过程中没有灰尘

第三节 装裱艺术品的保存

对于装裱艺术品的保存，有如下一些基本要求：

1. 避免高温，远离热源。过高的温度会导致纸质艺术品的损坏和木质画框变形。

2. 避免潮湿环境。潮湿环境会使艺术品因细菌滋生而留下污点，有可能会使艺术品产生褶皱。这种褶皱可能会使艺术品接触到玻璃，长时间接触后，纸质会变为粘连，难以分离。这种情况常发生在刚完成粉刷的墙壁上。

3. 阳光直接照射对艺术品损伤非常大，会导致褪色，彩色卡纸也会褪色，因此要尽量避免。

4. 清洁画框不要用水和家用清洁剂（清洁剂会与镀金或一些经过处理的金属画框产生化学反应）。最好先用灰尘掸子去除浮尘，再用沾水的抹布清洁。若使用蘸有清洁剂的抹布擦拭玻璃，请不要触碰到画框。如果使用亚克力画框，就要用带有静电原理的滚筒或刷子清洁，因为亚克力容易产生划痕。

5. 对于收藏和展示级的装裱艺术品，每五年检查一次，特别是要对悬挂系统进行检查。

第四节 影像作品的粘贴方式

一般来说，影像作品在装裱过程中可使用 T 型粘贴方法固定，因为 T 型粘贴方法比起固定作品四个边角的方法，更能适应湿度与温度所造成的延展变化。应针对需要装裱的具体作品选择胶带，艺术微喷和以银盐工艺冲洗的艺术照片应使用无酸可逆的胶带。胶带的厚度应与作品厚度相同或更薄（图 8–2）。

图 8–2　竖幅面影像作品粘贴方式